Reduktion nichtlinearer FE-Modelle am Beispiel eines hydrostatischen Wegvergrößerungssystems

Dissertation

zur Erlangung des akademischen Grades

Doktoringenieur

(Dr.-Ing.)

von M.Sc. Jixiang Li
geb. am 23.09.1962 in Hubei, VR China

genehmigt durch die Fakultät für Maschinenbau
der Otto-von-Guericke-Universität Magdeburg

Gutachter: Prof. Dr.-Ing. Roland Kasper
                     Prof. Dr.-Ing. habil. Hans Karl Iben

Promotionskolloquium am 20.06.2003

Berichte aus dem Maschinenbau

Jixiang Li

Reduktion nichtlinearer FE-Modelle am Beispiel eines hydrostatischen Wegvergrößerungssystems

Shaker Verlag
Aachen 2003

Die Deutsche Bibliothek - CIP-Einheitsaufnahme

Li, Jixiang:
Reduktion nichtlinearer FE-Modelle am Beispiel eines hydrostatischen
Wegvergrößerungssystems / Jixiang Li.
Aachen : Shaker, 2003
   (Berichte aus dem Maschinenbau)
   Zugl.: Magdeburg, Univ., Diss., 2003
ISBN 3-8322-1809-2

Copyright Shaker Verlag 2003
Alle Rechte, auch das des auszugsweisen Nachdruckes, der auszugsweisen
oder vollständigen Wiedergabe, der Speicherung in Datenverarbeitungs-
anlagen und der Übersetzung, vorbehalten.

Printed in Germany.

ISBN 3-8322-1809-2
ISSN 0945-0874

    Shaker Verlag GmbH • Postfach 101818 • 52018 Aachen
      Telefon: 02407 / 95 96 - 0 • Telefax: 02407 / 95 96 - 9
       Internet: www.shaker.de • eMail: info@shaker.de

Vorwort

Die vorliegende Arbeit entstand während meiner Tätigkeit am Institut für Mechatronik und Antriebstechnik (IMAT) der Otto-von-Guericke-Universität Magdeburg und wurde betreut von Herrn Prof. Dr.-Ing. R. Kasper, dem Leiter dieses Instituts. Für die wohlwollende Förderung meiner Arbeit und für wertvolle Hinweise möchte ich ihm recht herzlich danken.

Herrn Prof. Dr.-Ing. habil. H. K. Iben möchte ich danken für die freundliche Übernahme des Korreferats und das Interesse, das er meiner Arbeit entgegengebracht hat.

Besonders herzlich danke ich Herrn Dr.-Ing. R. Goetze, Herrn Dr.-Ing. H.-G. Baldauf, Herrn Dr.-Ing. J. Schröder und Herrn Dr.-Ing. J. Weiser für ihre fördernden Diskussionen und allen Mitarbeiterinnen und Mitarbeitern des Instituts für die freundliche Unterstützung, die mir zuteil wurde.

Ferner möchte ich dem Internationalen Büro des Bundesministeriums für Bildung und Forschung meinen Dank aussprechen, das durch zur Verfügung gestellte Finanzmittel diese Arbeit ermöglicht hat.

Nicht zuletzt gilt mein herzlichster Dank meiner Frau Shuqing, die großes Verständnis für meine Arbeit aufgebracht und mich fortwährend motiviert hat, und meiner Tochter Yi, die mir stets Energie geschenkt hat.

Hannover, im Dezember 2002

Jixiang Li

Inhaltsverzeichnis

Abkürzungen und Formelzeichen	III
1 Einführung und Übersicht	**1**
1.1 Modellbildung und Simulation	3
1.2 Modellreduktion	6
1.2.1 Reduktionsverfahren für lineare Systeme	7
1.2.2 Reduktionsverfahren für nichtlineare Systeme	14
1.2.3 Reduktionsverfahren für FE-Modelle	18
2 Hydrostatische Wegvergrößerungssysteme	**23**
2.1 Das Prinzip hydrostatischer Wegvergrößerungssysteme	23
2.2 Eigenschaften der Metallbälge	26
2.3 Auslegung des WW-WVS	29
2.4 Mathematisches Modell der hydrostatischen WVS	30
2.4.1 Vibration der elastischen Struktur	31
2.4.2 Dynamik der Flüssigkeit	32
2.4.3 Kopplung der Flüssigkeit mit der Struktur	33
2.4.4 Gesamtmodell	33
2.5 Nichtlinearitäten des WW-WVS	34
2.5.1 Variable Kompressibilität der Flüssigkeit	34
2.5.2 Geometrische Nichtlinearität der Struktur	36
2.5.3 Strukturnichtlinearität des mehrwandigen WW-WVS	36
3 FE-Modellierung und -Simulation des WW-WVS	**37**
3.1 Einführung in die numerischen Lösungsverfahren	37
3.2 FE-Modell des WW-WVS	39
3.2.1 Aufstellung von FE-Modellen mit ANSYS	39
3.2.2 FE-Grundmodell des WW-WVS	40
3.2.3 Algorithmus bei variabler Kompressibilität	43
3.3 Analyse des statischen Verhaltens des WW-WVS	45
3.3.1 Kennlinie des Balges	45
3.3.2 Betriebsverhalten des WW-WVS	46
3.3.3 Wirksame Flächen und Übersetzungsfaktor des WW-WVS	48
3.3.4 Schädliches Volumen des WW-WVS	52

3.3.5	Kennlinien des WW-WVS unter Berücksichtigung der Nichtlinearitäten	53
3.4	Modalanalyse und harmonische Antwort des einwandigen WW-WVS	54
3.4.1	Modalanalyse	54
3.4.2	Dämpfung für die dynamische Berechnung	56
3.4.3	Harmonische Antworten	57
3.5	Transiente Antworten des WW-WVS	59
4	**Reduktion des linearen FE-Modells des WW-WVS**	**66**
4.1	Grundidee – Identifikationsverfahren	66
4.2	Identifikation der Übertragungsfunktionen des WW-WVS	68
4.3	Validierung des reduzierten Modells	72
4.4	Auswertung	75
5	**Modellreduktion durch Systemvereinfachung mit konzentrierten Parametern**	**76**
5.1	Motivation	76
5.2	Systemdarstellung mit konzentrierten Parametern	77
5.3	Anpassung der Parameter im reduzierten Modell	79
5.4	Vergleich des reduzierten Modells mit dem FE-Modell	82
5.4.1	Stationäre Genauigkeit	82
5.4.2	Dynamisches Verhalten	85
5.5	Auswertung	92
6	**Modellreduktion durch Linearisierungen von nichtlinearen FE-Modellen**	**93**
6.1	Grundidee	93
6.2	Linearisierungen und Simulation nichtlinearer Systeme	95
6.3	Linearisierungen des nichtlinearen FE-Modells des WW-WVS	99
6.4	Das reduzierte Modell des nichtlinearen FE-Modells des WW-WVS	107
6.5	Gleichzeitige Wirkung von zwei variablen Eingangsgrößen	112
6.6	Auswertung	119
7	**Zusammenfassung und Ausblick**	**121**
Anhang A	**Beziehung zwischen dem Kompressionsmodul bzw. dem Ausdehnungsfaktor und dem Druck (der virtuellen Temperatur)**	**125**
Anhang B	**Statische FE-Berechnungsergebnisse des WW-WVS**	**127**
Anhang C	**Frequenzgänge des WW-WVS**	**136**
Literaturverzeichnis		**152**

Abkürzungen und Formelzeichen

Selten auftretende Formelzeichen und abweichende Bedeutungen werden im laufenden Text erklärt.

FSI	Fluid-Struktur-Interaktion
WVS	Wegvergrößerungssystem
WW-WVS	Wellrohr/Wellrohr-Wegvergrößerungssystem
SISO-System	Single-Input/Single-Output-System
MIMO-System	Multiple-Input/Multiple-Output-System
$A, B, C, \cdots$	skalare Größen (variabel oder konstant)
$a, b, c, \cdots$	skalare Größen (variabel oder konstant)
$\underline{A}, \underline{B}, \underline{C}, \cdots$	Matrizen
$\underline{a}, \underline{b}, \underline{c}, \cdots$	Vektoren
A, B, C	konstante Koeffizienten des Näherungsansatzes der Kompressibilität
$\underline{A}$	Dynamikmatrix einer Zustandsraumdarstellung
$\underline{\tilde{A}}$	Dynamikmatrix eines reduzierten Systems
A_1	wirksame Fläche des großen Balges des WW-WVS
A_2	wirksame Fläche des kleinen Balges des WW-WVS
$\underline{B}$	Eingangsmatrix
$\underline{\tilde{B}}$	Eingangsmatrix eines reduzierten Systems
$\underline{C}$	Ausgangsmatrix
$\underline{\tilde{C}}$	Ausgangsmatrix eines reduzierten Systems
c	Schallgeschwindigkeit
C_1	Steifigkeit des großen Balges des WW-WVS
C_2	Steifigkeit des kleinen Balges des WW-WVS
$\underline{D}$	Dämpfungsmatrix der Bewegungsgleichung
$\underline{d}$	vektorieller Gleichungsfehler
d_1, d_2	Dämpfungskonstante
E	Elastizitätsmodul von Stahl
E_F	Elastizitätsmodul der Flüssigkeit
E_C	Kontaktsteifigkeit
$\underline{f}, \underline{g}, \underline{h}$	Vektorfunktion

f	Frequenz
$\underline{f}$	Lastvektor
F_1	Antriebskraft des WVS
F_2	Abtriebskraft (Belastung) des WVS
$G(s), H(s)$	Übertragungsfunktion
$\tilde{G}(s)$	Übertragungsfunktion eines reduzierten Systems
$\underline{G}$	Übertragungsmatrix
$\underline{K}$	Steifigkeitsmatrix
$\underline{M}$	Massenmatrix
m_1	wirksame Masse der Antriebseite des WW-WVS
m_2	wirksame Masse der Abtriebseite des WW-WVS
$p, \underline{p}$	Druck bzw. Druckvektor
p_1	Druck der Flüssigkeit im Mittelpunkt der großen Kreisplatte des WW-WVS
p_2	Druck der Flüssigkeit im Mittelpunkt der kleinen Kreisplatte des WW-WVS
$\underline{R}$	Reduktionsmatrix
$\mathbf{T}$	Spannungstensor
u	Eingangsgröße
$\underline{u}$	Eingangs- oder Verschiebungsvektor
$\underline{V}$	Transformationsmatrix
$\underline{v}$	Geschwindigkeitsvektor
$\underline{x}$	Zustandsvektor oder Vektor der Freiheitsgrade
$\underline{\tilde{x}}$	Zustandsvektor von reduzierten Systemen
X_1	Weg des Mittelpunkts der großen Kreisplatte vom WW-WVS (FE-Modell) oder Weg des Kolbens in der Antriebseite (reduzierte Modelle)
X_2	Weg des Mittelpunkts der kleinen Kreisplatte vom WW-WVS (FE-Modell) oder Weg des Kolbens in der Abtriebseite (reduzierte Modelle)
$\underline{y}$	Ausgangsvektor
$\underline{z}$	Zustandsvektor
$\underline{\tilde{z}}$	Zustandsvektor eines reduzierten Systems
β, β_p	Presszahl der Flüssigkeit bzw. isothermer Kompressibilitätskoeffizient
ρ	Dichte von Stahl
ρ_F	Dichte der Flüssigkeit

1 Einführung und Übersicht

Im Verlauf der letzten Jahre fand die Rechnersimulation Einzug in viele Bereiche der Wissenschaft, der Technik bzw. der Wirtschaft. Ständig kürzer werdende Entwicklungszyklen, ein wachsender Qualitätsanspruch und ein starker Einsatz der Mikroelektronik sind die wesentlichen Ursachen hierfür. Die Simulation eines Systems erhöht das Systemverständnis und erlaubt dessen schnelle und kostengünstige Optimierung.

Eine Rechnersimulation basiert auf einem für Computer geeigneten Rechenmodell, das die Realität möglichst gut nachbildet. Für die Modellbildung braucht man umfangreiche Kenntnisse über die Systemwissenschaft, die Mathematik, die Computertechnik, die mit dem untersuchten System im Zusammenhang stehenden Fachgebiete etc. Die Vorkenntnisse über die Modellierung ähnlicher Systeme spielen dabei auch eine wichtige Rolle. In dieser Arbeit wurde erstmals ein hydrostatisches Wellrohr/Wellrohr-Wegvergrößerungssystem (WW-WVS), das selbst ein Teilsystem eines Piezoventils ist und aus einer komplizierten Struktur mit eingeschlossener Flüssigkeit besteht, mit der Finite-Elemente-Methode (FEM) modelliert und simuliert. Dabei wird die Kompressibilität der Flüssigkeit als variabel betrachtet, d.h., dass die Volumenänderung der Flüssigkeit unter dem Druck nichtlinear reagiert. Weiterhin ist ein Algorithmus zur Lösung dieser Nichtlinearität entwickelt worden.

Die Hinwendung zu immer umfangreicheren Problemstellungen und präziseren Systembeschreibungen bewirkt häufig die Entstehung großer Systemmodelle. Z.B. resultiert aus einer FE-Modellierung im allgemeinen ein Modell hoher Ordnung. Hierdurch können spezifische Probleme auftreten: die numerischen Berechnungen werden weitläufig, die Realisierung von Reglern und Beobachtern wird aufwendig, vor allem aber verliert man den Einblick in das Systemverhalten (Föllinger 1994, S. 584). Außerdem wird bei der Untersuchung eines großen oder komplizierten Systems dieses oft in einige Teilsysteme unterteilt, die selbst modelliert und simuliert werden können. Durch Verbindung der Modelle aller Teilsysteme ist dann das Modell des Gesamtsystems zu erhalten und damit das Gesamtsystem zu simulieren. Der Rechenaufwand für gekoppelte Modelle ist aber stets größer als der summierte Aufwand der getrennten Einzelmodelle und ein einzelnes Rechenmodell belegt oft schon einen Großteil der verfügbaren Ressourcen an Rechenleistung und Arbeitsspeicher des verwendeten Digitalrechners. Für große Rechenmodelle ist deshalb oft eine Modellreduktion oder Ordnungsreduktion erforderlich. Damit kann ein Systemmodell hoher Ordnung durch ein Modell niedriger Ordnung approximiert werden, ohne die interessierenden Eigenschaften des Systems wesentlich zu verändern.

Beginnend mit den Arbeiten von Davison (1966), Marshall (1966), Fossard (1970) u.a. hat sich die Ordnungsreduktion als Teilgebiet der Regelungstechnik etabliert. Es gibt schon viele Verfahren zur Ordnungsreduktion dynamischer Systemmodelle. Übersichten darüber haben Gwinner (1976), Bonvin u.a. (1982), Föllinger (1982), Fasol u.a. (1991) und Troch u.a. (1992) gegeben. Die meisten Verfahren sind nur für lineare Systemmodelle geeignet, nur wenige Verfahren orientieren sich an nichtlinearen Systemmodellen. Bei fast allen Verfahren geht man von einem bestimmten mathematischen Modell hoher Ordnung im Zeit- oder Frequenzbereich (Zustandsraummodell, Übertragungsfunktion usw.) aus, stellt ein Gütemaß (Kriterium) als Annäherung an das Originalsystem fest und bildet ein reduziertes Modell unter Einhaltung der für die jeweilige Anwendung erforderlichen Genauigkeit. Bei der Anwendung dieser Verfahren auf ein FE-Modell existieren einige Schwierigkeiten. Erstens ist das komplizierte Gleichungssystem des FE-Modells aufzustellen und in eine für das Reduktionsverfahren geeignete Form zu konvertieren. Zweitens werden die Lösung der Eigenwerte, die Inversion der Matrix oder eine parametrische Systemdarstellung sehr schwierig oder sogar unmöglich, wenn die Ordnung des originalen Systems ein Limit überschreitet. Bei einem nichtlinearen FE-Modell entstehen weitere Probleme: Ein nichtlineares FE-Modell lässt sich schwer mit einer bestimmten Formulierung darstellen, weil die Systemparameter, z.B. die Massenmatrix und/oder die Steifigkeitsmatrix, sich in Rechnungsschritten verändern.

Eine nützliche Methode, mit der die oben genannten Schwierigkeiten umgangen werden können, ist die Identifikation mit den Ergebnisdaten aus der FE-Berechnung. Das durch die Identifikation ermittelte parametrische Modell stimmt mit dem FE-Modell in der Darstellung der Verhaltensbeziehung zwischen Eingangs- und Ausgangsgrößen des Systems überein. Aber das vordere hat eine viel niedrigere Ordnung als das hintere. Das ist eigentlich eine Mischung zwischen der Ordnungsreduktion und der Systemidentifikation.

Das Identifikationsverfahren zur Ordnungsreduktion geht auf Levy (1959) zurück. Von ihm wurde ein Verfahren zur Bestimmung von Übertragungsfunktionen aus gemessenen Werten des Frequenzgangs angegeben, welches auf einem im Frequenzbereich definierten Fehlermaß basiert. Aber danach gibt es nur wenige Untersuchungen der Identifikation zur Ordnungsreduktion, obwohl die Identifikationstechnik selbst sehr schnell und erfolgreich entwickelt wurde. Lederle, Götz und Kasper (1999a) haben einen Ansatz zur Ordnungsreduktion durch eine partielle ARMA-Modellierung vorgestellt. Dabei wird ein ARMA-Modell als Modelltyp des reduzierten Systems angenommen. Die Koeffizienten der ARMA-Gleichung sind aus den gegebenen Zeitfunktionen in zwei Schritten zu bestimmen und damit ist eine parametrische Systemdarstellung des reduzierten Systems zu erhalten. Die ARMA-Modellierung ist aber nicht geeignet für nichtlineare Systeme.

In diesem Beitrag wurde das allgemeine Identifikationsverfahren zur Modellreduktion untersucht und auf dieser Basis sind dann zwei Verfahren zur Reduktion nichtlinearer FE-Modelle entwickelt worden: das erste durch Systemvereinfachung mit konzentrierten Parametern und das zweite durch Linearisierungen der nichtlinearen FE-Modelle. Der Grundgedanke der ersten Methode liegt darin, dass das System zunächst als ein System mit konzentrierten Parametern zu betrachten und zu modellieren ist. Die Nichtlinearität des Systems, die im WW-WVS durch die variable Kompressibilität der Flüssigkeit verursacht wird, ist bei der Modellierung zu berücksichtigen. Die Modellparameter, z.B. die konzentrierten Äquivalentmassen und Dämpfungskonstanten müssen dann durch die Anpassung des Verhaltens nach dem reduzierten Modell mit dem Original, welches mit den FE-Berechnungsergebnissen dargestellt ist, bestimmt werden. Bei der zweiten Methode wird das nichtlineare FE-Modell in einem kleinen Bereich in der Nähe eines Arbeitspunkts als linear betrachtet und ein reduziertes Modell in diesem Bereich aufgebaut. Alle reduzierten Modelle in verschiedenen Arbeitspunkten werden dann zusammengebaut und ein gesamtes reduziertes Modell entsteht. Zur Reduktion der nichtlinearen FE-Modelle können diverse

Ergebnisdaten aus verschiedenen FE-Berechnungen, z.B. aus der Modalanalyse, der harmonischen Analyse und der transienten Analyse usw., angewendet werden.

Übersichtlich wird in Kapitel 2 das WW-WVS vorgestellt und mathematisch modelliert. In Kapitel 3 wird die numerische Lösung des Systemmodells unter Berücksichtigung der Nichtlinearitäten detailliert beschrieben. Kapitel 4 bis 6 konzentrieren sich auf die Modellreduktion linearer und nichtlinearer FE-Modelle. Kapitel 7 gibt eine Zusammenfassung und einen kurzen Ausblick auf künftige Fragestellungen.

Die Beziehung zwischen dem Kompressionsmodul bzw. dem Ausdehnungsfaktor und dem Druck (der virtuellen Temperatur), die für die Berechnung der variablen Kompressibilität der Flüssigkeit zur Verfügung steht, und die wichtigsten FE-Berechnungsergebnisse sind im Anhang zusammengestellt. Das Literaturverzeichnis beschließt die Arbeit.

Bevor zu den Kapiteln 2 bis 7 übergegangen werden soll, wird in den folgenden Abschnitten das Umfeld der Thematik beleuchtet. So sind zunächst die Grundlagen für die Modellbildung und Simulation im Abschnitt 1.1 zu beschreiben. Im Abschnitt 1.2 werden sodann die Möglichkeiten der Modellvereinfachung diskutiert und einige Modellreduktionsverfahren für lineare und nichtlineare Systeme vorgestellt.

1.1 Modellbildung und Simulation

Modelle und Simulationen jeder Art sind Hilfsmittel zum Umgang mit der Realität. Sie sind nicht neu, sondern so alt wie die Menschheit selbst. Bereits vor Tausenden von Jahren wurden Bauwerke, Boote, Maschinen zunächst als kleine Modelle gebaut und geprüft, bevor sie im großen Maßstab erstellt wurden. Die Spielwelt der Kinder simulierte schon immer die Welt der Erwachsenen - meist unter Verwendung von Modellen ihrer Menschen, Tiere, Gegenstände und Fahrzeuge. Aber als ein Verfahren zur Analyse dynamischer Systeme sind die Modellbildung und Simulation nur seit der letzten sechzig Jahren bekannt geworden. Indem Wissenschaft und Forschung sich bemühen, verallgemeinerbare Prinzipien und Prozesse in der Realität zu identifizieren, erstellen sie Modelle, die wiederum der angewandten Forschung und Technik zur Untersuchung und Simulation neuer Möglichkeiten dienen (Bossel 1994).

Modelle reichen von der verkleinerten realistischen Darstellung des Originals über die Schnittzeichnung bis zum Funktionsdiagramm. Sie können aus Analogien bestehen, in mathematischen Formeln oder Computerprogrammen ausgedrückt sein. Sie sind die Voraussetzung einer Simulation. Als Simulation bezeichnet man eine Nachbildung, bei der nicht das reale Systeme selbst, sondern ersatzweise das Modell des Systems untersucht wird (Möller 1992).

Die verkleinerten realistischen Darstellungen der Originale sind physikalische Modelle, mit denen eine physikalische Simulation auf der Basis der Ähnlichkeitsgesetze durchgeführt werden kann. Die physikalische Simulation ist eigentlich eine Versuchsmethode. Sie untersucht oft durch viele Modelle mit verschiedenen Parametern das Verhalten des Originalsystems und bietet für den Entwurf eine Optimierung. Wegen ihres hohen Kostenaufwands wird sie heutzutage nur für wenige Fälle genutzt. Beispielsweise wird oft ein

Fahrzeug- oder Flugzeugmodell gebaut, um damit im Windkanal bestimmte Eigenschaften des Originalfahrzeuges bzw. Originalflugzeuges zu untersuchen.

Bei der modernen Simulationstechnik geht man von einem mathematischen Modell des zu untersuchenden Systems aus. Diese wird als mathematische Simulation oder Rechnersimulation bezeichnet. Sie hat im Vergleich zur physikalischen Simulation den entscheidenden Vorteil, dass sie schnell und kostengünstig reproduzierbar durchgeführt werden kann. Durch den Einsatz von immer leistungsstärkeren Computern erweitert sich der Anwendungsbereich der Methode ständig. Mittlerweile kann sie schon in fast allen technischen Bereichen angewendet werden und eine Vielzahl von Großversuchen durch Berechnungen ersetzen.

Bei der Rechnersimulation muss sich ein System rechenfähig formalisieren und darstellen lassen, d.h., dass ein für Computer geeignetes Rechenmodell aufgestellt werden muss. Dabei sind die diversen Erkenntnisse in folgenden Aspekten gefordert:

- mathematische Modellierung,
- numerische Näherungsverfahren,
- Computertechnik,
- Simulationssoftware und Programmiersprache etc.

Die mathematische Modellierung, mit der sich die Beziehungen zwischen den Eingangs- und Ausgangsgrößen eines Systems mathematisch darstellen lassen, ist der erste und wichtigste Schritt für die Rechnersimulation des Systems. Einer Rechnersimulation entspricht die Berechnung der Ausgangsgrößen des mathematischen Modells zu den verschiedenen Eingangsgrößen. Dabei ist es schwer, mathematische Modelle zu entwickeln, deren Eingangs- und Ausgangsverhalten identisch denjenigen des realen Systems sind. Man muss sich immer mit (physikalischen) Annäherungen innerhalb einer Fehlerschranke an das reale System durch das mathematische Modell begnügen.

Zur Aufstellung eines mathematischen Modells muss man das System definieren (unter Beachtung systemwissenschaftlicher Erkenntnisse), Vorkenntnisse des zu untersuchenden oder ähnlichen Systems sammeln und auf dem Problem beruhende physikalische Prinzipien verwenden. In manchen Fällen ist eine experimentbasierende Identifikation durchzuführen, um die Parameter und/oder die Struktur eines geeigneten mathematischen Modells zu bestimmen.

Bei der Modellbildung geht es um die Modellgültigkeit. Die Tatsache, dass ein Modell in einem bestimmten Anwendungsfall richtige Ergebnisse liefert, ist noch kein Beleg dafür, dass es auch in allen anderen Fällen richtige Ergebnisse liefert. Eindeutig feststellen lässt sich nur, dass ein Modell falsch ist, wenn Realität und Simulation auseinander klaffen. Deswegen spricht man nicht von der 'Richtigkeit' eines Modells, sondern von seiner Gültigkeit für einen bestimmten Modellzweck. Das gleiche System ist für unterschiedliche Zwecke durch unterschiedliche Modelle abzubilden, d.h., dass ein gültiges Modell für einen Modellzweck in der Regel nicht gültig ist für einen anderen Modellzweck.

Verschiedene Systeme können eine gleiche mathematische Modellform haben. Diese Form kann eine von folgenden mathematischen Gleichungen sein: Polynome, algebraische Gleichungen, Differenzgleichungen, Differentialgleichungen, Integralgleichungen, Zustandsraumvektorgleichungen etc.

Differentialgleichungen sind die am häufigsten auftretenden Modellformen. Sie werden wieder in gewöhnliche oder partielle Differentialgleichungen unterteilt. Eine gewöhnliche Differentialgleichung oder allgemein ein Differentialgleichungssystem stellt das Verhalten eines Systems mit konzentrierten Parametern (lumped parameter) dar oder resultiert aus einem eindimensionalen statischen Problem. Können reale Systeme nicht mit konzentrierten Parametern vereinfacht werden, sind sie im allgemeinen mit partiellen Differentialgleichungen zu beschreiben.

Mathematische Modelle als Beschreibungsform des Zusammenhangs zwischen Ursache und Wirkung sind häufig analytisch nicht geschlossen lösbar, das trifft sowohl für partielle als auch für gewöhnliche Differentialgleichungen zu. Zur Ermittlung einer Lösung ist dann oft eine Rechnersimulation erforderlich.

Die Elektronik gestattete es erstmals, ein reales (mechanisches) System, welches aus örtlich-konzentrierten Elementen besteht, wie z.B. Dämpfer, Feder, Masse, durch ein äquivalentes Ersatzsystem elektronischer Bauteile, wie Induktivität, Kapazität und Widerstand, darzustellen und damit sein Verhalten am Analogcomputer zu simulieren. Der Analogrechner, verfügbar seit den frühen fünfziger Jahren, wurde überall dort eingesetzt, wo zeitkontinuierliche dynamische Systeme durch Differentialgleichungen beschrieben werden konnten. Es liegt in der Regel eine direkte Zuordnung zwischen verwendeten Rechenelementen und den aus dem mathematischen Modell sich ergebenden elementaren Rechenoperationen vor, d.h. eine Hardwarerealisierung. Die simultane Verfügbarkeit von n-Integratoren erlaubt die zeitlich parallele iterative Berechnung der n-Differentialgleichungen, weshalb das Systemverhalten häufig in Echtzeit simuliert werden konnte. Der Hauptnachteil der Analogsimulation ist ihre niedrige Rechengenauigkeit.

Wegen der schnellen Entwicklung des Digitalrechners und der Softwaretechnik lässt sich heutzutage die Digitalsimulation umfangreich anwenden. Der Digitalrechner verfügt über eine arithmetische Einheit, weshalb die Rechenoperationen sequentiell ausgeführt werden. Er kann zur Simulation sowohl kontinuierlicher als auch diskreter Systeme eingesetzt werden. Das kontinuierliche System wird dabei diskretisiert, d.h. es erfolgt eine mathematische oder numerische Annäherung (s. Abschnitt 3.1). Seine Programmierung erfolgt auf unterschiedlichen Sprachebenen, wobei man, in Abhängigkeit der Benutzerfreundlichkeit von gering bis gut, folgende grobe Zuordnung erhält:

- Maschinensprache
- Assembler
- Höhere Programmiersprache
- Problemorientierte Programmiersprache

Beim Digitalrechner liegt somit das mathematische Modell in Form einer Software-realisierung vor. Im Vergleich mit der Analogsimulation hat die Digitalrechnersimulation eine relativ niedrige Rechengeschwindigkeit. Deshalb wird der Hybridrechner oft in Simulatoren eingesetzt, um die Echtzeitsimulation und die Rechengenauigkeit zu vereinigen. Für die Steigerung der Rechengeschwindigkeit sind heute der Parallelrechner und Supercomputer sehr nützlich. Aber die Kosten dafür sind sehr hoch. Darauf wird hier nicht weiter eingegangen.

Die Modellreduktion ist eine andere effiziente Methode zur Verringerung des Rechen- bzw. Rechenzeitaufwands einer Simulation.

1.2 Modellreduktion

Modellreduktionen jeder Art sind eine Vereinfachung eines komplexen Modells. Bei der Vereinfachung ist die Gültigkeit des Modells zu beachten. Die wesentliche Systeminformation muss dabei offengelegt bzw. verdichtet werden. Das mathematische Modell soll möglichst wenig an Genauigkeit einbüßen.

Häufig lässt sich das Modell schon während der theoretischen Systemanalyse reduzieren. Dabei können physikalische Beziehungen vereinfacht betrachtet bzw. vernachlässigt werden. Beispiele sind die Linearisierung eines nichtlinearen Systems, die Ersetzung der kontinuierlichen Systeme durch zeitdiskrete Systeme oder die Ersetzung von linearen zeitvariablen Systemen durch zeitinvariable Systeme. Hierbei existiert aber das Problem, dass die Auswirkungen der getroffenen Näherungen nicht unmittelbar abzuschätzen sind. Erst ein aufwendiger Vergleich eines solchen Modells mit einem detaillierten Modell kann die Brauchbarkeit dieser Reduktion belegen. Deshalb beginnt man im Zweifelsfall mit einer aufwendigeren Modellierung des Systems und versucht anschließend das mathematische Modell zu reduzieren.

Trotz der Vereinfachung bei der Modellbildung ist die Ordnung des Modells noch sehr hoch, sofern es sich um komplex strukturierte Systeme handelt. Man hat deswegen besondere Methoden entwickelt, um ein Systemmodell hoher Ordnung durch ein Modell niedriger Ordnung zu approximieren. Bei der Zustandsraumdarstellung der Systeme wird das Ziel der Ordnungsreduktion verfolgt, die vorliegende Zustandsdifferentialgleichung

$$\underline{\dot{x}}(t) = \underline{f}(\underline{x},\underline{u}) \qquad (1\text{-}1)$$

mit dem n-dimensionalen Zustandsvektor

$$\underline{x} = \begin{bmatrix} x_1 \\ \vdots \\ x_n \end{bmatrix},$$

dem p-dimensionalen Stell- bzw. Eingangsvektor

$$\underline{u} = \begin{bmatrix} u_1 \\ \vdots \\ u_p \end{bmatrix}$$

und dem n-dimensionalen Vektor

$$\underline{f}(\underline{x},\underline{u}) = \begin{bmatrix} f_1(x_1,\cdots,x_n,u_1,\cdots,u_p) \\ \vdots \\ f_n(x_1,\cdots,x_n,u_1,\cdots,u_p) \end{bmatrix}$$

linearer oder nichtlinearer Funktionen in den Komponenten von $\underline{x}$ und $\underline{u}$, in ein System niedrigerer Ordnung r ($r<n$),

$$\dot{\underline{\tilde{x}}}(t) = \underline{\tilde{f}}(\underline{\tilde{x}},\underline{u}) \qquad (1\text{-}2)$$

zu überführen. Dabei ist zu verlangen, dass die Komponenten $\tilde{x}_1, \cdots, \tilde{x}_r$ des reduzierten Vektors $\underline{\tilde{x}}$ die wichtigen Komponenten des Originalvektors $\underline{x}$, die als wesentliche Zustandsgrößen bezeichnet und im Hinblick auf die technische Aufgabenstellung herausgestellt werden können, möglichst gut approximieren.

Durch die Art und Weise, wie diese Approximation erfolgen soll, unterscheiden sich die verschiedenen Verfahren zur Ordnungsreduktion. Im folgenden werden Reduktionsverfahren für lineare und nichtlineare Systeme sowie für FE-Modelle erläutert.

1.2.1 Reduktionsverfahren für lineare Systeme

Für lineare Systeme wurden seit Mitte der siebziger Jahre zahlreiche Reduktionsverfahren entwickelt (Föllinger 1982). Diese Verfahren lassen sich in zwei Klassen einteilen, nämlich in die Zeit- und Frequenzbereichsverfahren. Viele Verfahren gehen von der Zustandsraumdarstellung aus. Diese Vorgehensweise ist bei komplexen Mehrgrößensystemen vorteilhafter als Verfahren, die Übertragungsfunktionen bearbeiten. Im folgenden wird nur ein knapper Überblick der Ansätze zur Reduktion geliefert (Jung 1992). Für detailliertere Ausführungen sei auf einschlägige Literatur verwiesen.

Zeitbereichsverfahren

Betrachtet wird ein lineares und zeitinvariantes Mehrgrößensystem in der Zustandsform:

$$\begin{aligned} \dot{\underline{x}} &= \underline{A}\underline{x} + \underline{B}\underline{u}, \qquad \underline{x} = \underline{x}(t), \quad \underline{u} = \underline{u}(t) \\ \underline{y} &= \underline{C}\underline{x}. \end{aligned} \qquad (1\text{-}3)$$

Hat das System die Ordnung n, p Eingangsgrößen und q Ausgangsgrößen, ist der Zustandsvektor $\underline{x}$ n-dimensional, der Eingangsvektor $\underline{u}$ p-dimensional und der Ausgangsvektor $\underline{y}$ q-dimensional. Die Matrizen $\underline{A}$, $\underline{B}$ und $\underline{C}$ sind konstant und passend dimensioniert.

Die „wesentlichen" Komponenten des Zustandsvektors $\underline{x}$ seien über die Reduktionsmatrix $\underline{R}$ zum Vektor $\underline{x}_r$ zusammengefasst:

$$\underline{x}_r = \underline{R}\underline{x} \qquad (1\text{-}4)$$

Die Reduktionsmatrix besitzt in jeder Zeile genau eine Eins und enthält ansonsten Nullen. Ziel aller Zeitbereichsverfahren ist es, das originale System (1-3) durch ein System niedriger Ordnung r ($r<n$) zu nähern:

$$\begin{aligned} \dot{\underline{\tilde{x}}} &= \underline{\tilde{A}}\underline{\tilde{x}} + \underline{\tilde{B}}u, \qquad \underline{\tilde{x}} = \underline{\tilde{x}}(t), \quad \underline{u} = \underline{u}(t) \\ \underline{\tilde{y}} &= \underline{\tilde{C}}\underline{\tilde{x}} \end{aligned} \qquad (1\text{-}5)$$

wobei $\underline{y}(t)$ und $\underline{\tilde{y}}(t)$, bzw. $\underline{x}_r(t)$ und $\underline{\tilde{x}}(t)$ möglichst gut übereinstimmen sollen. Ein Gütekriterium bewertet die Abweichung, gemessen über die Zeit. Die Frage, wie gut originales und reduziertes Modell übereinstimmen müssen, hängt von der konkreten Aufgabenstellung ab. Stabilität und stationäre Genauigkeit sind dabei elementare Forderungen.

Zu bestimmen sind die Matrizen $\underline{\tilde{A}}$ und $\underline{\tilde{B}}$ des reduzierten Systems (1-5). Die Verfahren unterscheiden sich in der Vorgehensweise und dem zugrundegelegten Gütekriterium. Sie lassen sich in 5 Gruppen einteilen:

- Minimierung des Ausgangsfehlers (Dourdoumas 1975)
- Minimierung des Gleichungsfehlers (Eitelberg 1979)
- Modale Ordnungsreduktion (Litz 1979)
- Balancierte Realisierung (Moore 1981; Hinrichsen und Philippsen 1990)
- Singuläre Perturbation (Kokotovic 1976)

Die zwei Verfahren, Minimierung des Ausgangs- bzw. Gleichungsfehlers, ähneln sich einander. Beide Methoden betrachten die Abweichungen von originalem und reduziertem System. Sie fordern, den Ausgangsfehler

$$\underline{d}_A = \underline{y} - \underline{\tilde{y}}, \qquad \underline{d}_A = \underline{d}_A(t) \qquad (1\text{-}6)$$

bzw. den Gleichungsfehler

$$\underline{d}_G = \underline{\dot{x}}_r - \underline{\tilde{A}}\underline{x}_r - \underline{\tilde{B}}\underline{u}, \qquad \underline{d}_G = \underline{d}_G(t) \qquad (1\text{-}7)$$

im zeitlichen Mittel auf der Basis eines kleinsten Fehlerquadrats zu minimieren. Dabei wird für den Ausgangsfehler noch eine spezielle Gewichtungsfunktion eingeführt.

Die Zeitfunktionen für $\underline{y}$, $\underline{\dot{x}}_r$ und $\underline{x}_r$ sind ja bekannt. Die zeitliche Minimierung der Fehler $\underline{d}_A$ bzw. $\underline{d}_G$ liefert die Bedingungsgleichung für die gesuchten Matrizen $\underline{\tilde{A}}$ und $\underline{\tilde{B}}$. Die Matrizen $\underline{\tilde{A}}$ und $\underline{\tilde{B}}$ gehen linear in den Gleichungsfehler (1-7) ein. Im Ausgangsfehler (1-6) sind sie jedoch nichtlinear, über die Zeitfunktion für $\underline{\tilde{y}}$, enthalten. Deshalb ist es üblicherweise einfacher, den Gleichungsfehler anzusetzen.

Der Grundgedanke der modalen Ordnungsreduktion ist, die Ordnung des Systems (1-3) dadurch zu reduzieren, dass nur die r dominanten von den n Eigenwerten des Originals in das reduzierte System übernommen werden. Dominant heißen diejenigen Eigenwerte, die das dynamische Verhalten des Systems maßgeblich beeinflussen.

Der Übersichtlichkeit halber wird hier von einem SISO-System (Single-Input-Single-Output) ausgegangen,

$$\begin{aligned}\underline{\dot{x}} &= \underline{A}\underline{x} + \underline{b}u, \qquad \underline{x} = \underline{x}(t), \quad u = u(t) \\ y &= \underline{c}^T \underline{x},\end{aligned} \qquad (1\text{-}8)$$

dessen Eigenwerte $\lambda_1, \cdots, \lambda_n$ einfach seien. Dann lässt sich das System durch die Transformation

$$\underline{x} = \underline{V}\underline{z}, \qquad (1\text{-}9)$$

worin die reguläre Transformationsmatrix $\underline{V}$ aus den Eigenvektoren von $\underline{A}$ aufgebaut ist, in die sogenannte Modalform überführen:

$$\underline{\dot{z}} = \underline{\Lambda}\,\underline{z} + \underline{\hat{b}}u, \qquad \underline{z} = \underline{z}(t) \qquad (1\text{-}10)$$

$$y = \underline{\hat{c}}^T \underline{z}, \qquad (1\text{-}11)$$

mit

$$\underline{\Lambda} = \underline{V}^{-1}\underline{A}\underline{V} = \mathrm{diag}(\lambda_1, \cdots, \lambda_n),$$

$$\underline{\hat{b}} = \underline{V}^{-1}\underline{b},$$

$$\underline{\hat{c}}^T = \underline{c}^T \underline{V}.$$

Betrachtet wird nun die Systemantwort mit den Anfangswerten $\underline{x}(0)=\underline{0}$ und $\underline{\dot{x}}(0)=\underline{0}^*$ auf die Anregung eines Einheitssprungs:

$$y(t) = \sum_{i=1}^{n} \frac{\hat{b}_i \hat{c}_i}{\lambda_i}(e^{\lambda_i t} - 1), \qquad t > 0, \qquad (1\text{-}12)$$

in dem der Beitrag eines jeden Eigenwertes λ_i mit dem zugehörigen Produkt $\hat{b}_i \hat{c}_i$ gewichtet ist. Litz formuliert deshalb als Dominanzmaß D_i für den Eigenwert λ_i den Term

$$D_i = \left| \frac{\hat{b}_i \hat{c}_i}{\lambda_i} \right|. \qquad (1\text{-}13)$$

Er gibt an, wie stark der Eigenwert λ_i das Eingangssignal auf den Ausgang überträgt. Für $\hat{b}_i=0$ ist die i-te Eigenbewegung nicht steuerbar, bzw. für $\hat{c}_i=0$ nicht beobachtbar. D.h., die beiden Parameter geben Aufschluss über Steuer- und Beobachtbarkeitseigenschaften des Systems. Die Eigenbewegungen der r genügend großen Dominanzmaße sind dominant. Sind die Zustandsgrößen in (1-10) so sortiert, dass die ersten r Stücke dominant sind, kann die Zustandsdifferentialgleichung (1-10) in der folgenden Form geschrieben werden:

$$\begin{bmatrix} z_1 \\ \vdots \\ z_r \\ \hline z_{r+1} \\ \vdots \\ z_n \end{bmatrix}^\cdot = \left[\begin{array}{ccc|ccc} \lambda_1 & & & & & \\ & \ddots & & & \underline{0} & \\ & & \lambda_r & & & \\ \hline & & & \lambda_{r+1} & & \\ & \underline{0} & & & \ddots & \\ & & & & & \lambda_n \end{array}\right] \cdot \begin{bmatrix} z_1 \\ \vdots \\ z_r \\ \hline z_{r+1} \\ \vdots \\ z_n \end{bmatrix} + \begin{bmatrix} \hat{b}_1 \\ \vdots \\ \hat{b}_r \\ \hline \hat{b}_{r+1} \\ \vdots \\ \hat{b}_n \end{bmatrix} u.$$

Diese Matrizengleichungen kann man in zwei Teile spalten:

$$\underline{\dot{z}}_1 = \underline{\Lambda}_1 \underline{z}_1 + \underline{\hat{b}}_1 u, \qquad (1\text{-}14)$$

$$\underline{\dot{z}}_2 = \underline{\Lambda}_2 \underline{z}_2 + \underline{\hat{b}}_2 u, \qquad (1\text{-}15)$$

mit

$$\underline{z}_1 = \begin{bmatrix} z_1 \\ \vdots \\ z_r \end{bmatrix}, \quad \underline{z}_2 = \begin{bmatrix} z_{r+1} \\ \vdots \\ z_n \end{bmatrix}, \quad \underline{\hat{b}}_1 = \begin{bmatrix} \hat{b}_1 \\ \vdots \\ \hat{b}_r \end{bmatrix}, \quad \underline{\hat{b}}_2 = \begin{bmatrix} \hat{b}_{r+1} \\ \vdots \\ \hat{b}_n \end{bmatrix}$$

---

[*] Bei linearen Systemen kommt es bei den Systemeigenschaften nicht auf das Anfangswertverhalten an

und

$$\underline{\Lambda}_1 = \text{diag}(\lambda_1, \cdots, \lambda_r), \quad \underline{\Lambda}_2 = \text{diag}(\lambda_{r+1}, \cdots, \lambda_n).$$

Die Ordnungsreduktion besteht nun darin, die nichtdominante Differentialgleichung (1-15) wegzulassen. Mit dem Verlust der Verläufe $z_2(t)$ können aber trotz niedriger Dominanz erhebliche Verschlechterungen in $y(t)$ einhergehen. Außerdem benötigt man auch $z_2(t)$, um mittels (1-9) den Zustandsvektor $\underline{x}$ zu rekonstruieren. Litz schlug deshalb vor, dass $z_2(t)$ durch eine Linearkombination der dominanten Modalkoordinaten $z_1(t)$ approximiert wird, d.h.:

$$\underline{\tilde{z}}_2 = \underline{E}\,\underline{z}_1 \tag{1-16}$$

Die $(n\text{-}r, r)$-Matrix $\underline{E}$ ist so zu bestimmen, dass die Approximation von z_2 durch $\tilde{z}_2$ möglichst gut wird, also der Fehler

$$\underline{\varepsilon}(t) = \underline{z}_2(t) - \underline{\tilde{z}}_2(t) = \underline{z}_2(t) - \underline{E}\,\underline{z}_1(t) \tag{1-17}$$

im Sinne eines quadratischen Gütemaßes möglichst klein gehalten wird. Dabei lässt sich $\underline{E}$ mit der Nebenbedingung, dass das reduzierte Modell stationär genau ist, analytisch geschlossen lösen (Föllinger 1994).

Mit der erhaltenen Näherung $\tilde{z}_2$ von z_2 kann sodann der Ausgangsverlauf durch

$$y(t) = \underline{\hat{c}}_1^T \underline{z}_1 + \underline{\hat{c}}_2^T \underline{E}\,\underline{z}_1 = (\underline{\hat{c}}_1^T + \underline{\hat{c}}_2^T \underline{E})\underline{z}_1 \tag{1-18}$$

approximiert werden, wobei

$$\underline{\hat{c}}_1^T = [\hat{c}_1 \ \cdots \ \hat{c}_r], \quad \underline{\hat{c}}_2^T = [\hat{c}_{r+1} \ \cdots \ \hat{c}_n].$$

Das beschriebene Verfahren lässt sich ohne besondere Schwierigkeiten auf Mehrgrößensysteme ausdehnen.

Die Methode der balancierten Realisierung ähnelt in ihrer Grundidee dem Ansatz von Litz. Sie entfernt schwach steuer- und beobachtbare Zustandskomponenten in der Hoffnung, dadurch nur geringe Fehler im Übertragungsverhalten zu verursachen.

Ähnlich wie bei der modalen Ordnungsreduktion wird das System (1-3) einer Transformation unterzogen. Die Transformation bringt jedoch diesmal nicht die Systemmatrix auf Diagonalform, sondern erreicht

$$\underline{\hat{P}} \stackrel{!}{=} \underline{\hat{Q}} \stackrel{!}{=} \text{diag}(\sigma_1, \cdots, \sigma_n) \tag{1-19}$$
$$\sigma_1 \geq \sigma_2 \geq \cdots \geq \sigma_n > 0$$

wobei $\underline{\hat{P}}$ und $\underline{\hat{Q}}$ die Gramsche Steuer- bzw. Beobachtbarkeitsmatrix

$$\underline{\hat{P}} = \int_0^\infty e^{\underline{\hat{A}}t}\,\underline{\hat{B}}\,\underline{\hat{B}}^T\,e^{\underline{\hat{A}}^T t}\,dt \tag{1-20}$$

$$\underline{\hat{Q}} = \int_0^\infty e^{\underline{\hat{A}}t}\,\underline{\hat{C}}\,\underline{\hat{C}}^T\,e^{\underline{\hat{A}}^T t}\,dt$$

darstellen. Das transformierte System

$$\underline{\dot{z}} = \underline{\hat{A}}\,\underline{z} + \underline{\hat{B}}\,\underline{u}, \quad \underline{z} = \underline{z}(t) \tag{1-21}$$
$$\underline{y} = \underline{\hat{C}}\,\underline{z}$$

mit der Eigenschaft (1-19) heißt balanciert, d.h., jede Zustandsgröße ist gleich stark steuer- wie beobachtbar. Die Zahlen σ_i in (1-19) sind die Quadratwurzeln der Eigenwerte des Matrixprodukts $\hat{P}\hat{Q}$. Die r größten Werte $\sigma_1, \cdots, \sigma_r$ bestimmen das reduzierte System aus einer entsprechenden Partitionierung von (1-21).

Bei der Methode der balancierten Realisierung tritt stationäre Genauigkeit im allgemeinen nicht ein. Sie kann aber durch zusätzliche Maßnahmen erzwungen werden (Guth 1991; Hippe 1992; Fasol et al. 1992 usw.).

Die Methode der singulären Perturbation (oder auch singulären Störungsrechnung) lässt sich auch bei nichtlinearen Systemen anwenden und wird deshalb im nächsten Abschnitt allgemein dargestellt.

Frequenzbereichsverfahren

Der Einfachheit halber wird ein lineares Eingrößensystem in der Form seiner Übertragungsfunktion

$$G(s) = \frac{Z(s)}{N(s)} = \frac{b_m s^m + \cdots + b_1 s + b_0}{a_n s^n + \cdots + a_1 s + a_0} \quad m \leq n \quad (1\text{-}22)$$

betrachtet. Die Frequenzbereichsverfahren versuchen $G(s)$ durch eine Übertragungsfunktion niedriger Ordnung r ($r=q<n$)

$$\tilde{G}(s) = \frac{P(s)}{Q(s)} = \frac{\tilde{b}_p s^p + \cdots + \tilde{b}_1 s + \tilde{b}_0}{\tilde{a}_q s^q + \cdots + \tilde{a}_1 s + \tilde{a}_0} \quad p \leq q \quad (1\text{-}23)$$

zu nähern. Dabei gilt es, den Frequenzgang möglichst wenig zu verändern. Das Gütekriterium liegt demzufolge im Frequenzbereich. Gesucht sind die Koeffizienten $\tilde{a}_i$ und $\tilde{b}_i$.

Es werden zwei der geläufigsten Ansätze im folgenden skizziert:

- Kettenbruchverfahren (Chen und Shieh 1968)
- Fehlerminimierung im Frequenzbereich

Chen und Shieh verwendeten 1968 erstmals Kettenbrüche zur Ordnungsreduktion von Übertragungsfunktionen. Seitdem ist das Verfahren Gegenstand zahlreicher Untersuchungen und Modifikationen. Ausgangspunkt ist eine Übertragungsfunktion (1-22), deren Zählergrad um eins kleiner ist als deren Nennergrad ($n-m=1$). Durch eine Umformung wird $G(s)$ in einen Kettenbruch

$$G(s) = \cfrac{1}{h_1 + \cfrac{s}{h_2 + \cfrac{s}{h_3 + \cfrac{s}{\ddots + \cfrac{s}{h_{2n-1} + \cfrac{s}{h_{2n}}}}}}} \quad (1\text{-}24)$$

überführt, dessen Koeffizienten h_i, $i=1,2,\cdots,2n$, sich aus einer Rekursionsformel bestimmen lassen.

Für ein reduziertes System der Ordnung r werden in der Kettenbruchdarstellung (1-24) die Koeffizienten h_i, $i>2r$ vernachlässigt. Die reduzierte Übertragungsfunktion in Polynomform ergibt sich dann durch Ausmultiplizieren des Kettenbruchs.

Die Minimierung des Gütekriteriums im Frequenzbereich zur Ordnungsreduktion wurde von zahlreichen Autoren untersucht (Levy 1959; Vittal Rao und Lamba 1974; Reddy 1976; Kiendl 1986; Post 1986; Seidel 1992; Pautzke 1995). Analog zu den Zeitbereichsverfahren der Ausgangs- und Gleichungsfehlerminimierung betrachtet man hier die Abweichung d von originaler und reduzierter Übertragungsfunktion

$$d = G(j\omega) - \tilde{G}(j\omega). \qquad (1\text{-}25)$$

Sind nur die endlichen gemessenen Punkte des Frequenzganges anstatt der originalen Übertragungsfunktion bekannt, kann man von den Fehlern an bestimmten Frequenzen

$$\varepsilon_i = G(j\omega_i) - \tilde{G}(j\omega_i) \qquad i = 1,2,\cdots k \qquad (1\text{-}26)$$

ausgehen. Darin sind $\omega_1, \omega_2,\cdots,\omega_k$ die vorgegebenen Stützstellen. Bei der vorgegebenen originalen Übertragungsfunktion sind zunächst $G(j\omega_i)$ zu ermitteln, die Gleichung (1-26) kann auch genutzt werden.

Es ist ein Identifikationsverfahren, eine reduzierte Übertragungsfunktion aus dem gemessenen bzw. simulierten Frequenzgang zu ermitteln. Dieser Gedanke wird für die in dieser Arbeit zu untersuchenden Reduktionsverfahren linearer und nichtlinearer FE-Modelle genutzt und ist deshalb hier vorzustellen.

Levy (1959) geht aus von dem Fehlermaß

$$\mu = \sum_{i=1}^{k} \left| \tilde{G}(j\omega_i) - G(j\omega_i) \right|^2, \qquad (1\text{-}27)$$

welches sich mit den in (1-22) und (1-23) definierten Zähler- und Nennerpolynomen von Original und Reduktion auch als

$$\mu = \sum_{i=1}^{k} \left| \frac{P(j\omega_i)}{Q(j\omega_i)} - \frac{Z(j\omega_i)}{N(j\omega_i)} \right|^2 \qquad (1\text{-}28)$$

schreiben lässt.

Die Ausmultiplikation von (1-28) ergibt

$$\mu = \sum_{i=1}^{k} \frac{\left| P(j\omega_i)N(j\omega_i) - Z(j\omega_i)Q(j\omega_i) \right|^2}{\left| Q(j\omega_i) \right|^2 \left| N(j\omega_i)^2 \right|}. \qquad (1\text{-}29)$$

Differenziert man diese Gleichung nach den gesuchten Koeffizienten von $P(j\omega)$ und $Q(j\omega)$ und setzt die Ableitungen zu Null, so erhält man ein nichtlineares Gleichungssystem zur Bestimmung dieser Koeffizienten, da das unbekannte Polynom $Q(j\omega)$ im Nenner des Fehlermaßes auftaucht.

Um ein leicht (analytisch) lösbares lineares Gleichungssystem zu erhalten, vernachlässigt Levy die Größe $|Q(j\omega)|^2$ im Nenner des quadratischen Fehlermaßes (1-29). Auf diese Weise entsteht das gewichtete Fehlermaß

$$\mu' = \sum_{i=1}^{k} |Q(j\omega_i)|^2 \left| \tilde{G}(j\omega_i) - G(j\omega_i) \right|^2. \qquad (1\text{-}30)$$

Dieser gewichtete Fehler zwischen $\tilde{G}(j\omega)$ und $G(j\omega)$ wird an den sogenannten Stützstellen minimiert. Diese Stützstellen sind Frequenzen, die Levy logarithmisch äquidistant über einen gewissen interessierenden Frequenzbereich verteilt. Mit dem Fehlermaß (1-30) ist es nicht erforderlich, dass ein mathematisches Modell nach Gleichung (1-22) vom Originalsystem zur Verfügung stehen muss.

Da der Gewichtungsterm $|Q(j\omega)|^2$ ein Polynom vom Grade $2q$ ist, dessen Betrag für hohe Frequenzen groß wird, wirkt sich dieser Term in (1-30) so aus, dass Fehler an den betragsmäßig großen Stützstellen stärker zum Fehler μ' beitragen als Fehler an kleineren Stützstellen. Dies wiederum bedeutet, dass die Fehlerminimierung in erster Linie dafür sorgt, dass die Approximation zwischen Reduktion und Original bei den eingesetzten hohen Frequenzen gut ist, da durch die Gewichtung bei diesen Frequenzen ein relativ großer Fehler vorgetäuscht wird, obwohl dieser vielleicht hinreichend klein ist. Das kann dazu führen, dass das Reduktionsergebnis völlig unbrauchbar ist, da oft gerade das niederfrequente Systemverhalten für die Dynamik ausschlaggebend ist. Aus diesem Grund lassen sich häufig keine guten Anpassungen über weite Frequenzbereiche erzielen.

Sanathanan und Koerner (1963) haben eine Modifikation des von Levy entwickelten Verfahrens vorgeschlagen, um die Gewichtung in der Gleichung (1-30) iterativ zu beseitigen. In einem ersten Schritt wird ein Reduktionsergebnis $\tilde{G}(j\omega)$ mit dem Fehlermaß (1-30) bestimmt. In allen weiteren Iterationsschritten wird dann mit dem Fehlermaß

$$\mu' = \sum_{i=1}^{k} \frac{|Q_L(j\omega_i)|^2}{|Q_{L-1}(j\omega_i)|^2} \left| \tilde{G}(j\omega_i) - G(j\omega_i) \right|^2 \qquad (1\text{-}31)$$

gearbeitet, wobei $Q_{L-1}(j\omega)$ das im vorangegangenen Schritt ermittelte Nennerpolynom von $\tilde{G}(j\omega)$ ist. Letztlich wird ein nichtgewichtetes Fehlermaß erzielt und es gehen die absoluten Fehlerquadrate unabhängig von der Frequenz gleich stark in das Fehlermaß ein.

Das modifizierte Verfahren konvergiert in der Regel sehr schnell und liefert gute Approximationen über weite Frequenzbereiche. Es eignet sich jedoch nur dann, wenn man den wesentlichen Frequenzbereich und die in diesem Bereich liegenden Stützstellen kennt, die man gut appoximieren muss. Ferner darf die Ordnung nur so niedrig gewählt werden, dass die Approximation in diesem Frequenzbereich überall mit der gleichen gewünschten Güte ausfallen kann. Man wird aber oft aus Unkenntnis auch solche Frequenzen als Stützstellen einsetzen, die bei einer guten Reduktion, d.h., bei einer Reduktion, die das wesentliche Systemverhalten erfasst, gar nicht berücksichtigt werden dürfen und können. Die Minimierung des nichtgewichteten Fehlermaßes versucht jedoch, auch an diesen Stellen eine gute Anpassung zu erzielen, was dann natürlich auf Kosten der Approximation im wesentlichen Frequenzbereich geht.

Vittal Rao und Lamba (1974) haben ein Verfahren entwickelt, welches ebenfalls auf dem von Levy vorgeschlagenen Ansatz aufbaut. Im Unterschied wird hier nicht eine quadratische Fehlersumme, sondern ein quadratisches Fehlerintegral minimiert. Es wird der gesamte Nenner des nichtgewichteten Fehlermaßes (1-29) vernachlässigt, wodurch das gewichtete Fehlermaß

$$\mu' = \int_{\omega_1}^{\omega_2} |Q(j\omega)|^2 |N(j\omega)|^2 |\tilde{G}(j\omega) - G(j\omega)|^2 d\omega \qquad (1\text{-}32)$$

entsteht. Der Effekt der „Übergewichtung" hoher Frequenzen bei der Minimierung des Fehlermaßes von Levy tritt hier durch die zusätzliche Gewichtung mit $|N(j\omega)|^2$ noch deutlicher zu Tage. Außerdem ist es auch eine Frage, wie der Frequenzbereich oder die Integrationsgrenzen ω_1 und ω_2 zu wählen sind. Ferner kann das Verfahren nicht als Identifikationsverfahren betrachtet werden, weil das Polynom $N(j\omega)$ in der Gleichung (1-32) vom Originalmodell bekannt sein müsste.

Kiendl (1986) hat das Konzept der invarianten Ordnungsreduktion im Frequenzbereich aufgestellt und dabei ein Invarianzprinzip eingeführt, welches besagt, dass die resultierende dynamische Ähnlichkeit zwischen den reduzierten Modellen und den Originalmodellen nur dann in einem bestimmten Sinne „gleichmäßig gut" sein kann, wenn die Reduktionsparameter (Stützstellen und Gewichtsfaktoren) unter Berücksichtigung gewisser Invarianzforderungen gewählt werden. Post (1986) hat auf der Basis des Verfahrens von Kiendl die Vorschriften für die Festlegung der Reduktionsparameter verbessert. Pautzke (1995) hat das invariante Ordnungsreduktionsverfahren für Mehrgrößensysteme entwickelt. Aber Kiendl, Post und Pautzke gehen von einem Fehlermaß mit dem bekannten mathematischen Modell des Originalsystems aus und ihre Verfahren haben mit dem Identifikationsgedanken nichts zu tun. Deshalb wird darauf nicht mehr eingegangen.

1.2.2 Reduktionsverfahren für nichtlineare Systeme

Ein nichtlineares zeitinvariantes Mehrgrößensystem lässt sich im Zustandsraum wie folgt darstellen:

$$\underline{\dot{x}}(t) = \underline{f}(\underline{x}(t), \underline{u}(t)). \qquad (1\text{-}33)$$

Der Vektor $\underline{f}(\underline{x},\underline{u})$ besitzt zumindest ein Element, das nicht als Linearkombination

$$a_1 x_1(t) + \cdots + a_n x_n(t) + b_1 u_1(t) + \cdots + b_p u_p(t) \qquad (1\text{-}34)$$

der Zustands- und Stellgrößen darstellbar ist.

Nichtlineare Systeme weisen eine Vielfalt von Phänomenen auf, die bei linearen Systemen unbekannt sind. Unterschiedliches Lösungsverhalten in Abhängigkeit von Anfangsbedingungen und Anregungen, das Auftreten von Grenzzyklen, Amplituden-, Phasen- oder Frequenzsprüngen seien als Beispiele hierfür genannt. Deshalb ist die allgemeine Theorie nichtlinearer Systeme weit komplizierter und weniger entwickelt.

Es ist wünschenswert, das nichtlineare System in ein lineares System zu überführen, um dann auf bewährte Methoden der Analyse oder Reduktion linearer Systeme zurückgreifen zu können. Die klassische Taylorreihen-Linearisierung um einen Arbeitspunkt und die exakte Linearisierung durch Zustandsrückführung sind dafür nützlich. Aber die Voraussetzungen der klassischen Methode, dass die Abweichungen vom Arbeitspunkt klein bleiben und die Terme zweiter und höherer Ordnung in der Taylorreihe klein genug sein müssen, beschränken ihren Anwendungsbereich. Die exakte Linearisierung durch Zustandsrückführung beinhaltet eine strenge Theorie über die Möglichkeit, durch eine Rückführung der Form

$$\underline{u} = \underline{k}(\underline{x}) + \underline{K}(\underline{x})\underline{v} \tag{1-35}$$

das System zu entkoppeln, so dass die i-te Eingangsgröße genau nur die i-te Ausgangsgröße beeinflusst (dim $\underline{u}$ = dim $\underline{v}$ vorausgesetzt). Eine zusätzliche, nichtlineare Transformation

$$\underline{z} = \underline{T}(\underline{x}) \tag{1-36}$$

überführt dann das nichtlineare System in ein lineares System

$$\underline{\dot{z}} = \underline{A}\underline{z} + \underline{B}\underline{v}, \quad \underline{z} = \underline{z}(t), \quad \underline{v} = \underline{v}(t),$$
$$\underline{y} = \underline{C}\underline{z}. \tag{1-37}$$

Die Komplexität des Systems verlagert sich dabei in die Rückführung (1-35) und in die Transformation (1-36). Die Rückführung bzw. Transformation sind zustandsabhängig und führen schnell zu extrem aufwendigen Rechnungen. Das Verfahren dient daher vor allem der Analyse eines nichtlinearen Systems, weniger seiner Reduktion (Jung 1992). Deshalb wird hier auf das Verfahren nicht weiter eingegangen. Details darüber sei der Literatur (Isidori 1989) zu entnehmen.

Die Anzahl von Reduktionsverfahren für nichtlineare Systeme ist gering. Manche Verfahren führen zu einem einfacheren, wiederum nichtlinearen System gleicher Ordnung, das die wesentlichen Effekte wiedergibt. Die unwesentlichen Terme in den Zustandsgleichungen werden dabei eliminiert und auf irgendeine Weise kompensiert. Solche Verfahren stehen oft für „Mindest-Systeme", d.h. Systeme mit einer optimierten „Grobstruktur" und deshalb minimaler Anzahl an Freiheitsgraden, zur Verfügung, um die Rechenzeit weiter zu reduzieren. Genannt seien hier die Arbeiten von Desrochers et al. (1980, 1985), Lin und Chang (1984), Weber (1989,1990), Jung (1992). Die anderen Reduktionsverfahren für nichtlineare Systeme führen zu einer Ordnungsreduktion, die mit der linearer Systeme vergleichbar ist. Im folgenden werden einige der Verfahren beschrieben.

Reduktion eines linearen Systemanteils nach Hasenjäger (1985)

Manche Systeme können überwiegend linear beschrieben werden, wobei aber zusätzlich „Schmutzeffekte" wie Reibung und Lose das Systemverhalten nichtlinear beeinflussen. Anstatt der allgemeinen Darstellung (1-33) empfiehlt sich dann eine Beschreibung

$$\underline{\dot{x}}(t) = \begin{bmatrix} \underline{\dot{x}}_1 \\ \underline{\dot{x}}_2 \end{bmatrix} = \underline{A}\underline{x}(t) + \underline{B}\underline{u}(t) + \begin{bmatrix} \underline{f}(\underline{x}_1, \underline{u}) \\ \underline{0} \end{bmatrix}. \tag{1-38}$$

In der Gleichung (1-38) wird der Zustandsvektor in einen dominanten Teilvektor $\underline{x}_1$ und einen nicht-dominanten Teilvektor $\underline{x}_2$ zerlegt. Vorausgesetzt wird also, dass Nichtlinearitäten nur auf dominante Zustandsgrößen wirken und selbst nur von dominanten Zustandsgrößen und $\underline{u}$ abhängen. Der von den Nichtlinearitäten befreite Systemteil kann nun nach einem Verfahren linearer Systeme reduziert werden. Durch Zufügen des Nichtlinearitätenvektors entsteht endgültig das reduzierte System

$$\dot{\tilde{x}}(t) = \tilde{\underline{A}}\tilde{\underline{x}}(t) + \tilde{\underline{B}}\underline{u}(t) + \underline{f}(\tilde{\underline{x}},\underline{u}). \qquad (1\text{-}39)$$

Bei diesem Verfahren behalten die Zustandsgrößen ihre physikalische Bedeutung und die Stationärgenauigkeit kann im allgemeinen sichergestellt werden (Hasenjäger 1985).

Singuläre Perturbation (Kokotovic 1976)

Sowohl für lineare als auch für nichtlineare Systeme können die Verfahren der singulären Perturbation (oder auch singuläre Störungsrechnung) eingesetzt werden. Die Arbeiten auf diesem Gebiet gehen auf P.V. Kokotovic zurück. Ein ausführlicher Übersichtsartikel (Saksena, O'Reilly und Kokotovic 1984) fasst verschiedene Veröffentlichungen zusammen.

Das Verfahren lässt sich auf Prozesse mit schnellen und langsamen Teilsystemen anwenden. Die spezielle Darstellung des nichtlinearen Systems in der Form

$$\dot{\underline{x}}_1(t) = \underline{f}_1(\underline{x}_1,\underline{x}_2,\underline{u}), \qquad (1\text{-}40a)$$

$$\varepsilon\,\dot{\underline{x}}_2(t) = \underline{f}_2(\underline{x}_1,\underline{x}_2,\underline{u}), \qquad (1\text{-}40b)$$

kennzeichnet, mit kleinem Wert $\varepsilon \ll 1$, den Teilvektor $\underline{x}_1$ als einen langsamen Systemanteil und den Vektor $\underline{x}_2$ als einen schnellen Systemanteil. Die Übergangsvorgänge des schnellen Teilsystems werden dann dadurch vernachlässigt, dass in Gleichung (1-40b) $\varepsilon=0$ gesetzt wird. Das bedeutet, Gleichung (1-40b) wird singulär. So lässt sich die Gleichung (1-40b) nur für den stationären Fall betrachten,

$$\underline{f}_2(\underline{x}_1,\underline{x}_2,\underline{u}) = \underline{0}. \qquad (1\text{-}41)$$

Gelingt es, diese Beziehung geschlossen nach dem Teilvektor $\underline{x}_2$ aufzulösen in der Form

$$\underline{x}_2 = \underline{h}(\underline{x}_1,\underline{u}), \qquad (1\text{-}42)$$

kann dieses Ergebnis dann in die Gleichung (1-40a) eingesetzt werden. Damit liegt das ordnungsreduzierte Modell vor:

$$\dot{\underline{x}}_1(t) = \underline{f}_1(\underline{x}_1,\underline{h}(\underline{x}_1,\underline{u}),\underline{u}). \qquad (1\text{-}43)$$

Das Verfahren der singulären Perturbation setzt voraus, dass die Zustandsgrößen des Originalsystems in schnelle und langsame geteilt werden können. Weiterhin ist zu prüfen, ob wirklich nur das langsame Teilsystem von Interesse ist. Außerdem ist die Lösung (1-42) aus der Gleichung (1-41) problematisch, wenn die Jacobi-Matrix $\partial \underline{f}_2/\partial \underline{x}_2^T$ nicht regulär ist.

Reduktion mittels einer linearen Zustandstransformation nach Pallaske (1987)

Die Grundidee des Verfahrens nach Pallaske sei nachfolgend vereinfacht dargestellt: Das System (1-33) wird einer linearen Zustandstransformation

$$\underline{x}(t) = \underline{V}\,\underline{z}(t) \qquad (1\text{-}44)$$

unterworfen. Der neue Zustandsvektor $\underline{z}$ hat dieselbe Dimension wie $\underline{x}$. Gesucht ist eine orthogonale Matrix $\underline{V}$, die es erlaubt, den Vektor $\underline{z}(t)=\underline{V}^{-1}\underline{x}(t)=\underline{V}^T\underline{x}(t)$ mit einem Teilvektor $\underline{z}_1$ von $\underline{z}=[\underline{z}_1,\underline{z}_2]^T$ zu nähern (durch Weglassen seiner letzten $n\text{-}k$ Komponenten):

$$\hat{\underline{z}}(t) = \underline{V}_1^T\,\underline{x}(t). \qquad (1\text{-}45)$$

Durch Rücktransformation lässt sich eine Näherung

$$\hat{\underline{x}}(t) = \underline{V}_1 \hat{\underline{z}}(t) = \underline{V}_1 \underline{V}_1^T \underline{x}(t) \quad (1\text{-}46)$$

für den Originalverlauf $\underline{x}(t)$ angeben.

Mit

$$\dot{\hat{\underline{z}}}(t) = \underline{V}_1^T \dot{\underline{x}}(t) = \underline{V}_1^T \underline{f}(\underline{x},\underline{u}) \quad (1\text{-}47)$$

lautet das ordnungsreduzierte System ($r<n$):

$$\dot{\tilde{\underline{z}}}(t) = \underline{V}_1^T \underline{f}(\underline{V}_1 \tilde{\underline{z}},\underline{u}). \quad (1\text{-}48)$$

Hier ist $\tilde{\underline{z}}$ eine Näherung für $\hat{\underline{z}}$ in der Gleichung (1-45). Aus den Verläufen $\tilde{\underline{z}}(t)$ des reduzierten Systems können die Originalverläufe wegen Gleichung (1-46) durch

$$\hat{\underline{x}}(t) = \underline{V}_1 \tilde{\underline{z}}(t) \quad (1\text{-}49)$$

approximiert werden.

Zur Ermittlung der orthogonalen Transformationsmatrix $\underline{V}$ sei auf die einschlägige Literatur verwiesen.

Reduktion durch Gleichungsfehlerminimierung nach Lohmann (1994)

Als Ausgangspunkt des Verfahrens nach Lohmann soll eine Systemdarstellung

$$\dot{\underline{x}}(t) = \underline{A}\underline{x}(t) + \underline{B}\underline{u}(t) + \underline{F}\underline{g}(\underline{x},\underline{u}) \quad (1\text{-}50)$$

dienen, die derjenigen des Verfahrens nach Hasenjäger ähnelt, jedoch mit keinerlei einschränkenden Bedingung an die rechte Seite der Zustandsdifferentialgleichung verbunden ist. Vorgegeben sind auch die wesentlichen Zustandsgrößen, die sich über eine Reduktionsmatrix $\underline{R}$ im Vektor $\underline{x}_{do}(t)$ der Ordnung r ($r<n$) zusammenfassen lassen:

$$\underline{x}_{do}(t) = \underline{R}\underline{x}(t). \quad (1\text{-}51)$$

Die Aufgabe ist die Ermittlung eines reduzierten Systems, dessen Zustandsgrößen $\tilde{x}_1, \cdots, \tilde{x}_r$ das Verhalten der in $\underline{x}_{do}(t)$ zusammengefassten dominanten Zustandsgrößen des Originalsystems möglichst gut approximieren können. Dafür setzte Lohmann das reduzierte System in der folgenden Form an:

$$\dot{\tilde{\underline{x}}}(t) = \underline{\tilde{A}}\tilde{\underline{x}}(t) + \underline{\tilde{B}}\underline{u}(t) + \underline{\tilde{F}}\underline{g}(\underline{W}\tilde{\underline{x}},\underline{u}). \quad (1\text{-}52)$$

Das wesentliche Charakteristikum des Ansatzes (1-52), nämlich die Übernahme des Nichtlinearitätenvektors ins reduzierte System, hat zur Folge, dass Original und reduziertes System auf die gleichen nichtlinearen Zusammenhänge zugreifen, um $\dot{\underline{x}}_{do}(t)$ bzw. $\dot{\tilde{\underline{x}}}(t)$ zu erzeugen. Es bringt außerdem mit sich, dass keinerlei weitere Einschränkungen an die im Original auftretenden Typen von Nichtlinearitäten formuliert werden müssen.

Die Matrizen $\underline{\tilde{A}}$, $\underline{\tilde{B}}$, $\underline{\tilde{F}}$ und $\underline{W}$ in Gleichung (1-52) sind so festzulegen, dass $\tilde{\underline{x}}(t)$ den Verlauf $\underline{x}_{do}(t)$ des Originals möglichst gut nachbildet. Ähnlich wie das Eitelberg'sche Verfahren für lineare Systeme hat Lohmann hierfür einen Gleichungsfehler in der Form

$$\underline{d}_1(t) = \dot{\underline{x}}_{do}(t) - \underline{\tilde{A}}\underline{x}_{do}(t) - \underline{\tilde{B}}\underline{u}(t) - \underline{\tilde{F}}\underline{g}(\underline{W}\underline{x}_{do},\underline{u}) \quad (1\text{-}53)$$

formuliert. Der Fehler $\underline{d}_1(t)$ ist dann durch geeignete Wahl von $\underline{\tilde{A}}$, $\underline{\tilde{B}}$, $\underline{\tilde{F}}$ und $\underline{W}$ zu minimieren. Weil aber die Matrix $\underline{W}$ in unangenehmer Weise in das Argument des Nichtlinearitätenvektors eingeht, erweist es sich als günstig, ihre Festlegung unabhängig von $\underline{\tilde{A}}$, $\underline{\tilde{B}}$, $\underline{\tilde{F}}$ und dem Gleichungsfehler $\underline{d}_1(t)$ vorzunehmen und von $\underline{W}$ zu fordern, dass es seine direkte Aufgabe, nämlich im Argument des Nichtlinearitätenvektors $\underline{g}$ den gesamten Zustandsvektor $\underline{x}(t)$ aus $\underline{x}_{do}(t)$ näherungsweise zu rekonstruieren, möglichst gut erfüllt, also den Gleichungsfehler

$$\underline{d}_2(t) = \underline{x}(t) - \underline{W}\underline{x}_{do}(t) \qquad (1\text{-}54)$$

klein hält. Liegt $\underline{W}$ fest, kann sodann der Gleichungsfehler $\underline{d}_1(t)$ durch geeignete Wahl der verbleibenden Matrizen $\underline{\tilde{A}}$, $\underline{\tilde{B}}$, $\underline{\tilde{F}}$ minimiert werden.

Zur Minimierung der zwei Gleichungsfehler existieren noch Fragen: Welche Zeitverläufe sollen dabei verwendet werden und wie sind sie zu erzeugen? Während im linearen Fall sprungförmige Anregungen bei verschwindenden Anfangswerten angenommen werden können und die Zustandsverläufe in Abhängigkeit von den Anregungen geschlossen lösbar sind, werden für die nichtlineare Reduktion mehrere (z.B. m) verschiedene Stellgrößenverläufe $[\underline{u}(t)]_i$, Anfangszustände $[\underline{x}(t_0)]_i$, $i=1,\cdots,m$, ausgewählt und die entsprechenden Zustandsverläufe in geeigneten Zeitintervallen $[t_0, t_e]_i$ durch numerische Simulationen erzeugt, um möglichst große Bereiche des Zustandsraumes abzudecken. Als Ergebnis stehen dann Zustandsvektoren zu den diskreten Zeitpunkten $\underline{x}(t_{0i})$, $\underline{x}(t_{1i})$, $\cdots$, $\underline{x}(t_{ei})$ für die Gleichungsfehlerminimierung zur Verfügung. Die Matrizen $\underline{\tilde{A}}$, $\underline{\tilde{B}}$, $\underline{\tilde{F}}$ und $\underline{W}$ können damit iterationsfrei bestimmt werden. Dabei ist die stationäre Genauigkeit als Nebenbedingung des Optimierungsproblems zu berücksichtigen. Zum konkreten Vorgang zur Ermittlung der Matrizen $\underline{\tilde{A}}$, $\underline{\tilde{B}}$, $\underline{\tilde{F}}$ und $\underline{W}$ sei auf die Literatur von Lohmann verwiesen.

In der Literatur (Lohmann 1994) wurden erstmals Dominanzmaßzahlen für nichtlineare Systeme formuliert. Sie unterstützen den Entwerfer bei der Auswahl dominanter Zustandsgrößen.

1.2.3 Reduktionsverfahren für FE-Modelle

Aus der FE-Diskretisierung einer mechanischen Struktur resultiert die Bewegungsgleichung

$$\underline{M}\ddot{x} + \underline{D}\dot{x} + \underline{K}x = \underline{f} \ . \qquad (1\text{-}55)$$

In der Gleichung (1-55) bedeuten $\underline{M}$, $\underline{D}$ und $\underline{K}$ die Massen-, Dämpfungs- und Steifigkeitsmatrix des Systems. Alle n Freiheitsgrade werden in einem Vektor $\underline{x}$ zusammengefasst. Die angreifenden Lasten der Struktur werden mit dem Lastvektor $\underline{f}$ bezeichnet. Im linearen Fall sind alle Komponenten der Systemmatrizen konstant, während im nichtlinearen Fall beispielsweise die Steifigkeitsmatrix $\underline{K}$ und/oder der Lastvektor $\underline{f}$ vom Vektor $\underline{x}$ abhängen können.

Die Bewegungsgleichung kann nicht nur mechanische Phänomene, sondern auch andere Probleme, z.B. elektromagnetische Phänomene oder Strömungsprobleme mit anderen Interpretationen der Matrizen beschreiben. Werden Problemstellungen aus dem Bereich der Wärmeleitung untersucht, verschwindet die Massenmatrix, die Dämpfungsmatrix enthält Wärmekapazitäten und die Steifigkeitsmatrix Wärmeleitfähigkeiten.

Durch Definition eines Zustandsvektors

$$\underline{z} = \begin{bmatrix} x \\ \dot{x} \end{bmatrix} \qquad (1\text{-}56)$$

lässt sich die Bewegungsgleichung in eine Zustandsraumdarstellung überführen. Während die Bewegungsgleichung ein System von n Differentialgleichungen zweiter Ordnung darstellt, enthält die überführte Zustandsraumdarstellung $2n$ gekoppelte Differentialgleichungen erster Ordnung. D.h., dass ein FE-Modell im allgemeinen eine Ordnung $2n$ hat, wenn die Zahl seiner Freiheitsgrade n ist. Eine Ausnahme liegt im Falle eines thermischen Systems vor, da dann die Massenmatrix verschwindet und somit nur eine Differentialgleichung erster Ordnung vorliegt.

Mit der Auswahl der verwendeten Elementtypen wird die Anzahl der Elementknoten und die Anzahl der Knotenfreiheitsgrade festgelegt. Die Gesamtzahl der Freiheitsgrade ergibt sich dann aus dem Grad der Diskretisierung, nämlich aus der Zahl der finiten Elemente. Die Wahl der Elementtypen ist im allgemeinen durch physikalische Einsichten weitgehend festgelegt. Um die Geometrie einer Struktur hinreichend genau abbilden zu können, ist ein Mindestmaß an Diskretisierungsaufwand erforderlich. Deshalb wird eine Modellreduktion durch die Verwendung anderer Elementtypen mit einer geringeren Anzahl von Knotenfreiheitsgraden oder eine gröbere Diskretisierung in der praktischen Anwendung beschränkt.

Eine Verringerung der Freiheitsgrade ist möglich durch die näherungsweise Umverteilung der physikalischen Parameter Masse, Dämpfung und Steifigkeit auf eine geringere Anzahl von Freiheitsgraden. Die Grundidee ist die Unterteilung der Freiheitsgrade in wesentliche und unwesentliche. Die wesentlichen Freiheitsgrade müssen aufgrund von physikalischen Einsichten in das jeweilige Problem gewählt werden. Die unwesentlichen Freiheitsgrade werden aus dem Modell eliminiert. Die Umverteilung der Parameter besteht nun darin, dass der Einfluss der eliminierten Freiheitsgrade auf die im Modell verbleibenden angenähert wird. Derartige Verfahren werden als strukturelle Reduktion bezeichnet. Dabei soll ein reduziertes Modell erstellt werden, dass die dynamischen Eigenschaften der Struktur (Eigenfrequenzen, Eigenformen) möglichst so gut wiedergibt wie das vollständige Modell. Ein typisches Verfahren der strukturellen Reduktion ist das Guyan-Verfahren (Guyan 1965).

Die strukturelle Reduktion der FE-Modelle wird oft in FEM-Softwaresystemen programmiert und für die schnelle Berechnung des dynamischen Verhaltens benutzt. Dabei steht die Annäherung an die tiefsten Eigenfrequenzen im Vordergrund. Für regelungstechnische Anwendungen reicht die mittels struktureller Reduktion erreichbare Verringerung der Freiheitsgrade in vielen Fällen noch nicht aus. Weiterhin sind die strukturellen Reduktionsverfahren für nichtlineare Probleme im allgemeinen nicht geeignet[*].

Eine weitere Methode zur Reduktion eines FE-Modells ist die Ordnungsreduktion, bei der ein reduziertes Modell zu erstellen ist, das das Übertragungsverhalten des Systems möglichst gut wiedergibt. Anders als bei der strukturellen Reduktion gehen auch Art und Verteilung der Systemeingangs- und Systemausgangsgrößen in die Ordnungsreduktion ein. Außerdem

---

[*] Nur die Nichtlinearität „Knoten-zu-Knoten-Kontakt" (Spaltkondition) ist erlaubt.

impliziert die Annäherung an das Übertragungsverhalten nicht notwendigerweise eine Annäherung an die Eigenfrequenzen und die Eigenvektoren des vollständigen Modells.

Trotz der Vielzahl der Ordnungsreduktionsverfahren (Abschnitte 1.2.1 und 1.2.2) besteht noch Klärungsbedarf bezüglich der Anwendung dieser Verfahren auf FE-Modelle. Nagel (1993) und Lederle (2000) haben durch ihre Untersuchungen des linearen Falls darauf hingewiesen, dass nur einige Verfahren zur Ordnungsreduktion linearer FE-Modelle angewendet werden können. Das sind z.B. das modale Verfahren nach Litz, das Verfahren der Gleichungsfehlerminimierung nach Eitelberg und das Verfahren der balancierten Realisierung. Die wichtigsten Ergebnisse der Untersuchungen von Lederle (2000) mit diesen Verfahren sind:

- Die Reduktion nach Litz ist wegen verfahrensbedingter numerischer Probleme und des hohen Rechenaufwands einer vollständigen Modaltransformation nur bei Originalen niederer Ordnung (z.b. von etwa Hundert) anwendbar.

- Unter den betrachteten Verfahren aus dem Bereich der Regelungstechnik ist das Verfahren nach Eitelberg numerisch am stabilsten und für größere Systeme geeignet. Allerdings erfordert die Lösung einer Ljapunowgleichung von der Ordnung des Originalsystems einen hohen Rechenaufwand.

- Die balancierten Verfahren sind für die Ordnungsreduktion großer Systeme ungeeignet, da der erforderliche Rechenaufwand bereits bei mittelgroßen Systemen den Rahmen des z.Z. Möglichen sprengt. Abgesehen davon verhindert bei den meisten Verfahrensvarianten bereits für Systemordnungen deutlich unter Einhundert schlechte Steuer- oder Beobachtbarkeit der Originale die Anwendbarkeit dieser Verfahren.

Nagel (1993) hat hauptsächlich die modale Reduktion und balancierte Realisierung zur Ordnungsreduktion typischer Raumfahrtstrukturen untersucht, die als Systeme hoher Ordnung mit vielen schwach gedämpften, eng beieinanderliegenden Eigenwerten bezeichnet werden. Dabei hat er ein neues Bewertungskriterium, das analog zur Dominanzdefinition nach Litz ist, aber sich für impulsförmige Systemeingänge eignet, zur Auswahl von Moden für ein reduziertes Modell eingeführt. Die modifizierten Dominanzmaße können den zeitlichen Verlauf der einzelnen Systemanteile besser berücksichtigen, während mit der Dominanzdefinition nach Litz die Dominanz einer Mode mit zunehmender Dämpfung stärker bewertet wird. Ein weiteres Ergebnis von Nagel ist, dass sich auch bei geringer Dämpfung der Aufwand zur Bildung eines reduzierten exakt balancierten Modells lohnen kann. Solche Modelle approximieren vielfach ein vollständiges Modell besser als ein reduziertes modales Modell vergleichbarer Ordnung. Bei der Anwendung des balancierten Verfahrens ging Nagel direkt von Bewegungsgleichungen aus. Dies betrifft die Berechnung der Steuer- und Beobachtbarkeitsmatrix aus den Systemmatrizen der Bewegungsgleichungen $\underline{M}$, $\underline{D}$, $\underline{K}$. Darüber hinaus kann eine Transformation der Bewegungsgleichungen auf die Koordinaten der balancierten Realisierung vorgestellt werden. Dabei ist ein wesentlich kleineres Eigenwertproblem als bei der Zustandsraumdarstellung zu lösen. Dies kann als ein erster Ansatz für eine Balancierung in physikalischen Koordinaten angesehen werden.

Lederle, Götz und Kasper (1999b) haben ein für große lineare FE-Modelle geeignetes Ordnungsreduktionsverfahren entwickelt. Es basiert auf der Idee, das Übertragungsverhalten des Originalsystems an bestimmten Orten der Frequenzkennlinien durch das reduzierte System hinreichend genau nachzubilden. Das Verfahren der Frequenzgangsanpassung wurde im Zustandsraum und auch für Bewegungsgleichungen vorgestellt. Im Vergleich mit anderen bekannten Ordnungsreduktionsverfahren erzielt das Verfahren der Frequenzgangsanpassung bei geringerem Rechenaufwand gute Ergebnisse. Es setzt aber, wie die meisten Verfahren, voraus, dass die Zustandsraumdarstellung oder Bewegungsgleichung des Originalsystems und die relevanten Zustände oder Freiheitsgrade bekannt bzw. vorgegeben sind. Außerdem ist die Festlegung der Frequenzstützstellen als Schwierigkeit zu betrachten, obwohl Lederle (2000) dem Benutzer Hinweise zur Wahl dieser Stützstellen gegeben hat.

Nicht immer sind die Systemmatrizen eines FE-Modells problemlos verfügbar. Einige Softwareumgebungen unterstützen zwar die Ausgabe der Systemmatrizen, bei vielen ist aber nur die Ausgabe von Rechenergebnissen möglich, darunter die simulierten Zeitverläufe bestimmter Freiheitsgrade bei vorgegebenen externen Systemanregungen oder Frequenzgänge zwischen Eingangs- und Ausgangsgrößen. Bei einem nichtlinearen FE-Modell gibt es keine Möglichkeit bzw. hat es keine Bedeutung, die Systemmatrizen auszugeben, weil sie von den Freiheitsgraden abhängen können und sich im Iterationsvorgang und auch in zeitlichen Schritten bei dynamischen Berechnungen verändern. In solchen Fällen können originale Systeme nicht mit Parametermodellen wie Bewegungsgleichungen oder Zustandsdifferentialgleichungen, sondern nur mit nichtparametrischen Darstellungen wie z.B. Zeitfunktionen, nämlich Paare von Eingangsfunktionen und den zugehörigen Ausgangsfunktionen, zur Verfügung stehen. Deshalb können die bisher vorgestellten Reduktionsverfahren nicht angewendet werden. Zur Reduktion derartige Systeme kommt das Identifikationsverfahren in Frage.

Das Identifikationsverfahren zur Ordnungsreduktion geht auf Levy (s. Abschnitt 1.2.1) zurück. Vom ihm wurde ein Verfahren zur Bestimmung von Übertragungsfunktionen aus gemessenen Werten des Frequenzgangs angegeben, welches auf einen im Frequenzbereich definierten Fehlermaß basiert. Aber dieses Verfahren hat den unerwünschten Effekt der sogenannten „Übergewichtung" hoher Frequenzen bei der Minimierung des Fehlermaßes und deshalb können häufig keine guten Anpassungen über weite Frequenzbereiche erzielt werden. Trotz der Modifikationen von Sanathanan und Koerner (1963) sowie Vittal Rao und Lamba (1974) wurde sein Anwendungsbereich sowohl für die Ordnungsreduktion als auch für die Systemidentifikation stark eingeschränkt.

Es gibt nur wenige Untersuchungen der Identifikation zur Ordnungsreduktion, obwohl die Identifikationstechnik selbst als ein Modellierungswerkzeug sehr schnell und erfolgreich entwickelt wird. Lederle, Götz und Kasper (1999a) haben ein Verfahren zur Ordnungsreduktion durch eine partielle ARMA-Modellierung vorgestellt. Sein Prinzip liegt darin, dass ein ARMA-Modell als Modelltyp des reduzierten Systems vorher anzunehmen ist. Die Parameter des ARMA-Modells, nämlich die Koeffizienten des autoregressiven (AR-) und moving-average (MA-) Anteils der ARMA-Gleichung, sind aus den gegebenen Zeitfunktionen der Eingangs- und Ausgangsgrößen in zwei Schritten getrennt voneinander zu bestimmen. Erhalten wird eine parametrische Darstellung des reduzierten Systems. Die ARMA-Modellierung ist aber nicht geeignet für nichtlineare Systeme.

In dieser Arbeit wird das allgemeine Identifikationsverfahren zur Modellreduktion beschrieben (Kapitel 4). Auf dieser Grundlage wurden zwei Verfahren zur Reduktion nichtlinearer FE-Modelle entwickelt: das erste durch Systemvereinfachung mit konzentrierten Parametern und das zweite durch Linearisierungen der nichtlinearen FE-Modelle. Die Grundgedanken der zwei Verfahren wurden bereits vorgestellt und das Vorgehen ist den Kapiteln 5 und 6 zu entnehmen.

2 Hydrostatische Wegvergrößerungssysteme

2.1 Das Prinzip hydrostatischer Wegvergrößerungssysteme

Wegen ihrer ausgezeichneten Eigenschaften werden piezoelektrische Aktoren in vielen mechatronischen Systemen als Energiewandler angewendet. Ihr Einsatz in der Fluidtechnik, speziell als schnelles Schaltelement in Proportionalventilen, ist seit den letzten Jahren Gegenstand intensiver Forschungen (Wennmacher und Yamada 1993; Herakovic 1995; Kasper, Schröder und Wagner 1997 usw.). Hierbei haben sich Multilayer-Aktoren, die bis ca. 100µm Stellweg ermöglichen, als brauchbar erwiesen. Zur Erzielung von größeren Stellwegen bis in den Millimeterbereich, der z.B. für den Antrieb eines hydraulischen Ventils notwendig ist, muss ein Wegvergrößerungssystem (WVS) zwischen dem Aktor und dem hydraulischen Teil eingesetzt werden. Eine schematische Übersicht möglicher und zum Teil schon untersuchter mechanischer und hydrostatischer Mechanismen zur Wegübersetzung ist im Bild 2-1 dargestellt (Schröder 1995).

Art	Lösung	Konstruktive Auslegung
Hydrostatik	Kolben/Kolben	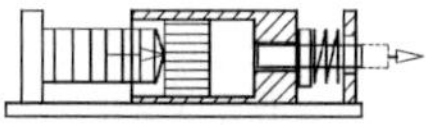
	Membran/Kolben	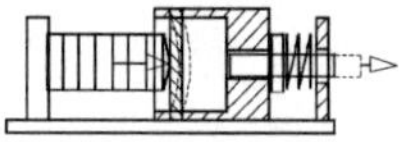
	Membran/Wellrohr	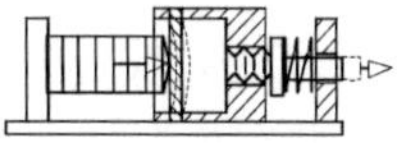
	Wellrohr/Wellrohr	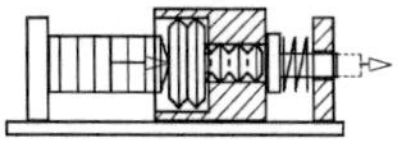
Mechanik	Ebener Mechanismus	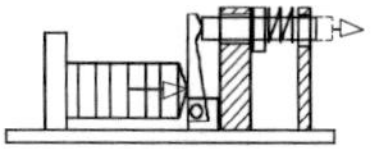
	Räumlicher Mechanismus	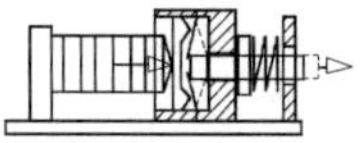

Bild 2-1: Übersicht von Wegvergrößerungssystemen

Bei der einfachen mechanischen Hebelübersetzung, die eine Stellwegvergrößerung bis zum Faktor 10 ermöglicht (Jendritza 1994), nimmt die Steifigkeit des WVS mit dem Quadrat des Übersetzungsverhältnisses ab. Gleichzeitig reduziert sich die Eigenfrequenz. Außerdem entstehen Nichtlinearitäten des Übersetzungssystems infolge herstellungsbedingter Toleranzen der Bauelemente des WVS.

Mit hydrostatischen WVS lassen sich bei vergleichbarem dynamischen Verhalten größere Übersetzungsverhältnisse realisieren. Bei einem modular aufgebauten WVS-Prototyp, der mit Hydrauliköl betrieben wurde, konnte z.B. ein Leerlauf-Übersetzungsverhältnis von 1:36 bei einer Stellkraft von über 100 N gemessen werden (Jendritza 1994). Die hydrostatische Kraft-Wegtransformation zeigt ein besseres dynamisches Übertragungsverhalten.

Der Übersetzungsfaktor i eines hydrostatischen WVS mit zwei Kolben, das KK-WVS genannt wird und im Bild 2-2 vereinfacht dargestellt ist, kann mit der folgenden Gleichung berechnet werden:

$$i = \frac{X_2}{X_1} = \frac{A_2}{A_1} = \frac{d_2^2}{d_1^2}. \qquad (2\text{-}1)$$

Dabei wird der Einfluss der Belastung des WVS nicht berücksichtigt. Mit Belastungen kann der Übersetzungsfaktor wie folgt definiert werden:

$$i = \frac{\Delta X_2}{\Delta X_1} \quad \text{bzw.} \quad i = \frac{v_2}{v_1}. \qquad (2\text{-}2)$$

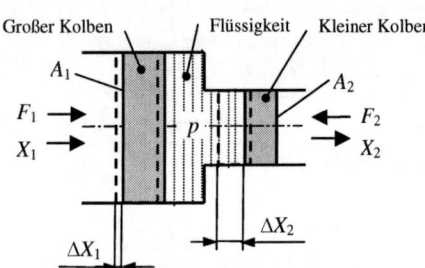

Bild 2-2: KK-WVS

Unter einer Belastung wird die Flüssigkeit im WVS verdichtet, und es gilt die Kontinuitätsgleichung

$$A_1 v_1 = A_2 v_2 + V\beta_p \frac{dp}{dt}. \qquad (2\text{-}3)$$

In Gl. (2-3) ist β_p der isotherme Kompressibilitätskoeffizient, auch Presszahl genannt (vgl. Abschnitt 2.5.1), während v_1 und v_2 die Geschwindigkeit der beiden Kolben sind und V das Volumen der Flüssigkeit ist. Ist der Vorgang stationär (statisch), verschwindet der rechte Term in Gl. (2-3). Dann kann der Übersetzungsfaktor auch mit der Gleichung (2-1) berechnet werden. Aber das KK-WVS darf nicht mit einer konstanten Kraft belastet werden, weil das System in diesem Fall nicht stabil ist. Wenn an beiden Seiten des Systems frei verschiebbare (oder wegunabhängige) Kräfte angreifen, die über die Formel

$$\frac{F_1}{A_1} = \frac{F_2}{A_2} = p \qquad (2\text{-}4)$$

beschrieben werden, ist die Lage der beiden Kolben unbestimmt, d.h., es gibt unendlich viele Positionen oder ein Gleichgewicht unabhängig von X_1 bzw. X_2. Deshalb ist das KK-WVS im allgemeinen mit einer Feder zu belasten. In solchem Falle hängt der Druck vom Weg X_2 ab:

$$p = CX_2 \quad \text{bzw.} \quad \frac{dp}{dt} = Cv_2. \qquad (2\text{-}5)$$

Darin ist C die Steifigkeit der Feder. Aus den Gleichungen (2-2), (2-3) und (2-5) ergibt sich der Übersetzungsfaktor in diesem Fall aus:

$$i = \frac{A_1}{A_2 + \beta_p VC}. \qquad (2\text{-}6)$$

Das KK-WVS ist unter den möglichen Lösungen des hydrostatischen WVS zwar am einfachsten aufgebaut, hat in der Praxis aber wenig Bedeutung. Die Hauptprobleme des hydrostatischen WVS unter Nutzung von mindestens einem Kolben liegen in den Leckagen, die Einfluss auf die Nulllage und auf das Übertragungsverhalten des Systems nehmen, sowie in den durch Dichtungen verursachten Reibkräften. Herakovic (1996) hat in seiner Entwicklung eines Piezoventils die Membran/Wellrohr-Kombination als WVS zur Vermeidung der Leckage genutzt. Dabei sind die Membran und das Wellrohr (auch Metallbalg genannt) zwei getrennte Bauteile. An dieser Stelle soll die Kombination „Wellrohr/Wellrohr" untersucht werden. Das Wellrohr/Wellrohr-WVS (WW-WVS) wird als Grundelement im Bild 2-3 dargestellt, während das Bild 2-4 das WW-WVS mit einem piezoelektrischen Aktor und Anwendungsmöglichkeiten in verschiedenen Typen von Ventilen zeigt.

Die Grundbauelemente des WW-WVS sind zwei verschiedene Metallbälge, derer Eigenschaften im Abschnitt 2.2 beschrieben werden. Die zwei Bälge werden mit einem Ring verbunden, welcher im Ventilsystem als Unterstützung dient. Die zwei Außenseiten des WW-WVS bilden jeweils eine große und eine kleine Kreisplatte. Innerhalb des WW-WVS wird eine Flüssigkeit als Übertragungsmedium eingeschlossen. Wirkt auf die große Kreisplatte eine Antriebskraft F_1 des Aktors und erzeugt einen Weg X_1, so erfolgt an der kleine Kreisplatte eine Wegvergrößerung X_2, die für den Antrieb eines Ventils genutzt werden kann (vgl. Bild 2-4).

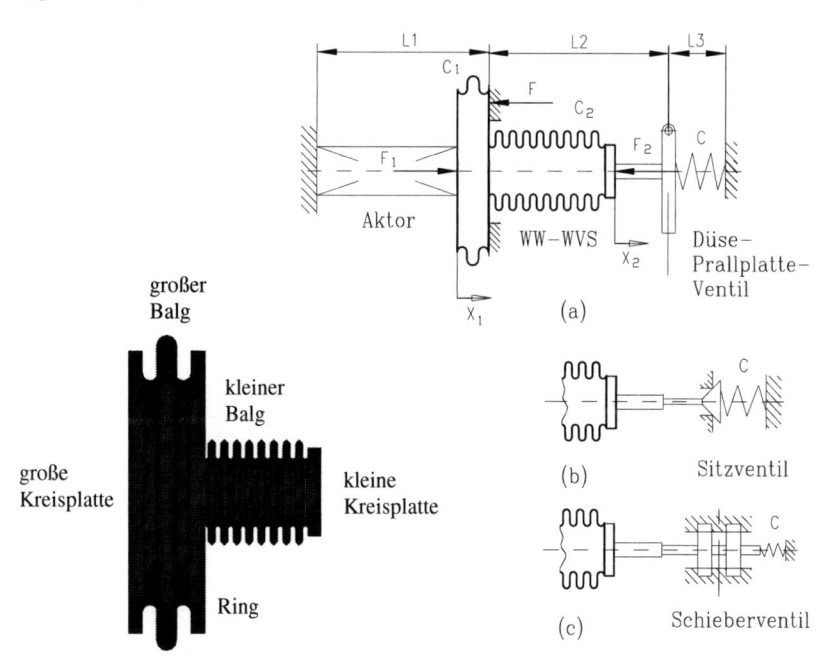

Bild 2-3: WW-WVS

Bild 2-4: WW-WVS im Ventil

Anders als beim KK-WVS ist ein Gleichgewicht beim WW-WVS immer von Wegen abhängig, nämlich:

$$\frac{F_1 - C_1 X_1}{A_1} = \frac{F_2 + C_2 X_2}{A_2} = p. \qquad (2\text{-}7)$$

In der Gleichung (2-7) sind A_1/A_2 und C_1/C_2 die wirksamen Flächen bzw. die Steifigkeiten des großen/kleinen Balges. Dabei soll X_1 einen positiven Wert bei einer Stauchung des großes Balges annehmen, X_2 einen positiven Wert bei einer Streckung des kleinen Balges. D.h., dass die Werte von X_1 und X_2 bei normalen bzw. wegvergrößernden Arbeitszuständen des großen bzw. kleinen Balges des WW-WVS positiv sein sollen. Sonst sind sie negativ.

Die Verformung der Bälge unter Drücken hat einen großen Einfluss auf die Wegübersetzung. Eine Formeldarstellung für den Übersetzungsfaktor des WW-WVS ist schwer zu erhalten. Deshalb wird in dieser Arbeit das Verhalten des WW-WVS mit der Finite-Elemente-Methode (FEM) untersucht (Kapitel 3).

2.2 Eigenschaften der Metallbälge

Bevor das Verhalten des WW-WVS untersucht wird, müssen der Aufbau und die Eigenschaften des Metallbalges bekannt sein.

Metallbälge sind ein bewährtes Maschinenelement mit vielfältigen Einsatzmöglichkeiten auf fast allen Gebieten moderner Technik:

- Druck/Weg- oder Temperatur/Wegwandler und Drehmomentübertrager in der Mess- und Regelungstechnik,
- stopfbuchsenlose Abdichtung von Ventilspindeln in Armaturen,
- winkelfehlerfrei übertragende Kupplungen rotierender Wellen,
- Ausgleichsbehälter, spannungsarmer Anschluss an empfindlichen Apparaturen,
- hermetische, bewegliche Abdichtung von Durchführungen zu Räumen mit gefährlicher oder radioaktiv verseuchter Atmosphäre in der chemischen Industrie,
- vakuumdichte Durchführungen in der Flugzeugindustrie und Raumfahrt,
- unzählige Anwendungen ideenreicher Konstrukteure.

Metallbälge werden meistens aus den Werkstoffen Cr-Ni-Stahl, Tombak oder Zinnbronze hergestellt. Sie können axiale, angulare, laterale und rotatorische Bewegung übertragen.

Bei richtiger Wahl und sachgemäßem Einbau besitzt ein Metallbalg folgende Eigenschaften, die für die Verwendung in hydrostatischen Wegübersetzern von großem Vorteil sind (Herakovic 1996):

- absolute Dichtigkeit,
- Reibungsfreiheit (nur interne Reibung)
- hohe Temperaturbeständigkeit,
- Druckfestigkeit,

- Korrosionsbeständigkeit,
- chemische Beständigkeit.

Bezüglich des Wandaufbaus werden einwandige und mehrwandige Bälge für hydrostatische Wegvergrößerungssysteme verwendet, wie sie im Bild 2-5 dargestellt werden. Der zulässige Betriebsdruck nimmt mit der Wandzahl bzw. Wanddicke zu.

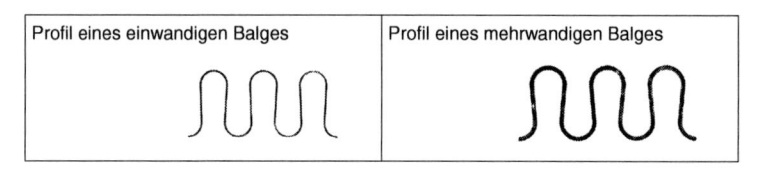

Profil eines einwandigen Balges	Profil eines mehrwandigen Balges
∩∩∩	∩∩∩

Bild 2-5: Wandprofile von Metallbälgen

Da der Metallbalg ein elastisches Konstruktionselement darstellt, das sich wesentlich von einem starren Kolben unterscheidet, muss der Auslegung des Metallbalges große Aufmerksamkeit geschenkt werden. Kennzeichnend sind folgende Kenngrößen für die Anwendung in WVS (Herakovic 1996):

- Lebensdauer,
- zulässiger Druck,
- zulässiger Hub,
- wirksame Fläche,
- Steifigkeit,
- schädliches Volumen.

Dabei wird zweckmäßigerweise die einzelne Metallbalgwelle betrachtet. Aus der Produktanweisung eines Herstellers (HYDRA, 1985) sind die meisten Kenngrößen eines Balges zu entnehmen. Hiermit lassen sich die oberen eigentlichen Parameter beschreiben, so dass die Einflüsse der Kenngrößen auf die Auslegung eines WW-WVS zu erkennen sind.

Als Lebensdauer eines gewellten Metallbalges bezeichnet man die Anzahl der bis zur ersten Undichtigkeit ausgeführten Lastspiele, wobei stets eine volle Hin- und Herbewegung als ein Lastspiel gilt. Die konstruktive „Nenn"-Lastspielzahl der HYDRA-Metallbälge beträgt 10.000. Die praktische Lebensdauer eines Balges hängt vor allem von seinen geometrischen Parametern, der Art der Lastspiele, der Temperatur, der Druckbelastung, der Lastspielfrequenz etc. ab. Um eine hohe Lebensdauer eines Metallbalges zu erreichen, sollten die Quotienten zwischen Betriebsdruck und zulässigem Druck sowie besonders zwischen Betriebshub und maximal zulässigem Hub des Metallbalges niedrig sein. Das heißt, um eine hohe Lebensdauer des Metallbalges zu erreichen, sollte besonders die Länge, die Wellenzahl und der in der Konstruktion vorgesehene Einbau richtig bestimmt werden. Bei richtiger Auslegung können Metallbälge Hubzahlen von $10^7 - 10^8$ erreichen (Herakovic 1995).

Bei den zulässigen Drücken ist zwischen Innen- und Außendruck zu unterscheiden. Die in den Datentabellen (HYDRA 1985) angegebenen Druckwerte sind Werte des sogenannten

Rechendrucks p_n. Der praktisch zulässige Druck wird aus dem Rechendruck errechnet. Dabei müssen noch verschiedene Einflussfaktoren wie Bewegungsart, thermische Beanspruchung und Druckbelastung am Balg berücksichtigt werden. Im WW-WVS wird der Balg axial bewegt und von innen mit Druck belastet. Es ergibt sich der zulässige Innendruck p_{iz} aus der folgenden Gleichung:

$$p_{iz} = p_n \cdot k_t \cdot k_i, \qquad (2\text{-}8)$$

dabei stellt k_t den Abminderungsfaktor der Temperatur dar. Bei der Temperatur von 20 °C hat k_t den Wert 1. Für Temperaturen größer als 20 °C ist $k_t < 1$.

Der Knickabminderungsfaktor k_i wird für lange Metallbälge verwendet. Falls die Wellenzahl gleich oder kleiner als 8 ist, gilt $k_i = 1$.

Der zulässige Hub für den Axialweg ist ein wichtiger Parameter für die Anwendung eines Metallbalges im hydraulischen Übersetzer. Die in den Maßtabellen (HYDRA 1985) angegebenen Hubwerte gelten für 1 Welle. Sie sind so angesetzt, dass bei dem angegebenen Rechendruck 10.000 Lastspiele bei kalter Beanspruchung (einer Temperatur von 20 °C) erwartet werden können. Bei höheren Temperaturen reduziert sich der zulässige Hub. Außerdem muss er reduziert werden, wenn größere Lastspielzahlen erforderlich sind. Die Wellenzahl eines Balges kann aus dem erforderlichen Axialweg und dem zulässigen Hub einer Welle ermittelt werden. Dabei sind eventuelle Hübe durch eine Vorspannung zu berücksichtigen.

Die wirksame Fläche eines Balges ist wichtig zur Ermittlung der axialen Druckkraft. Der Quotient zwischen der wirksamen Fläche des großen Balges und der des kleinen Balges stellt näherungsweise den Übersetzungsfaktor eines WW-WVS dar. Die wirksame Fläche eines Balges kann entweder durch ein Experiment oder durch FE-Berechnungen (s. Abschnitt 3.3.3) bestimmt werden. Im allgemeinen kann sie auch ermittelt werden nach der Formel:

$$A = \frac{\pi}{12}(d_1^2 + d_1 d_2 + d_2^2) \qquad (2\text{-}9)$$

d_1 = Balg-Innendurchmesser

d_2 = Balg-Außendurchmesser

Die Formel weicht nur wenig von den FE-Berechnungsergebnissen ab.

Die Steifigkeit oder Axial-Federrate eines Balges $C_{\delta g}$ hängt von der Axial-Federrate einer Einzelwelle C_δ und der Wellenzahl des Balges n_w ab, nämlich

$$C_{\delta g} = \frac{C_\delta}{n_w}. \qquad (2\text{-}10)$$

Die Liefertoleranzen der Balgfederrate betragen in der „Normalausführung" ±30% und in der „Präzisionsausführung" ±15%. Außerdem sind die Federraten temperaturabhängig; sie nehmen mit steigender Temperatur ab.

Das schädliche Volumen stellt das Flüssigkeitsvolumen dar, welches von den Wellen bei Druckerhöhung infolge ihrer elastischen Verformung aufgenommen wird, ohne dass ein Hub erfolgt. Es kann durch FE-Berechnung ermittelt werden (s. Abschnitt 3.3.4).

2.3 Auslegung des WW-WVS

Ein typischer Multilayer-Stapelaktor kann einen Hub je nach Stapelhöhe von 50 bis 100 μm (etwa 0,1% seiner Länge) generieren und gleichzeitig bei einem 10*10 mm^2 Querschnitt eine Kraft von 4 kN bereitstellen. Verlangt ein hydraulisches Ventil einen Stellweg von 0,5 bis 1 mm und eine Stellkraft größer als 200 N (wie üblich), soll das WW-WVS einen Übersetzungsfaktor von 10 erreichen. Eine weitere Forderung an das WW-WVS ist sein zulässiger Druck. Für eine Belastung des WW-WVS mit 300 N und eine wirksame Fläche des kleinen Balges von 80 mm^2 beträgt der stationäre Betriebsdruck des WW-WVS 3,75 N/mm^2 (ohne Berücksichtigung der Federkraft des Balges). Der dynamische Druck ist noch höher. Ein Wert von 5 N/mm^2 wird dann für den zulässigen Druck des WW-WVS angenommen. Außerdem muss der zulässige Hub des großen bzw. kleinen Balges größer als der Stellweg des Aktors bzw. des Ventils sein.

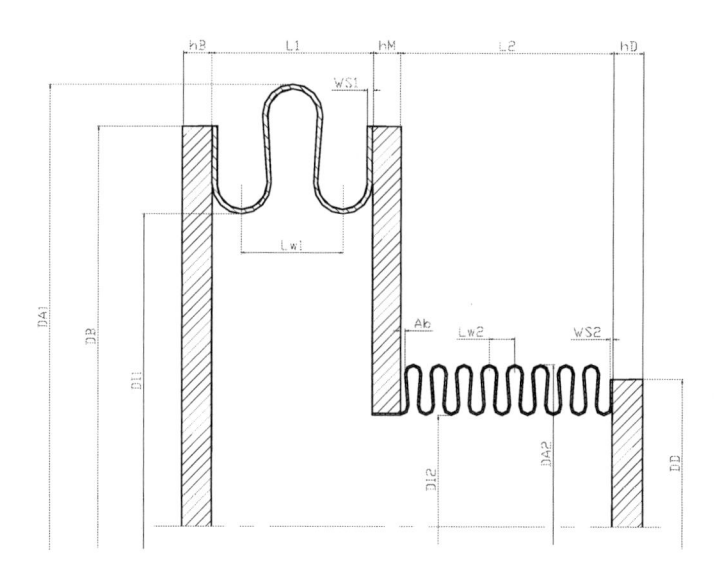

Bild 2-6: Strukturparameter des WW-WVS

Tabelle 2-1: Strukturparameter des WW-WVS   Einheit (mm)

DB	DI1	DA1	L1	Lw1	WS1 (3-wandig)	Ab	hB
35	26.5	39.5	6.7	4	0.15*3	0.1	1.5
DD	DI2	DA2	L2	Lw2	WS2 (2-wandig)	hM	hD
11	7.5	13	13.2	1.6	0.1*2	1.5	1.5

Ein nach diesen Forderungen ausgelegtes WW-WVS ist im Bild 2-6 dargestellt und die entsprechenden Parameter sind der Tabelle 2-1 zu entnehmen.

Die zwei Bälge sind nach HYDRA (1985) ausgelegt. Der große Balg (Typ326320) hat drei Wände und mindestens einen zulässigen Hub von ±0,4 mm (der Wert gilt für eine Welle, aber es wird etwas mehr als 1 Welle verwendet, deshalb kann der zulässige Hub etwas größer sein). Sein zulässiger Druck beträgt nach Gleichung (2-8) $62*k_t$ bar, nämlich 53,32 bar bei 100 °C (k_t=0,86). Der kleine Balg (Typ38210h) hat zwei Wände und einen zulässigen Hub von ±0,14 mm * 8 Wellen = ±1,12 mm. Sein zulässiger Druck beträgt $70*k_t$ bar, k_t mit gleichem Wert wie beim großen Balg.

Die wirksamen Flächen des großen und kleinen Balges sind nach Gleichung (2-9) 866,4 und 84,5 mm². Damit ergibt sich ein theoretischer Übersetzungsfaktor von 10,25.

Es ist noch darauf hinzuweisen, dass das WW-WVS eine Einfüllöffnung für Öl haben muss. Zur Vereinfachung wird dies im Bild 2-6 nicht dargestellt.

2.4 Mathematisches Modell des hydrostatischen WVS

Das hydrostatische WVS ist als eine Struktur mit einer eingeschlossenen Flüssigkeit zu abstrahieren. Wie im Bild 2-7 dargestellt, ist Ω_S das Volumen der elastischen Struktur, während die eingeschlossene Flüssigkeit mit Ω_F bezeichnet wird. Das Symbol Σ stellt die Grenzfläche zwischen Struktur und Flüssigkeit dar. Außerdem bezeichnen **n** bzw. **n**^{F} die nach außen gerichteten Normaleinheitsvektoren auf der Oberfläche des Volumens Ω_S bzw. Ω_F. Die äußere Oberfläche der Struktur wird nach Randbedingungen in zwei Teile S_1 und S_2 unterteilt. Die Fläche S_1 ist feststehend (ohne Verschiebung), während Kräfte bzw. Flächenkräfte auf der Fläche S_2 oder einem Teil dieser Fläche wirken. Die Aufgabe besteht in der Aufstellung eines mathematischen Modells, um das Systemverhalten unter der Einwirkung der äußeren Kräfte zu untersuchen.

Die mathematischen Modelle, auf denen Berechnungsverfahren basieren, leiten sich aus den fundamentalen Erhaltungsgleichungen der Kontinuumsmechanik für Masse, Impuls, Drehimpuls und Energie ab. Zusammen mit verschiedenen Materialgesetzen ergeben diese die Grundgleichungen (Differential- oder Integralgleichungen), die unter Berücksichtigung von geeigneten problemspezifischen Anfangs- und Randbedingungen numerisch gelöst werden können (Schäfer 1999). Nachfolgend werden zuerst die Grundgleichungen für die Struktur- bzw. die Flüssigkeitsteile des hydrostatischen WVS in den

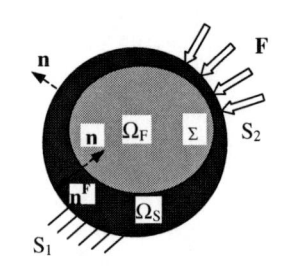

Bild 2-7: Elastische Struktur mit eingeschlossener Flüssigkeit

Abschnitten 2.5.1 und 2.5.2 abgeleitet, wobei die Erhaltungsgleichungen und Materialgesetze ohne Ableitung benutzt werden. Für eine eingehende Darstellungen der kontinuumsmechanischen Grundlagen sei auf die einschlägige Literatur verwiesen (z.B. Schäfer 1999 und Altenbach 1994). Dann wird im Abschnitt 2.5.3 die Kopplung zwischen der

Flüssigkeit und Struktur diskutiert. Zusammenfassend wird das Gesamtmodell des hydrostatischen WVS im Abschnitt 2.5.4 beschrieben.

Bei der Ableitung der Systemgleichungen werden folgende Annahmen vorausgesetzt:
- Die Verformung der Struktur ist so „klein", dass man sich im Bereich elastischer Deformation befindet.
- Die Flüssigkeit ist kompressibel, homogen und reibungsfrei.
- Die Schwerkraft wird vernachlässigt.

2.4.1 Vibration der elastischen Struktur

Im Falle „kleiner" Verformung ergibt sich die folgende lineare Verzerrungs-Verschiebungsgleichung:

$$\varepsilon_{ij} = \frac{1}{2}(\frac{\partial u_i}{\partial x_j} + \frac{\partial u_j}{\partial x_i}). \quad i,j = 1,2,3 \quad (2\text{-}11)$$

Darin sind u_k und x_k (k=1,2,3) die Komponenten des Verschiebungsvektors $\underline{u}$ bzw. des Ortsvektors $\underline{x}$ eines materiellen Punktes.

Bei fehlenden Volumenkräften (z.B. Schwerkraft) kann der Impulserhaltungssatz für Verschiebungen wie folgt formuliert werden:

$$\rho \frac{D^2 u_i}{Dt^2} = \frac{\partial T_{ij}}{\partial x_j}, \quad (2\text{-}12)$$

wobei

$$\frac{D^2 u_i}{Dt^2} = \frac{Dv_i}{Dt} = \frac{\partial v_i}{\partial t} + v_j \frac{\partial v_i}{\partial x_j}$$

die Komponenten des Beschleunigungsvektors des materiellen Punktes sind. Zur Vereinfachung der Schreibweise wird die Einsteinsche Summenkonvention verwendet, d.h. über doppelt auftretende Indizes muss summiert werden.

Im Rahmen der Strukturmechanik wird die Gleichung (2-12) oft auch als Bewegungsgleichung bezeichnet. In dieser Gleichung sind T_{ij} die Komponenten des Cauchyschen Spannungstensors **T**, der den Spannungszustand des Körpers in jedem Punkt beschreibt (ein Maß für die innere Kraft im Körper). Die Komponenten mit $i=j$ nennt man Normalspannungen und die Komponenten mit $i \neq j$ Schubspannungen. Für ein Material im Bereich elastischer Deformation gilt das Hookesches Gesetz:

$$T_{ij} = \lambda \varepsilon_{kk} \delta_{ij} + 2\mu \varepsilon_{ij}, \quad (2\text{-}13)$$

wobei

$$\delta_{ij} = \begin{cases} 1 & \text{für} \quad i = j \\ 0 & \text{für} \quad i \neq j \end{cases} \quad (2\text{-}14)$$

das Kronecker-Symbol bezeichnet. Dabei sind λ und μ die Laméschen Konstanten, die vom jeweiligen Material abhängen. Oftmals werden anstelle dieser Konstanten der Elastizitätsmodul E und die Querkontraktionszahl (oder Poissonsche Zahl) ν verwendet. Die Beziehungen zwischen den Größen lauten:

$$\lambda = \frac{E\nu}{(1+\nu)(1-2\nu)} \quad \text{und} \quad \mu = \frac{E}{2(1+\nu)}. \quad (2\text{-}15)$$

Das Materialgesetz für den Spannungstensor wird häufig auch in folgender Notation angegeben:

$$\begin{bmatrix} T_{11} \\ T_{22} \\ T_{33} \\ T_{12} \\ T_{13} \\ T_{23} \end{bmatrix} = \frac{E}{(1+\nu)(1-2\nu)} \begin{bmatrix} 1-\nu & \nu & \nu & 0 & 0 & 0 \\ \nu & 1-\nu & \nu & 0 & 0 & 0 \\ \nu & \nu & 1-\nu & 0 & 0 & 0 \\ 0 & 0 & 0 & 1-2\nu & 0 & 0 \\ 0 & 0 & 0 & 0 & 1-2\nu & 0 \\ 0 & 0 & 0 & 0 & 0 & 1-2\nu \end{bmatrix} \begin{bmatrix} \varepsilon_{11} \\ \varepsilon_{22} \\ \varepsilon_{33} \\ \varepsilon_{12} \\ \varepsilon_{13} \\ \varepsilon_{23} \end{bmatrix}.$$

Aufgrund des Drehimpulserhaltungssatzes muss **T** symmetrisch sein, so dass man nur die angegebenen 6 Komponenten benötigt, um **T** vollständig zu beschreiben.

Aus den Gleichungen (2-11)-(2-13) können ε_{ij} und T_{ij} eliminiert und die folgenden Differentialgleichungen für die Verschiebungen u_i erhalten werden:

$$\rho \frac{D^2 u_i}{Dt^2} = (\lambda + \mu)\frac{\partial^2 u_j}{\partial x_i \partial x_j} + \mu \frac{\partial^2 u_i}{\partial x_j \partial x_j}. \quad (2\text{-}16)$$

Zur Lösung des Problems müssen noch Anfangsbedingungen und die folgenden Randbedingungen des hydrostatischen WVS berücksichtigt werden:

- für die festgelegte Grenze S_1: $\quad u_i = 0 \quad$ auf S_1, $\quad (2\text{-}17)$
- für die vorgegebene Kraftdichte F: $\quad T_{ij} n_j = F_i \quad$ auf S_2. $\quad (2\text{-}18)$

2.4.2 Dynamik der Flüssigkeit

Für ein reibungsfreies Fluid mit kleiner Bewegung kann nach Kinsler (2000) von den linearisierten Massen- und Impulserhaltungssätzen ausgegangen werden:

$$\frac{\rho_{0F}}{E_{0F}} \frac{\partial p}{\partial t} + \nabla \cdot (\rho_{0F} \underline{v}) = 0, \quad (2\text{-}19)$$

$$\nabla p = -\rho_{0F} \frac{\partial \underline{v}}{\partial t}. \quad (2.20)$$

Hierin sind die Dichte ρ_{0F} und der Kompressionsmodul E_{0F} der Flüssigkeit konstant. Im Nabla-Operator

$$\nabla = \underline{e}_1 \frac{\partial}{\partial x_1} + \underline{e}_2 \frac{\partial}{\partial x_2} + \underline{e}_3 \frac{\partial}{\partial x_3} = \underline{e}_i \frac{\partial}{\partial x_i}$$

stellt e_i den Einheitsvektor in Richtung der Koordinatenachsen dar.

Die Gleichung (2-20) ist als lineare Eulersche Gleichung bekannt. Aus den Gleichungen (2-19) und (2-20) kann eine einzige Differentialgleichung für den Druck p abgeleitet werden. Zunächst wird eine Divergenz für die Gleichung (2-20) angenommen:

$$\nabla^2 p = -\nabla \cdot (\rho_{0F} \frac{\partial \underline{v}}{\partial t}), \qquad (2\text{-}21)$$

dabei ist $\nabla^2 = \nabla \cdot \nabla$ der Laplace-Operator. Dann wird die Gleichung (2-19) nach der Zeit abgeleitet:

$$\frac{\rho_{0F}}{E_{0F}} \frac{\partial^2 p}{\partial t^2} + \nabla \cdot (\rho_{0F} \frac{\partial \underline{v}}{\partial t}) = 0. \qquad (2\text{-}22)$$

Aus den Gleichungen (2-21) und (2-22) ergibt sich dann:

$$\nabla^2 p = \frac{1}{c_{0F}^2} \frac{\partial^2 p}{\partial t^2}. \qquad (2\text{-}23)$$

Dabei ist c_{0F} die Schallgeschwindigkeit in der Flüssigkeit und definiert durch

$$c_{0F}^2 = \frac{E_{0F}}{\rho_{0F}}. \qquad (2\text{-}24)$$

Die Gleichung (2-23) ist die sogenannte lineare Wellengleichung.

2.4.3 Kopplung der Flüssigkeit mit der Struktur

Die Flüssigkeit und die Struktur sollen auf der Grenzfläche gekoppelt werden. Dafür wird die Struktur mit dem Druck auf der Grenzfläche belastet:

$$T_{ij} n_j = p n_i^F \qquad \text{auf } \Sigma. \qquad (2\text{-}25)$$

Außerdem müssen die Partikel im Kontakt auf der Grenzfläche gleiche Verschiebungen in der Normalenrichtung haben (Morand und Ohayon 1995):

$$u_i n_i = u_i^F n_i^F \qquad \text{auf } \Sigma. \qquad (2\text{-}26)$$

2.4.4 Gesamtmodell

Zusammenfassend kann das Gesamtmodell des hydrostatischen WVS wie folgt dargestellt werden:

$$\begin{aligned}
&\rho \frac{D^2 u_i}{Dt^2} = (\lambda + \mu) \frac{\partial^2 u_j}{\partial x_i \partial x_j} + \mu \frac{\partial^2 u_i}{\partial x_j \partial x_j} && \text{in } \Omega_S && \text{(a)} \\
&u_i = 0 && \text{auf } S_1 && \text{(b)} \\
&T_{ij} n_j = F_i && \text{auf } S_2 && \text{(c)} \\
&T_{ij} n_j = p n_i^F && \text{auf } \Sigma && \text{(d)} \\
&u_i n_i = u_i^F n_i^F && \text{auf } \Sigma && \text{(e)} \\
&\nabla^2 p = \frac{1}{c_{0F}^2} \frac{\partial^2 p}{\partial t^2} && \text{in } \Omega_F && \text{(f)}
\end{aligned} \qquad (2\text{-}27)$$

Eine analytische Lösung des Problems ist für die vorliegende Anfangs- und Randwertaufgabe nicht bekannt. Im Kapital 3 wird das Problem im Falle des WW-WVS mit der FEM gelöst. Dabei sind zusätzlich noch einige Nichtlinearitäten (s. Abschnitt 2.5) berücksichtigt worden.

2.5 Nichtlinearitäten des WW-WVS

Im Abschnitt 2.4 wurde ein lineares Modell für ein allgemeines hydrostatisches WVS aufgestellt, ohne die Nichtlinearitäten des Systems zu berücksichtigen. Aber im System existieren Nichtlinearitäten, die Einflüsse auf das Systemverhalten haben. Hier werden einige Nichtlinearitäten diskutiert.

2.5.1 Variable Kompressibilität der Flüssigkeit

Im allgemeinen ist die Massedichte einer Flüssigkeit druck- und temperaturabhängig. Der Temperatureinfluss wird in dieser Arbeit nicht berücksichtigt, es ergibt sich dann der isotherme Kompressibilitätskoeffizient der Flüssigkeit (Iben 1999):

$$K_{isoth} = \frac{1}{\rho}\frac{\partial \rho(p,T)}{\partial p} = -\frac{1}{V}\frac{\partial V(p,T)}{\partial p} \quad \text{(mit } T = \text{const)}. \quad (2\text{-}28)$$

Bei konstanter Temperatur schreibt man auch oft wie folgt:

$$K_{isoth} = \beta_p = -\frac{1}{V}\frac{dV}{dp} \quad \text{oder} \quad dp = -E_F \frac{dV}{V} \quad (2\text{-}29)$$

E_F Elastizitäts- oder Kompressionsmodul in MPa bzw.

$\beta_p = 1/E_F$ Presszahl in 1/MPa.

Dabei definiert β_p den Anstieg der Tangente im Arbeitspunkt an die Funktion $\Delta V/V = f(p)$ (vgl. Bild 2-8b). Die so ermittelte Presszahl wird als Tangentenpresszahl β_{pT} bezeichnet, und die Volumenveränderung zwischen zwei Arbeitspunkten 1 und 2 kann exakt aus der Beziehung

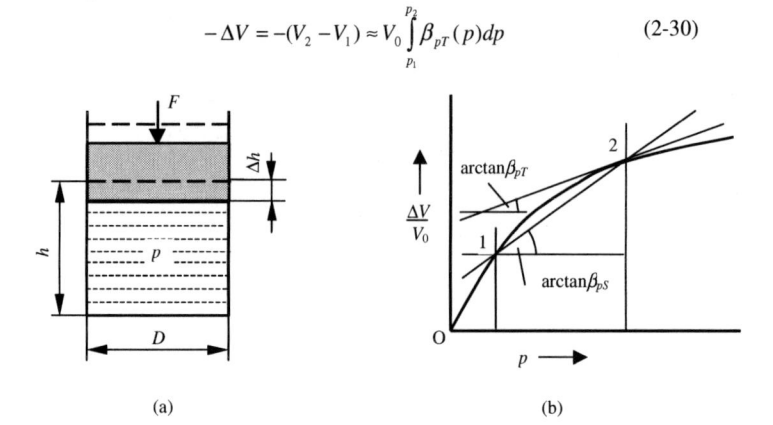

$$-\Delta V = -(V_2 - V_1) \approx V_0 \int_{p_1}^{p_2} \beta_{pT}(p)\,dp \quad (2\text{-}30)$$

(a) (b)

Bild 2-8: Kompressibilität, Tangenten- und Sekantenpresszahl einer Flüssigkeit

errechnet werden, wobei V mit dem Ausgangsvolumen V_0 [mm³] angenähert wird.

Zur Lösung dieses Integrals erweist es sich als vorteilhaft, die Funktion $\beta_{pT}(p)$ mit Hilfe eines Näherungsansatzes in einer Form, die einfach zu integrieren ist, wie z.B. in der Form

$$\beta_{pT}(p) = A + Be^{-p/C} \tag{2-31}$$

darzustellen, wobei A, B und C Konstante sind.

In der Praxis wird der Differentialquotient dV/dp häufig durch den Differenzenquotienten $\Delta V/\Delta p$ ersetzt, so dass gilt

$$\beta_{pS} = -\frac{1}{V_0}\frac{\Delta V}{\Delta p}. \tag{2-32}$$

Die auf diese Weise ermittelte Presszahl wird als Sekantenpresszahl bezeichnet. Sie beschreibt die Verhältnisse mit hinreichender Genauigkeit nur innerhalb des betrachteten Arbeitsbereiches. Wenn die Sekanten in dieser Darstellung vom Nullpunkt O ($p=0$) an den jeweiligen Arbeitspunkt ($p=p_0$) gelegt werden, ergibt sich

$$\beta_{pSo} = -\frac{\Delta V}{V_0 p_0}. \tag{2-33}$$

Wenn der Betriebsdruck sich verändert, besonders bei niedrigen Drücken, ist die Presszahl in weiten Grenzen veränderlich. Im Bild 2-9 werden die gemessenen Presszahlen von Hydrauliköl HLP 36 (ISO VG46) (Will und Ströhl 1988) und auch ihr Näherungsansatz

$$\beta_{pT}(p) = 5{,}993 + 144{,}792 e^{-p/0{,}11} \quad [10^{-4}/\text{MPa}] \tag{2-34}$$

dargestellt. Es wurde bewiesen, dass dieser Näherungsansatz aus drei betrachteten Ansätzen am besten zu nutzen ist (Li und Kasper 1999). Nach diesem Ansatz hat die Kompressibilität einen konstanten Wert (die Presszahl von $5{,}994 \times {*}10^{-4}$ MPa^{-1} oder der Kompressionsmodul von 1668,61MPa), wenn der Druck größer als ein bestimmter Wert ist. Dieser Wert wird später oft genutzt.

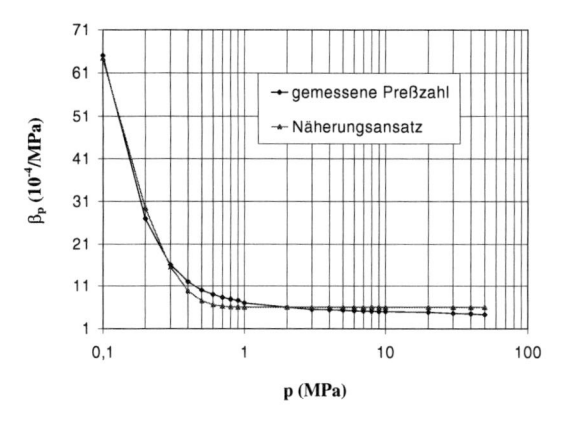

Bild 2-9: Presszahlabhängigkeit von Hydrauliköl HLP 36

Die variable Kompressibilität der Flüssigkeit zeigt, dass die Flüssigkeit ein nichtlineares Material ist. Zur numerischen Lösung des Systemverhaltens unter Berücksichtigung dieser Nichtlinearität wird eine Methode im Kapital 3 entwickelt.

2.5.2 Geometrische Nichtlinearität der Struktur

Im Abschnitt 2.4 wurden „kleine" Verformungen der Struktur angenommen. Aber die Verformung der Struktur kann nicht mehr „klein" sein, wenn die Wegvergrößerung sehr groß geworden ist. Bei großen Verformungen einer Struktur sind die Gleichgewichtsbedingungen an der verformten Konfiguration anzusetzen.

Bei großen Verzerrungen in einem Kontinuum kann der lineare Verzerrungstensor (Gleichung (2-11)) nicht mehr benutzt werden. Er ist beispielsweise zu ersetzen durch den Lagrangeschen oder Eulerschen Verzerrungstensor, d.h. durch Tensoren, die eine nichtlineare Beziehung mit den Verschiebungen haben.

In vielen FEM-Programmen, z.B. ABAQUS, ANSYS, COSMOS, MARC, NASTRAN etc., wird die geometrische Nichtlinearität berücksichtigt. Durch die Berechnungsergebnisse im Kapital 3 wird gezeigt, dass diese Nichtlinearität einen sehr kleinen Einfluss auf das Systemverhalten des WW-WVS hat. Deshalb werden hier keine weiteren Details zu dieser Nichtlinearität angegeben. Für eine eingehende Untersuchung sei auf die einschlägige Literatur verwiesen (z.B. Betten 1998).

2.5.3 Strukturnichtlinearität des mehrwandigen WW-WVS

Für das mehrwandigen WW-WVS gibt es eine andere Nichtlinearität. Zwischen zwei Wänden eines mehrwandigen Balges existiert auf jeden Fall ein Kontaktproblem. Es wird angenommen, dass es für ein unbelastetes WW-WVS einen kleinen Abstand zwischen zwei Wänden gibt. Unter einer Belastung kommen nur einige Punkte bzw. kleine Flächen auf den Wänden zum Kontakt. Abhängig vom Verformungszustand können sich verschiedene Kontaktbedingungen ergeben, so dass sich die Kontaktsteifigkeit zwischen Wänden stetig verändern wird. Die Nichtlinearität ist eine Folge der Kontaktbedingungen und wird mit Strukturnichtlinearität bezeichnet.

Zur Lösung der Nichtlinearität mit der FEM werden Kontaktelemente benutzt (vgl. Kapitel 3.2).

3 FE-Modellierung und –Simulation des WW-WVS

3.1 Einführung in die numerischen Lösungsverfahren

Wie im Abschnitt 2.4 gezeigt, erhält man bei der mathematischen Modellierung oft Differentialgleichungen mit den dazugehörigen Rand- und/oder Anfangsbedingungen. Als Lösungsverfahren für die Differentialgleichungen stehen analytische und numerische Verfahren zur Verfügung. Die analytischen Verfahren ergeben „exakte" Ergebnisse unter der Annahme der benutzten Theorie. Leider ist die Anwendung von analytischen Verfahren auf wenige Sonderfälle (mit einfachen Bauteilformen sowie einfachen Randbedingungen) beschränkt. Für Aufgaben in der Praxis sind numerische Verfahren besser geeignet. Sie erlauben zwar nur Näherungslösungen, sind aber auch auf komplexe Geometrien anwendbar.

Zur numerischen Lösung muss das aus der Modellierung resultierende kontinuierliche Problem durch ein geeignetes diskretes Problem approximiert werden, d.h. die zu berechnenden Größen müssen durch eine endliche Anzahl von Werten angenähert werden. Dieser Prozess wird als Diskretisierung bezeichnet und beinhaltet im wesentlich zwei Aufgaben (Schäfer 1999):

- die Diskretisierung des Problemgebiets,
- die Diskretisierung der Gleichungen.

Die Diskretisierung des Problemgebiets approximiert das kontinuierliche Gebiet (in Raum und/oder Zeit) durch eine endliche Anzahl von Teilgebieten, in denen dann numerische Werte der unbekannten Variablen bestimmt werden. Die Beziehungen zur Berechnung dieser Werte werden durch die Diskretisierung der Gleichungen gewonnen, welche die kontinuierlichen Systeme durch algebraische approximiert. Im Gegensatz zu einer analytischen Lösung, stellt eine numerische Lösung einen Satz von dem diskretisierten Problemgebiet zugeordneten Werten dar, aus dem dann der Verlauf der Variablen näherungsweise konstruiert werden kann. Es kann festgestellt werden, dass die Feinheit der Diskretisierung die Genauigkeit der Ergebnisse von numerischen Berechnungen bestimmt.

Hier ist hinzuweisen, dass in vielen Fällen, besonders auf dem Gebiet der hydraulischen Antriebe und Steuerungen, die verteilten Parameter (distributed parameter) eines Systems oft als konzentriert (lumped parameter) bezeichnet werden können. Diese Annäherung bringt zwar bestimmte Fehler, die Differentialgleichungen werden aber viel einfacher, weil sie keine räumlichen Parameter (x, y, z) mehr enthalten. D.h., dass die Differentialgleichungen gewöhnlich sind. Die numerischen Lösungsverfahren für solche Differentialgleichungen sind viel einfacher und kosten viel weniger Zeit. Das ist der Ausgangspunkt für die Reduktion der FE-Modelle (s. Kapitel 4).

Hauptsächlich, im Unterschied zu den Diskretisierungsverfahren, stehen vier verschiedene numerische Lösungsmethoden zur Verfügung:

- die Finite-Differenzen-Methode (FDM),
- die Finite-Volumen-Methode (FVM),
- die Finite-Elemente-Methode (FEM),

- die Boundary-Elemente-Methode (BEM).

Die FDM ist die älteste Methode und wurde von Euler im 18. Jahrhundert eingeführt. Zur Diskretisierung werden die Differentialquotienten, wie z.b. $df(x)/dx$ bzw. $\partial f(x,y)/\partial x$ in den Differentialgleichungen, direkt durch die Differenzquotienten $\Delta f/\Delta x$ angenähert. Ebenso verfährt man mit den höheren Ableitungen. Das Bauteil ist zu diesem Zweck durch endlich viele Gitterpunkte zu ersetzen. Der Hauptnachteil der FDM liegt darin, dass sie für eine komplexe Geometrie nicht geeignet ist und bei zeitabhängigen Differentialgleichungen nicht in jeden Fall stabil ist.

Die Grundidee der FVM ist, dass die Erhaltungsgleichungen, die den mathematischen Modellen kontinuumsmechanischer Problemstellungen zugrunde liegen, für jedes Teilgebiet von der Diskretisierung des Problemgebiets (bei der FVM als Kontrollvolumen bezeichnet) in Integralform formuliert werden. Dann werden die Oberflächen- und Volumenintegrale durch geeignete Methoden approximiert. Diese Methode wird heute hauptsächlich für Wärmetransport und fluidische Strömung verwendet (Patankar 1980).

Die FEM ist seit etwa 1960 mit dem Aufkommen leistungsfähiger Rechenanlagen in Entwicklung und im Einsatz. Wie bei der FVM wird das Problemgebiet zunächst in einzelne endliche Teile, d.h. finite Elemente, zerlegt. Die Elemente sind durch sogenannte Knotenpunkte (kurz Knoten) verbunden. Außerdem wird auch die Integralform des mathematischen Modells benutzt. Die grundlegende Eigenschaft der FEM liegt darin, dass die Integralgleichungen durch eine Gewichtsfunktion multipliziert werden müssen, bevor sie im Gesamtbereich integriert werden. Diese Gewichtsfunktion, auch Testfunktion genannt, ist z.b. bei linearen Elastizitätsproblemen die virtuelle Verschiebung. Dann werden polynominale Ansatzfunktionen für jedes Element stückweise zur Darstellung von zu lösenden Variablen innerhalb des Elements gewählt. Hierbei ist es sinnvoll, die Ansätze direkt in Abhängigkeit von den Knotenvariablen (Freiheitsgraden) des Elements auszudrücken, um die Stetigkeit der Lösung zu garantieren. Damit werden für diese Darstellung sogenannte Formfunktionen eingeführt. Ferner kann die Ansatzfunktion in jedem Element als Linearkombination dieser Formfunktionen mit den Knotenvariablen als Koeffizienten dargestellt werden. Durch den Einsatz der Ansatzfunktionen in die gewichteten Integralgleichungen und eine weitere Bearbeitung wird schließlich ein algebraisches Gleichungssystem erhalten.

Offenbar lässt sich in bestimmten Fällen das Verhalten im Inneren eines Bauteils vollständig durch das Verhalten auf dem Bauteilrand beschreiben, deshalb wurde die BEM entwickelt. Aber die systematische Entwicklung der BEM hat etwa 20 Jahre später als die FEM begonnen. Bei der BEM wird immer nur der Rand eines Bauteils vernetzt. Die Dimension des Problems ist somit immer um eins niedriger als bei der FEM. Aber die BEM ist nicht so leicht auf das breite Problemspektrum anwendbar. Die Schwierigkeit liegt in der Umrechnung aller Größen auf den Rand.

Die konkreten Verfahren der vier numerischen Methoden, ihre Eigenschaften (Konsistenz, Stabilität, Konvergenz usw.) und die Lösungsmethode der algebraischen Gleichungssysteme werden hier nicht eingehend beschrieben. Darauf wird in vielen Literaturstellen (z.B. Schäfer 1999, Patankar 1980, Ferziger und Peric 1996, Zienkiewicz und Taylor 1989, Mayr und Thalhofer 1993 usw.) eingegangen.

Die FEM ist heute das wohl am weitesten verbreitete numerische Berechnungsverfahren, weil ihre Einsatzmöglichkeit nahezu unbegrenzt ist. Für die Bearbeitung des Problems mit der FSI (Fluid-Struktur-Interaktion) ist die FEM sehr geeignet. Morand und Ohayon (1995) haben die FE-Methode zur numerischen Modellierung der verschiedenen physikalischen Systeme mit der FSI untersucht. Das hydrostatische WVS ist als typisches FSI-Problem mit der komplexen Geometrie mit der FEM zu modellieren.

Dank des Entwicklungsstandes der FEM hat man sich für eine FE-Berechnung nicht mehr um Details des mathematischen Verfahrens zu kümmern. Viele leistungsfähige und nutzerfreundliche FEM-Programme stehen heute zur Verfügung. Sie bewältigen die Aufstellung und Lösung des Gleichungssystems. Außerdem enthalten sie leistungsfähige Pre- und Postprozessoren, die bei der Datenauf- und –nachbereitung effektiv helfen können. ANSYS ist ein solches universell einsetzbares FEM-Programm. Dem Benutzer bietet es ein weit gefächertes Anwendungsspektrum. Es reicht von der klassischen Mechanik mit statischen und dynamischen Berechnungen über Wärmeleitung und analoge Feldprobleme bis hin zu Magnetfeldberechnungen und Strömungsanalysen.

In den folgenden Abschnitten ist zu sehen, wie das hydrostatische WVS mit dem ANSYS-Programm modelliert und simuliert wird. Dabei wird der Schwerpunkt auf die Problembeschreibung und Lösungsmethode gelegt, ohne auf die Details von ANSYS einzugehen. Diese sind den Bibliotheken von ANSYS (1994) und dem Buch „FEM für Praktiker" (Müller und Groth 1997) zu entnehmen.

3.2 FE-Modell des WW-WVS

3.2.1 Aufstellung von FE-Modellen mit ANSYS

Eine FE-Berechnung wird nur dann zu sinnvollen und brauchbaren Ergebnissen führen, wenn das physikalische Modell in ein zutreffendes rechnerisches Modell (FE-Modell) umgesetzt wird. Die Generierung des Berechnungsmodells nimmt die meiste Zeit des Berechnungsingenieurs in Anspruch. Daher ist es verständlich, dass er sich in dieser Phase möglichst viele Hilfen zur Erleichterung seiner Arbeit wünscht. Das Programm ANSYS enthält einen leistungsfähigen Preprozessor, der bei der Modellerstellung effektiv helfen kann.

Zur Erzeugung des FE-Modells hat der Programmanwender nur die benötigten Eingabedaten bereitzustellen. Nachdem er zunächst das reale Berechnungsproblem *idealisiert* hat, indem er z.B. lineares Materialverhalten, Zeitunabhängigkeit der Belastung und die Struktur als eindimensional betrachtet, muss er das passende Element und die Anzahl der Elemente auswählen. Die Aufteilung in Elemente muss sich auch an den Diskontinuitäten, z.B. Materialwechsel, und an der Belastung (Einprägung von Einzelkräften) orientieren. Diesen Schritt nennt man *Diskretisierung*. An das Programm müssen dann Informationen über die gewählten Elementtypen, das Material, die Querschnittsgrößen, wie z.B. Trägheitsmomente, Lagerbedingungen und Belastungen weitergegeben werden. Mit diesen Daten ist ein Programm nun in der Lage, das sogenannte Gleichungssystem und den Lastvektor aufzustellen.

Eine FEM-Analyse, die natürlich die Modellerzeugung enthält, kann mit einem FEM-Programm wie ANSYS entweder durch ständige Kommunikation zwischen dem Berechnungsingenieur und dem Programm oder durch eine alle benötigten Kommandos enthaltende Datei ausgeführt werden. Die einfachste Kommunikationsmethode in ANSYS ist die Benutzung des ANSYS-Menüsystems, das Graphical User Interface (GUI) genannt wird. Das GUI bietet ein Interface zwischen dem Berechnungsingenieur und dem Programm an. Man kann mit einer Maus Daten auswählen und ANSYS-Funktionen ausführen. Alle gegebenen Kommandos werden automatisch von dem Programm in einer Datei (jobname.LOG) protokolliert. Die Arbeit mit dem GUI erfordert wenige oder geringe Kenntnisse über ANSYS-Kommandos. Aber für kompliziertere Probleme, besonders für die Analyse des gleichen Problems mit verschiedenen Bedingungen oder bei verschiedenen Anforderungen, ist es besser, eine Datei aufzuschreiben. In der Datei sind Geometrieparameter, Belastungen und andere Eingabedaten einfacher zu ändern. Diese Datei kann unter einem anderen Programm, z.B. EDITOR und WORD, editiert werden. Bei der Programmierung sind die Regeln der ANSYS-Kommandos und für die ANSYS-Parametric-Design-Language (APDL) streng einzuhalten.

Folgend wird das FE-Grundmodell des WW-WVS in Abschnitt 3.2.2 aufgestellt. Dabei wird die Kompressibilität der Flüssigkeit als eine Konstante betrachtet. Im Abschnitt 3.2.3 ist ein Algorithmus entwickelt worden, um die variable Kompressibilität zu berücksichtigen.

3.2.2 FE-Grundmodell des WW-WVS

Weil das WW-WVS eine rotationssymmetrische Struktur und Belastung hat, ist das Problem als rotationssymmetrisch und 2-dimensional zu idealisieren. Somit kann das FE-Modell viel einfacher werden. Die Materialien des Festkörper- und Flüssigkeitsteils werden als homogen und isotrop angenommen. Wenn das WW-WVS mit einer äußeren Kraft beaufschlagt wird, kann der Reaktionsvorgang des WW-WVS durch Generation, Verbreitung, Absorption, und Reflexion der Druckwelle in der eingeschlossenen Flüssigkeit dargestellt werden.

Das Festkörperteil des WW-WVS wird mit dem 2-d rotationssymmetrischen Strukturelement PLANE42 von ANSYS modelliert. Das Element stimmt mit der Gleichung (2-27a) bei der Darstellung des linearen Systemverhaltens einer 2-d rotationssymmetrischen Struktur überein. Aber mit diesem Element ist es noch fähig, die geometrische Nichtlinearität zu berechnen, einfach durch Anwendung des Kommandos „NLGEOM, ON". Für das mehrwandige WW-WVS wurde das Kontaktelement 48 verwendet, um die Strukturnichtlinearität zwischen zwei Wänden eines Balges darzustellen. Das Flüssigkeitsteil kann mit dem akustischen Fluidelement FLUID29 oder mit dem eingeschlossenen Fluidelement FLUID79 von ANSYS vernetzt werden.

Das FLUID29 basiert auf der 2-d Wellengleichung (2-27f) und berücksichtigt keine Viskosität. Es steht zur Modellierung des Fluidmediums und zur Berechnung der Wechselwirkung zwischen Fluid und Festkörper zur Verfügung. Sein typischer Anwendungsbereich sind die Akustik und die dynamische Analyse der in einem Fluidmedium eingetauchten Struktur. Die Kopplung zwischen Druck und Strukturbewegung auf der Grenzfläche ist schon bei der Diskretisierung der problembeschreibenden Gleichung, nämlich

(a) mit FLUID29   (b) mit FLUID79

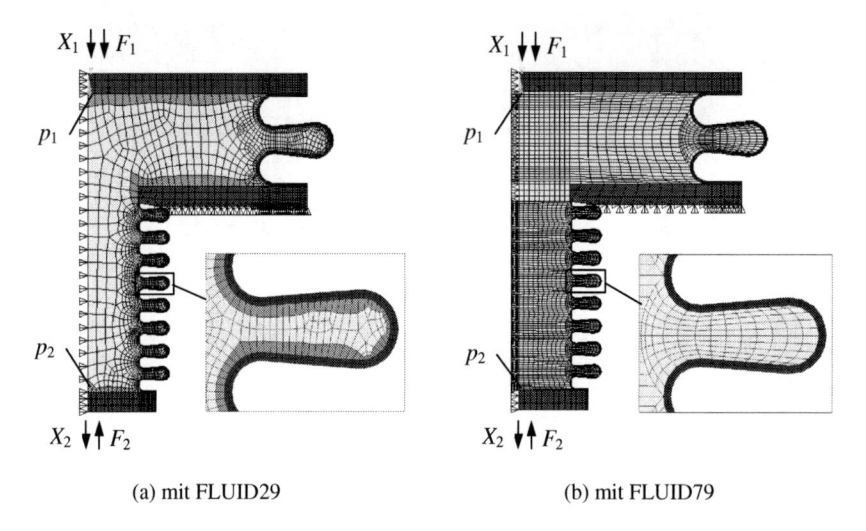

Bild 3-1: FE-Modell des WW-WVS

der Wellengleichung, berücksichtigt worden. Das Element hat 4 oder 3 Knoten, die je 3 Freiheitsgrade (Translation x und y und Druck) haben. Aber die Translation ist nur auf die Grenzfläche anwendbar.

Das eingeschlossene Fluidelement FLUID79 ist eine Modifikation des entsprechenden Strukturelements PLANE42. Das Element wird zur Modellierung der in einem Gefäß eingeschlossenen Flüssigkeit benutzt. Es ist besonders geeignet für Berechnungen des hydrostatischen Drucks und der Wechselwirkung zwischen Fluid und Festkörper. Das Element wird mit 4 Knoten definiert, die je zwei Freiheitsgrade (Translation x und y in den Richtungen des Koordinatensystems der Knoten) haben. Der Druck ist ein abgeleiteter Elementparameter. Von dem Element wird gefordert, dass der Strom zu keiner Verdrehung in dem Element führen soll. Die Elementform soll möglichst rechteckig sein. Für die dynamische Analyse ist die Viskosität zur Berechnung der Dämpfungsmatrix einzugeben. Außerdem gibt das Element wirksame Knotenkräfte, die hydrostatischen Druck darstellen, und wirksame vertikale Verschiebungen aus, während andere Knotenverschiebungen, die groß sein können, energiefreie innere Bewegungen des Fluids darstellen.

Mehr Informationen über die ausgewählten Elemente kann man aus der Literatur (ANSYS 1994) entnehmen. Im Bild 3-1 sind zwei verschiedene FE-Modelle des WW-WVS (geometrisch nach der Auslegung im Abschnitt 2.3) bei der Anwendung des Fluidelements FLUID29 bzw. FLUID79 gezeichnet. Darin stellen F_1 und F_2 die An- und Abtriebskraft (Belastung) des WW-WVS dar, während X_1 und X_2 die berechneten Verschiebungen (Wege) der Mittelpunkte der großen bzw. kleinen Kreisplatte sind. Die Drücke an den zwei Seiten auf der Symmetrieachse des WW-WVS sind bei der dynamischen Situation nicht gleich und werden mit p_1 und p_2 bezeichnet. Das FE-Modell mit dem FLUID29 hat 6885 Strukturelemente PLANE42, 4425 Fluidelemente FLUID29 und 3492 Kontaktelemente 48, während das FE-Modell mit dem FLUID79 4238 Strukturelemente PLANE42, 13068 Fluidelemente FLUID79 und 2102 Kontaktelemente 48 hat. Mit so vielen Fluidelementen FLUID79 ist die Berechnungsgenauigkeit zu garantieren.

In den FE-Modellen wurden folgende Parameter vorgegeben:

Elastizitätsmodul von Stahl (außer Bälge): $E_1 = 210000$ MPa
Dichte des Stahls (außer Bälge): $\rho_1 = 7,85*10^{-9}$ t/mm^3
Elastizitätsmodul von Stahl (Bälge): $E_2 = 200000$ MPa
Dichte des Stahls (Bälge): $\rho_2 = 7,9*10^{-9}$ t/mm^3
Kompressionsmodul der Flüssigkeit (wenn konstant): $E_F = 1668,61$ MPa
Dichte der Flüssigkeit: $\rho_F = 0,88654*10^{-9}$ t/mm^3
Schallgeschwindigkeit in der Flüssigkeit (Gl. (2-24)): $c_F = (E_F/\rho_F)^{1/2} = 1371,92*10^3$ mm/s
Viskosität der Flüssigkeit: $\mu = 0,1596*10^{-6}$ MPa•s
Abstand zwischen zwei Wänden des Balges: $z = 0,001$ mm
Kontaktsteifigkeit zwischen den Wänden des Balges: $E_C = 2*10^5$ Mpa

Es ist darauf hinzuweisen, dass ein raumdiskretes, aber zeitkontinuierliches System ermittelt wird, nachdem das Problem nur räumlich mit finiten Elementen diskretisiert wurde. Dieses System ist mit gewöhnlichen Differentialgleichungen darzustellen. Für das WW-WVS ergeben sich folgende Gleichungen in Matrizenschreibweise, wenn sein Flüssigkeitsteil mit dem FLUID29 vernetzt worden ist:

$$\begin{bmatrix} \underline{M} & \underline{0} \\ \underline{M}^{fs} & \underline{M}^p \end{bmatrix} \begin{bmatrix} \underline{\ddot{u}} \\ \underline{\ddot{p}} \end{bmatrix} + \begin{bmatrix} \underline{C} & \underline{0} \\ \underline{0} & \underline{C}^p \end{bmatrix} \begin{bmatrix} \underline{\dot{u}} \\ \underline{\dot{p}} \end{bmatrix} + \begin{bmatrix} \underline{K} & \underline{K}^{fs} \\ \underline{0} & \underline{K}^p \end{bmatrix} \begin{bmatrix} \underline{u} \\ \underline{p} \end{bmatrix} = \begin{bmatrix} \underline{f} \\ \underline{0} \end{bmatrix} \qquad (3\text{-}1)$$

mit

$\underline{M}, \underline{C}, \underline{K}$: Massen-, Dämpfungs- und Steifigkeitsmatrix der Struktur,
$\underline{M}^p, \underline{C}^p, \underline{K}^p$: Massen-, Dämpfungs- und Steifigkeitsmatrix der Flüssigkeit,
$\underline{M}^{fs}, \underline{K}^{fs}$: Massen- und Steifigkeitsmatrix bei der Fluid-Struktur-Interaktion,
$\underline{u}$: Verschiebungsvektor der Struktur,
$\underline{p}$: Druckvektor der Flüssigkeit,
$\underline{f}$: Kraft- oder Lastvektor.

Die Gleichungen (3-1) können aus dem mathematischen Modell im Abschnitt 2.4 abgeleitet werden (s. ANSYS 1994). Zur numerischen Lösung dieser Gleichungen mit sehr großer Ordnung der Matrizen müssen sie noch zeitlich diskretisiert werden. Dafür wird im allgemeinen die Finite-Differenz-Methode angewendet. Details darüber sind aus der einschlägigen Literatur (z.B. Bathe 1982) zu entnehmen.

Bei der Berechnung der mehrwandigen Struktur sind zwei Parameter wichtig. Der erste ist der Abstand zwischen den Wänden. Er hat großen Einfluss auf die Steifigkeit des Balges. Der zweite Parameter ist die Kontaktsteifigkeit zwischen Kontaktelementen. Zu kleine Kontaktsteifigkeit führt zum Eindringen einer Oberfläche in eine andere, während zu große Kontaktsteifigkeit viele Gleichgewichtsiterationen und viel Rechenzeit erfordern oder sogar zu keinen konvergenten Ergebnissen führen kann. Durch den Vergleich der Berechnungsergebnisse mit verschiedenen Werten des Abstands bzw. der Kontaktsteifigkeit wurden die oberen Werte für diese zwei Parameter angenommen (s. Kasper und Li 1998).

Wegen der Kontaktelemente zwischen den Wänden handelt es sich bei der FE-Berechnung der mehrwandigen Struktur um Nichtlinearitäten, deshalb können in diesem Fall Berechnungen wie Modalanalyse und Harmonieanalyse nicht durchgeführt werden. Für eine transiente Analyse des mehrwandigen WW-WVS ist die Rechenzeit zu lang und es gibt manchmal Konvergenzprobleme. Deswegen wird ein einwandiges WW-WVS berechnet. Dabei werden die Wandstärke des großen bzw. kleinen Balges so ermittelt, dass der einwandige Balg eine gleiche axiale Steifigkeit wie der entsprechende mehrwandige Balg hat. Die dadurch ermittelten Wandstärken des großen bzw. kleinen Balges sind WS1 = 0,231 mm bzw. WS2 = 0,132 mm (vgl. Tabelle 2-1). Die einwandigen Bälge können zwar wegen ihres niedrigeren zulässigen Drucks die gegebenen Forderungen nicht erfüllen, aber damit lassen sich mehrere numerische Berechnungen durchführen und die Berechnungsergebnisse sind auch für das mehrwandige WW-WVS von Bedeutung. Die Berechnungen in den folgenden Abschnitten werden für die beiden Systeme, nämlich das einwandig und mehrwandig strukturierte WW-WVS, ausgeführt, und die Ergebnisse sind zu vergleichen.

3.2.3 Algorithmus bei variabler Kompressibilität

Nichtlinearität der Kompressibilität der Flüssigkeit bedeutet, dass die Flüssigkeit eigentlich ein nichtlineares Material ist. Bei der numerischen Berechnung des WVS unter Berücksichtigung der Nichtlinearität der Kompressibilität gibt es zwei Schwierigkeiten. Die eine liegt darin, dass die für Berechnungen des hydrostatischen WVS nutzbaren Fluidelemente in ANSYS, nämlich das FLUID29 und FLUID79, das Materialverhalten als linear betrachten (c oder E_F ist konstant) und keine unmittelbare Abhängigkeit der Kompressibilität von den Drücken berücksichtigen. Die andere liegt im Algorithmus der Nichtlinearität.

In diesem Abschnitt wird eine Methode zur Berechnung der variablen Kompressibilität entwickelt. Dabei ist das lineare Element FLUID79 zu nutzen.

Die Kompressibilität des Fluidelements 79 kann temperaturabhängig sein. Deshalb kann das erste Problem gelöst werden, wenn die Beziehung zwischen der Kompressibilität und den Drücken in eine Beziehung zwischen der Kompressibilität und virtuellen Temperaturen umgewandelt wird. D.h., dass Drücke nach jedem Berechnungsschritt neu ermittelt und in virtuelle Temperaturen für den nächsten Berechnungsschritt umgewandelt werden müssen.

Der Algorithmus zur Berechnung der Nichtlinearität der Kompressibilität ist daraus zu entwickeln. Zunächst werden die allgemeinen Methoden zur Lösung der Nichtlinearität diskutiert. Eine einfache Lösungsmethode für die Nichtlinearität der Struktursteifigkeit heißt Differenz-Methode (vgl. Bild 3-2a). Dabei wird die Last der Struktur in viele kleine Differenzen zerteilt. In jedem Berechnungsschritt der Lastdifferenz wird die Steifigkeitsmatrix nach der nichtlinearen Variation der Struktursteifigkeit (Tangentensteifigkeit) geregelt. Diese Methode hat den Nachteil, dass die Fehler von allen Schritten unvermeidbar angesammelt werden und sich zum Schluss ein großer Fehler ε ergeben kann. Um das Problem zu lösen, wird die Newton-Raphson-Methode zur Analyse der Nichtlinearität in ANSYS benutzt (ANSYS 1994). Sie ist eine Iterationsmethode und führt

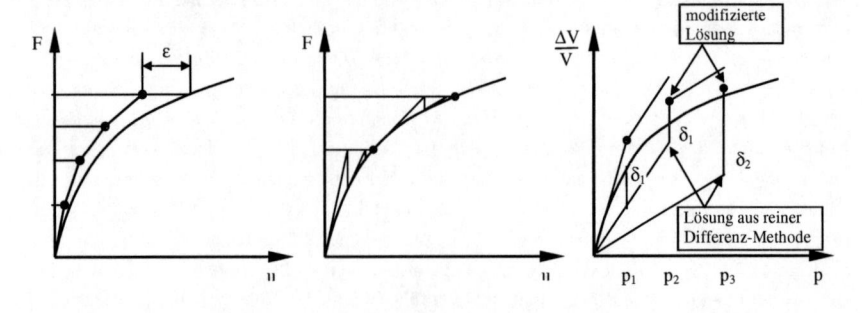

(a) Differenz-Methode (b) Newton-Raphson-Methode (c) modifizierte Differenz-Methode

Bild 3-2: Lösungsmethoden für nichtlineares Verhalten

mehrere Iterationen in einem Belastungsintervall oder in einem Berechnungsschritt (vgl. Bild 3-2b) aus.

Die Newton-Raphson-Methode ist nicht geeignet für die Berechnung der Nichtlinearität der Kompressibilität mit der Anwendung des linearen Fluidelements 79, weil die Kompressibilität hier in einem Berechnungsschritt konstant gehalten werden muss und Iterationen weder brauchbar noch möglich sind. Wird die reine Differenz-Methode direkt für das lineare Fluidelement 79 benutzt, bekommt man praktisch eine falsche Lösung (vgl. Bild 3-2c). Der Grund dafür liegt darin, dass die Ergebnisse eines Berechnungsschritts nicht zu denen des vorigen Schritts addiert werden (vgl. Bild 3-2a), sondern unabhängig vom vorigen Schritt mit neuen Systemmatrizen berechnet werden, weil das Element linear ist. Aber nach dieser Eigenschaft des linearen Elements wurde eine Methode zur Berechnung der variablen Kompressibilität entwickelt (Li und Kasper 1999). Dabei wurde die Sekantenpresszahl (s. Gl. (2-33)) in jedem Berechnungsschritt genutzt. Die Ergebnisse sind somit stationär genau aber dynamisch ungenau.

Um dynamisch genauer zu berechnen, muss die Tangentenpresszahl benutzt werden. Aber die Ergebnisse sind dann stationär falsch (vgl. Bild 3-2c). Deshalb muss die Lösung modifiziert werden. Mit der folgenden Modifikation kann die Lösung sehr gut verbessert werden:

$$\left.\frac{\Delta V}{V}\right|_{i+1}^{mod.} = \left.\frac{\Delta V}{V}\right|_{i+1}^{dif.} + \delta_i, \qquad (3\text{-}2)$$

wobei

$$\delta_i = \int_0^{p_i} \beta_{pT}(p)dp - p_i \beta_{pT}(p_i) \qquad (3\text{-}3)$$

Der Kompensationsterm δ_i kann durch Nutzung der virtuellen Temperatur verwirklicht werden. D.h., dass ein thermischer Ausdehnungsfaktor, der selbst temperaturabhängig sein soll, für die Flüssigkeit definiert wird. Vor jedem Berechnungsschritt werden neue Werte für die Presszahl (oder den Kompressionsmodul) und für den Ausdehnungsfaktor ermittelt.

Die Gleichung (3-2) ist für dynamische Berechnungen geeignet, weil die Kompensation δ_i aus dem Druck p_i des vorigen Schritts ermittelt werden kann. Eine statische Berechnung ist durch Iterationen auszuführen. Zunächst wird ein Druck p_1 als gedachte Lösung angenommen. Mit diesem Druck können der Kompressionsmodul und der Ausdehnungsfaktor berechnet werden. Dann ist eine FE-Berechnung durchzuführen und ein neuer Wert vom Druck p_2 zu ermitteln. Diese Iterationen sollen solange ausgeführt werden, bis die Differenz $|p_i - p_{i-1}|$ kleiner als ein vorgegebener Wert ist. Der letzte Druckwert ist die gesuchte Lösung.

Die numerischen Beziehungen zwischen dem Kompressionsmodul bzw. Ausdehnungsfaktor und dem Druck, nämlich die virtuellen Temperaturen, sind aus dem Anhang A zu entnehmen.

Die Genauigkeit der modifizierten Lösung hängt von der Größe des Berechnungsschritts ab. Durch FE-Berechnungen eines einfachen Kolben/Kolben-WVS, dessen analytische Lösung bestimmt werden kann, wurde bewiesen, dass sehr hohe Genauigkeit sowohl bei den statischen als auch bei den dynamischen Berechnungen mit der Anwendung der modifizierten Differenz-Methode erreicht werden kann.

3.3 Analyse des statischen Verhaltens des WW-WVS

3.3.1 Kennlinie des Balges

Um die Linearität der Steifigkeit des Balges zu untersuchen, wurden die Wege X_1 und X_2 unter verschiedenen Belastungen F_1 und F_2 für die einwandige und mehrwandige Struktur berechnet. Dabei wurden F_1 und F_2 als Flächenkräfte betrachtet. Die Ergebnisse sind tabellarisiert dargestellt (vgl. Tabelle B-1 im Anhang B).

(a) Kennlinie des großen Balges   (b) Kennlinie des kleinen Balges

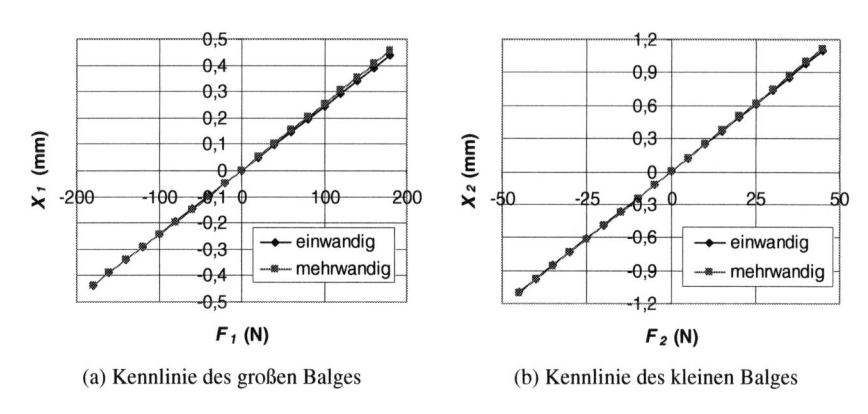

Bild 3-3: Kennlinie des großen und kleinen Balges (ohne Flüssigkeit)

Bild 3-3 stellt die Kennlinie des großen und kleinen Balges dar. Nach Bild 3-3 ist festzustellen, dass die Nichtlinearität der mehrwandigen Struktur sehr gering ist. Durch lineare Regressionsrechnungen können die folgenden Gleichungen abgeleitet werden:

$F_1 = 412{,}284\, X_1$ $F_2 = 40{,}934\, X_2$ (einwandig)   (3-4)

$F_1 = 409{,}197\, X_1$ $F_2 = 40{,}74\, X_2$ (mehrwandig)   (3-5)

D.h., dass die durchschnittliche Steifigkeit des großen Balges 412,284 N/mm (einwandig) oder 409,197 N/mm (mehrwandig) ist, und die Steifigkeit des kleinen Balges ist 40,934 N/mm (einwandig) oder 40,74 N/mm (mehrwandig).

Es soll darauf hingewiesen werden, dass die obigen Kennlinien ohne Flüssigkeit innerhalb des WW-WVS ermittelt worden sind. Aber wenn der Balg als ein Teil des WW-WVS auf der Innenwand mit dem Betriebsdruck belastet wird, nämlich wenn die Form des Balges sich verändert, bleibt der Balg dann noch linear? Unter verschiedenen Drücken ist die Verformung des Balges nicht gleich, deshalb soll das Problem bei verschiedenen Drücken analysiert werden. Im Abschnitt 3.3.3 ist bei der Untersuchung der wirksamen Flächen der Bälge gleichzeitig zu sehen, dass der Betriebsdruck kaum Einfluss auf die Kennlinien der Bälge hat.

3.3.2 Betriebsverhalten des WW-WVS

Für ein WW-WVS gibt es bestimmte Beziehungen p=f(F_1, F_2), X_1=g(F_1, F_2) und X_2=h(F_1, F_2) unter statischen Bedingungen. Diese Beziehungen können als das statische Betriebsverhalten des WW-WVS bezeichnet werden. Das statische Betriebsverhalten ist schwer durch die theoretische Analyse oder die Versuchsmethode zu ermitteln. Es ist vorteilhafter, eine Beziehung durch die FE-Berechnung aufzustellen.

Um das Problem einfacher zu analysieren, wird die Kompressibilität der Flüssigkeit hier zunächst als eine Konstante betrachtet. Die Berechnungsergebnisse sind aber für die Abschnitte 3.3.3 und 3.3.4 auch nutzbar.

Weil das WW-WVS im allgemeinen mit der Kraft eines Piezoaktors angetrieben und mit einer anderen Kraft belastet wird, sind verschiedene Kräfte F_1 und F_2 zur Bestimmung des Betriebsverhaltens vorzugeben. Die durch FE-Berechnungen ermittelten Werte von p, X_1 und X_2 des einwandigen WW-WVS werden in den Tabellen B-2, B-3 und B-4 im Anhang B dargestellt. Die Tabellen B-5, B-6 und B-7 gelten für das mehrwandige WW-WVS. Die gegebenen Daten liegen im zulässigen Bereich (vgl. Abschnitt 2.3).

Die Beziehungen zwischen p, X_1, X_2 und F_1, F_2 sind quasi linear. Beispielhaft wird der Zusammenhang p = f(F_1, F_2) des mehrwandigen WW-WVS im Bild 3-4 dargestellt. Darin sind mehr Daten als die in der Tabelle B-5 genutzt worden.

Durch die Regressionsrechungen mit den Daten von Tabelle B-2 bis Tabelle B-7 können die folgenden Ebenengleichungen ermittelt werden:

für die einwandige Struktur:

$$p = 1{,}05558 \times 10^{-3} F_1 + 1{,}03313 \times 10^{-3} F_2 \qquad (3\text{-}6)$$

$$X_1 = 2{,}32127 e^{-4} F_1 - 2{,}14672 e^{-3} F_2 \qquad (3\text{-}7)$$

$$X_2 = 2{,}12892 e^{-3} F_1 - 2{,}23455 e^{-2} F_2 \qquad (3\text{-}8)$$

für die mehrwandige Struktur:

$$p = 1{,}05477 \times 10^{-3} F_1 + 1{,}04213 \times 10^{-3} F_2 \qquad (3\text{-}9)$$

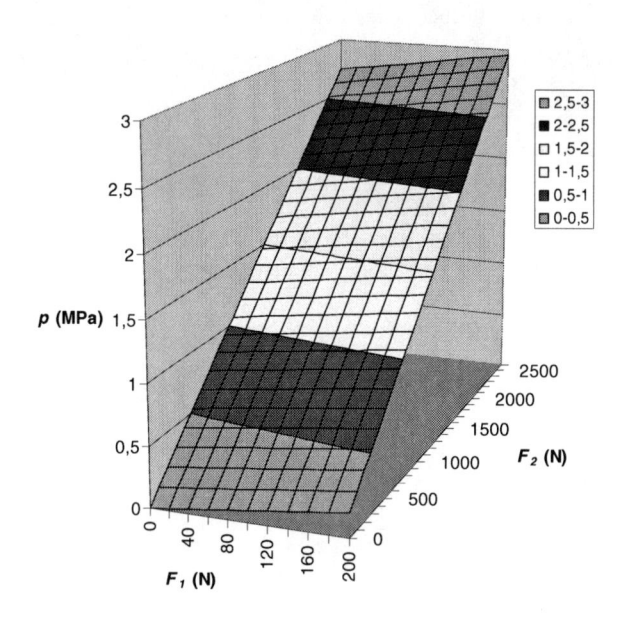

Bild 3-4: Betriebsdruck bei verschiedenen Kräften (mehrwandig)

$$X_1 = 2{,}31609e^{-4}F_1 - 2{,}14467e^{-3}F_2 \qquad (3\text{-}10)$$

$$X_2 = 2{,}12585e^{-3}F_1 - 2{,}23621e^{-2}F_2 \qquad (3\text{-}11)$$

Die obigen Berechnungen des Betriebsverhaltens vom WW-WVS wurden mit der Anwendung des Elements FLUID29 ausgeführt. Für das gleiche Ziel ist auch das FE-Modell mit dem Element FLUID79 genutzt worden. Die damit erzielten Ergebnisse haben nur einen sehr geringen Unterschied zu denen bei der Anwendung des Elements FLUID29. Beispielsweise, wenn F_2=0 ist und F_1 verschiedene Werte annimmt, werden die Beziehungen zwischen den den Kräften entsprechenden Wegen X_1 und X_2 des einwandigen WW-WVS, welche die Wegübersetzung darstellen können, bei der Anwendungen von beiden Fluidelementen im Bild 3-5 verglichen. Die weiteren Ergebnisse vom Element FLUID79 werden hier nicht mehr detailliert dargestellt.

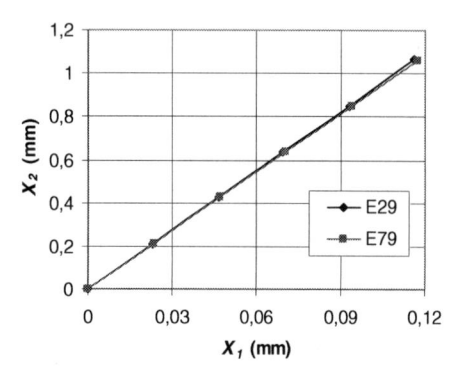

Bild 3-5: Ergebnisvergleich des Elements FLUID 29 mit FLUID79

3.3.3 Wirksame Flächen und Übersetzungsfaktor des WW-WVS

Zur Untersuchung der wirksamen Flächen kann die Kompressibilität der Flüssigkeit als konstant betrachtet werden und die berechneten Ergebnisse des Abschnitts 3.3.2 sind zu nutzen. Zur Bestimmung der wirksamen Fläche des kleinen Balges ist die kleine Kreisplatte mit einer konstanten Kraft F_2 zu belasten, und die verschiedenen Werte der Kraft F_1 werden vorgegeben. Wenn F_2 die Werte 100N und 200N annimmt, können die FE-Ergebnisse für die ein- und mehrwandige Struktur direkt aus Tabelle B3-2 bis Tabelle B3-7 erhalten und in den Tabellen B-8 und B-9 dargestellt werden. Die Bilder 3-6 und 3-7 zeigen die Beziehungen zwischen den Parametern X_1, X_2 und p. In den Bildern ist zu sehen, dass alle Beziehungskurven quasi linear sind. Die Näherungsgleichungen für die Kurven sind durch Regressionsrechnungen ermittelt worden.

Die Beziehung zwischen p und X_2 hat eine besondere Bedeutung für die Ermittlung der wirksamen Fläche des kleines Balges. Im statischen Fall ist die folgende Gleichgewichtsgleichung immer richtig:

$$A_2 p - C_2 X_2 = F_2 \qquad (3\text{-}12)$$

oder

$$p = \frac{C_2}{A_2} X_2 + \frac{F_2}{A_2} \qquad (3\text{-}13)$$

Weil F_2 konstant und die p-X_2 Beziehung linear ist, muss C_2 konstant sein. Durch Vergleich der Gleichung mit den Regressionsgleichungen können die wirksame Fläche A_2 und die Steifigkeit C_2 bestimmt werden:

für die einwandige Struktur:

    nach $F_2/A_2 = 100/A_2 = 1{,}21127$ → $A_2 = 82{,}558$ mm^2

    oder nach $F_2/A_2 = 200/A_2 = 2{,}42254$ → $A_2 = 82{,}558$ mm^2

    dann $C_2 = 0{,}49583 * 82{,}558 = 40{,}9347$ N/mm

für die mehrwandige Struktur:

    nach $F_2/A_2 = 100/A_2 = 1{,}21354$ → $A_2 = 82{,}4036$ mm^2

    oder nach $F_2/A_2 = 200/A_2 = 2{,}4246$ → $A_2 = 82{,}4878$ mm^2

    dann $C_2 = 0{,}49767 * 82{,}4036 = 41{,}0098$ N/mm

    oder dann $C_2 = 0{,}50037 * 82{,}4878 = 41{,}2744$ N/mm

Durchschnittlich ergeben sich $A_2 = 82{,}4457$ mm^2 und $C_2 = 41{,}1421$ N/mm.

Mit der gleichen Methode kann die wirksame Fläche des großen Balges ermittelt werden. Dabei ist aber die große Kreisplatte mit einer konstanten Kraft F_1 zu belasten. Verschiedene Werte der Kraft F_2 werden vorgegeben. Die Tabellen B-10 und B-11 im Anhang B stellen die FE-Ergebnisse für die Fälle F_1=500N und F_1=1500N dar.

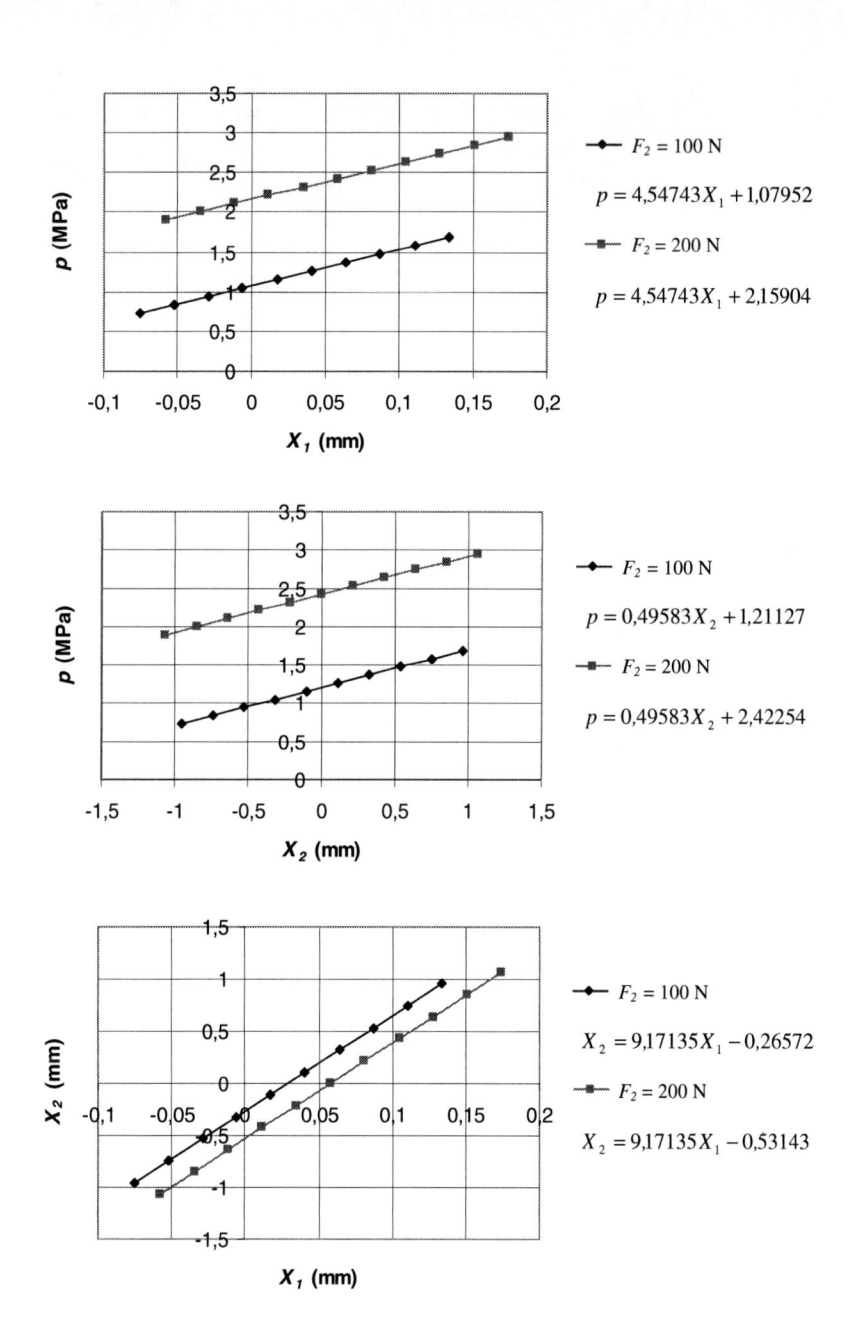

Bild 3-6: Kennlinie des einwandigen WW-WVS unter konstanter Last F_2 (mit E29)

Upper plot:
- $F_2 = 100$ N: $p = 4{,}54743 X_1 + 1{,}07952$
- $F_2 = 200$ N: $p = 4{,}54743 X_1 + 2{,}15904$

Middle plot:
- $F_2 = 100$ N: $p = 0{,}49583 X_2 + 1{,}21127$
- $F_2 = 200$ N: $p = 0{,}49583 X_2 + 2{,}42254$

Lower plot:
- $F_2 = 100$ N: $X_2 = 9{,}17135 X_1 - 0{,}26572$
- $F_2 = 200$ N: $X_2 = 9{,}17135 X_1 - 0{,}53143$

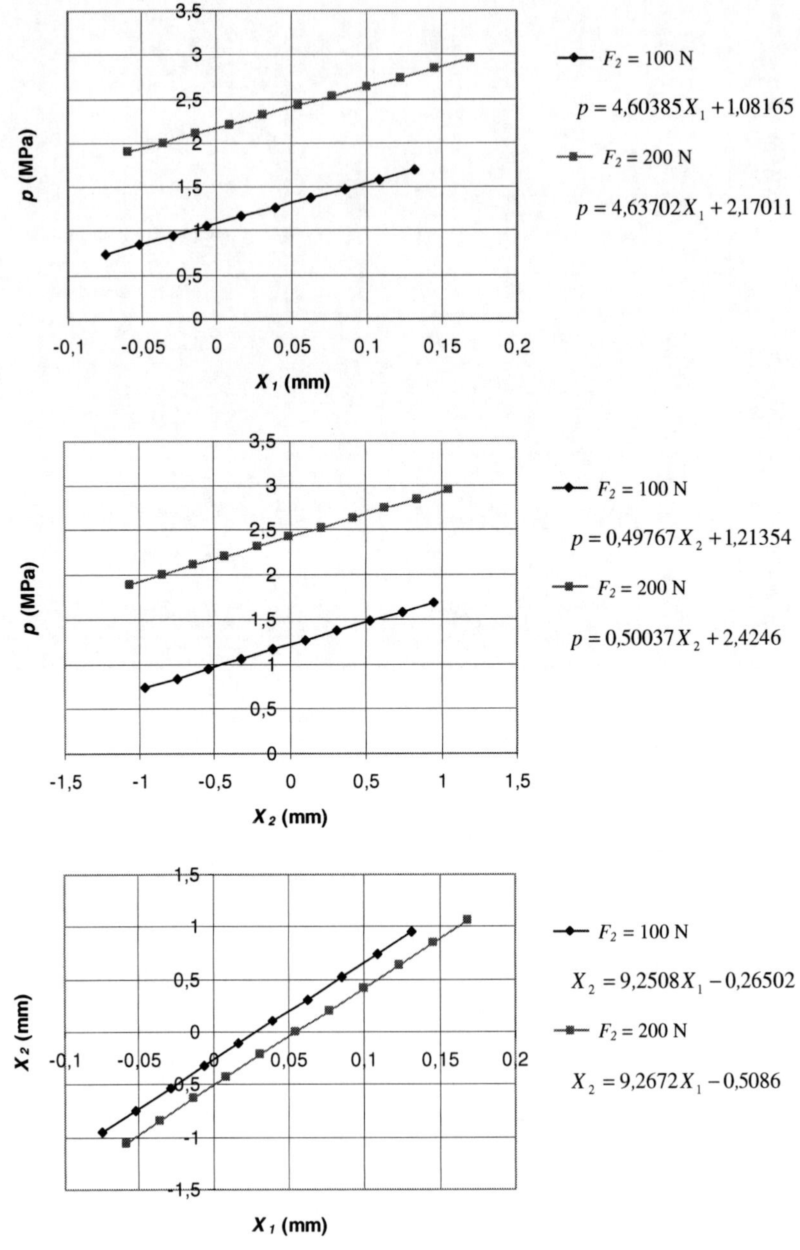
p (MPa)
X₁ (mm)
F₂ = 100 N
p = 4,60385X₁ + 1,08165
F₂ = 200 N
p = 4,63702X₁ + 2,17011
p (MPa)
X₂ (mm)
F₂ = 100 N
p = 0,49767X₂ + 1,21354
F₂ = 200 N
p = 0,50037X₂ + 2,4246
X₂ (mm)
X₁ (mm)
F₂ = 100 N
X₂ = 9,2508X₁ − 0,26502
F₂ = 200 N
X₂ = 9,2672X₁ − 0,5086

Bild 3-7: Kennlinie des mehrwandigen WW-WVS unter konstanter Last F_2 (mit E29)

Zur Ermittlung der wirksamen Fläche des großen Balges ist die folgende Gleichgewichtsgleichung zu nutzen:

$$A_1 p + C_1 X_1 = F_1 \quad (3\text{-}14)$$

oder

$$p = -\frac{C_1}{A_1} X_1 + \frac{F_1}{A_1} \quad (3\text{-}15)$$

Durch den ähnlichen Berechnungsvorgang wie beim kleinen Balg sind die folgenden Werte für die wirksame Fläche A_1 und die Steifigkeit C_1 des großen Balges ermittelt worden:

für die einwandige Struktur: $\quad A_1 = 856{,}678 \text{ mm}^2 \quad\quad C_1 = 412{,}284 \text{ N/mm}$

für die mehrwandige Struktur: $\quad A_1 = 856{,}294 \text{ mm}^2 \quad\quad C_1 = 415{,}899 \text{ N/mm}$

Die oberen Werte von C_1 und C_2 sind bei der einwandigen Struktur gleich denen im Abschnitt 3.3.1 und bei der mehrwandigen ein bisschen größer. Der Grund dafür liegt darin, dass die Abstände zwischen den Wänden unter dem Druck kleiner und deswegen die Bälge steifer werden.

Die Beziehungen zwischen X_1 und X_2 in den Bildern 3-6 und 3-7 können das Übersetzungsverhältnis der Wege beschreiben. Die Koeffizienten von X_1 der linearen Regressionsgleichungen in den Bildern stellen einen durchschnittlichen Übersetzungsfaktor des ein- bzw. mehrwandigen WW-WVS bei entsprechenden Belastungen dar. Nach Bild 3-6 kann festgestellt werden, dass der Übersetzungsfaktor des einwandigen WW-WVS bei verschiedenen Belastungen gleich ist und den Wert 9,17135 hat. Die Werte des Übersetzungsfaktors vom mehrwandigen WW-WVS weisen geringe Unterschiede unter verschiedenen Belastungen auf. Aus dem Bild 3-7 ist abzulesen, dass sie unter der Last F_2 von 100 N oder von 200 N den Wert 9,2508 oder 9,2672 annehmen.

Auf die gleiche Weise kann der Übersetzungsfaktor bei anderen Werten des Kompressionsmoduls ermittelt werden. Für das einwandige WW-WVS wird die Beziehung zwischen dem Übersetzungsfaktor und dem Elastizitätsmodul in Tabelle 3-1 und Bild 3-8 dargestellt. Je größer der Elastizitätsmodul E_F ist, desto größer ist der Übersetzungsfaktor. Aber ihre Beziehung ist nicht proportional. In einem bestimmten Wertebereich von E_F bleibt der Übersetzungsfaktor i fast konstant.

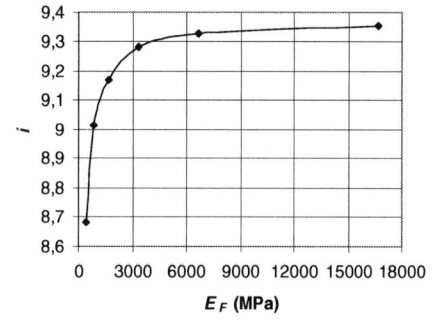

Bild 3-8: Beziehung zwischen dem Übersetzungsfaktor und Elastizitätsmodul

Tabelle 3-1: Beziehung zwischen dem Übersetzungsfaktor und dem Elastizitätsmodul

E_F (MPa)	417,15	834,305	1668,61	3337,22	6674,44	16686,1	166861	1668610
i	8,68474	9,0143	9,17135	9,28192	9,32821	9,35554	9,36901	9,36986

Die Abhängigkeit des Übersetzungsfaktors vom Kompressionsmodul der Flüssigkeit kann auch durch die Beziehung zwischen X_1 und X_2 bei variabler Kompressibiliät (vgl. Bild 3-10) dargestellt werden.

3.3.4 Schädliches Volumen des WW-WVS

Das schädliche oder unwirksame Volumen stellt das Flüssigkeitsvolumen dar, welches von den Wellen des Balges bei Druckerhöhung infolge ihrer elastischen Verformung aufgenommen wird, ohne dass ein Hub erfolgt. Dieses Volumen hängt nur vom Druck der Flüssigkeit ab und deswegen wird es hier bei konstanter Kompressibilität ermittelt.

Wird das schädliche Volumen mit ΔV_{SCH} bezeichnet, ergeben sich die folgenden Gleichungen:

$$A_1 X_1 = A_2 X_2 + \Delta V_F + \Delta V_{SCH} \qquad (3\text{-}16)$$

oder

$$\Delta V = \Delta V_F + \Delta V_{SCH} = A_1 X_1 - A_2 X_2. \qquad (3\text{-}17)$$

Dabei stellt ΔV_F die Volumenreduktion der Flüssigkeit dar, die durch ihre Kompressibilität entsteht. Bei einer konstanten Kompressibilität β_p kann sie berechnet werden durch[*]

$$\Delta V_F = \beta_p V_0 p = \begin{cases} 3{,}6104 p \\ 3{,}471 p \end{cases} \text{mm}^3 \quad \begin{array}{l} \text{einwandig,} \\ \text{mehrwandig.} \end{array} \qquad \begin{array}{r} (3\text{-}18) \\ (3\text{-}19) \end{array}$$

Dabei beträgt das Anfangsvolumen der Flüssigkeit $V_0 = 6024{,}4\,\text{mm}^3$ für das einwandige WW-WVS bzw. $V_0 = 5791{,}8\,\text{mm}^3$ für das mehrwandige WW-WVS.

Unter bestimmten Belastungen F_1 und F_2 kann die gesamte Volumenänderung der Flüssigkeit ΔV nach der Gleichung (3-17) mit den Werten von X_1 und X_2, die aus den Tabellen B-3 und

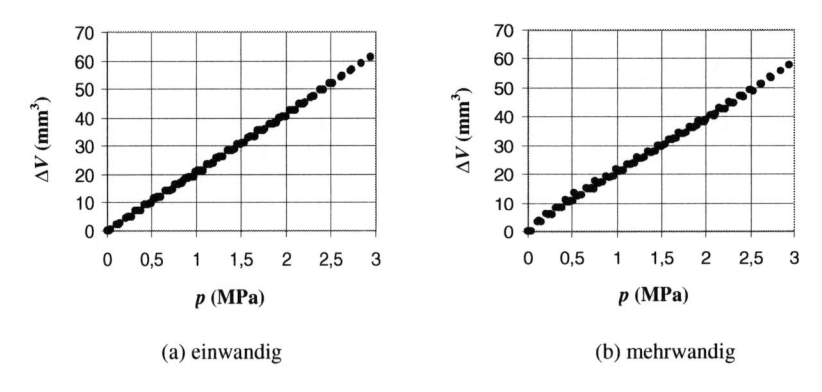

(a) einwandig (b) mehrwandig

Bild 3-9: Volumenveränderungen der Flüssigkeit im WW-WVS

---

[*] Bei variabler Kompressibilität kann ΔV_F durch Gl. (2-30) berechnet werden.

B-4 (einwandig) bzw. B-6 und B-7 (mehrwandig) zu erhalten sind, berechnet werden. Die Ergebnisse werden mit den entsprechenden Druckwerten im Bild 3-9 dargestellt.

Für das einwandige WW-WVS kann die Beziehung zwischen ΔV und p mit der linearen Regressionsgleichung

$$\Delta V = 20{,}55434\, p \quad \text{mm}^3 \qquad (3\text{-}20)$$

beschrieben werden.

Für das mehrwandige WW-WVS ist die Beziehung bei niedrigen Drücken nicht linear, weil sich die Abstände zwischen den Wänden in diesem Druckbereich stärker verändern werden. Durch eine lineare Regressionsrechnung wird:

$$\Delta V = 18{,}9525\, p + 1{,}4575 \quad \text{mm}^3. \qquad (3\text{-}21)$$

Diese Gleichung ergibt größere Abweichungen bei niedrigen Drücken.

Nach den Gleichungen (3-17)-(3-21) ist das schädliche Volumen nur vom Druck abhängig, nämlich:

für das einwandige WW-WVS: $\Delta V_{SCH} = 16{,}944\, p$ mm^3, (3-22)

für das mehrwandige WW-WVS: $\Delta V_{SCH} = 15{,}482\, p + 1{,}4575$ mm^3. (3-23)

Durch den Vergleich der Gleichungen (3-22) und (3-23) mit den Gleichungen (3-18) und (3-19) ist festzustellen, dass das schädliche Volumen viel größer als ΔV_F ist.

3.3.5 Kennlinien des WW-WVS unter Berücksichtigung der Nichtlinearitäten

In den Abschnitten 3.3.2 bis 3.3.4 sind die geometrische Nichtlinearität und die variable Kompressibilität nicht berücksichtigt worden. In diesem Abschnitt wird untersucht, wie diese Nichtlinearitäten das Systemverhalten beeinflussen.

Weil die variable Kompressibilität der Flüssigkeit nur mit dem Element FLUID79 berechnet werden kann (vgl. Abschnitt 3.2.3), werden die FE-Berechnungen zur Untersuchung der geometrischen Nichtlinearität auch nur mit diesem Element ausgeführt, so dass es eine gemeinsame Vergleichsbasis gibt.

Die Kompressibilität der Flüssigkeit verändert sich bei niedrigen Drücken am stärksten, deshalb ist der Einfluss der Nichtlinearität auf das Systemverhalten in diesem Druckbereich zu untersuchen. Dafür wird das WW-WVS ohne Belastung, nämlich mit $F_2=0$, betrachtet. In diesem Fall werden die FE-Berechnungsergebnisse des einwandigen bzw. mehrwandigen WW-WVS bei verschiedenen Antriebskräften F_1 und mit Berücksichtigung der verschiedenen Nichtlinearitäten in der Tabelle B-12 bzw. B-13 angehängt. Die Beziehungen zwischen den Wegen X_1 und X_2 werden im Bild 3-10 dargestellt.

Im Bild 3-10 ist festzustellen, dass die geometrische Nichtlinearität das Systemverhalten sehr wenig beeinflusst, während das Übersetzungsverhältnis bei variabler Kompressibilität der Flüssigkeit relativ dazu nichtlinear ist. Aber dieses nichtlineare Verhalten kann mit einer Vorspannung verbessert werden. Beispielsweise, wenn $F_2=100N$ ist, wird die Beziehung zwischen den Wegen X_1 und X_2 auch bei variabler Kompressibilität quasi linear (vgl.

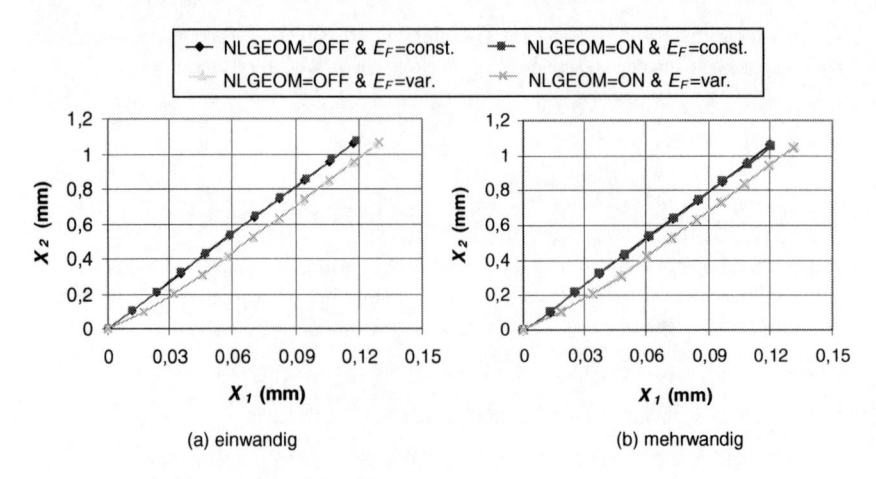

Bild 3-10: Kennlinien des WW-WVS unter Berücksichtigung der Nichtlinearitäten

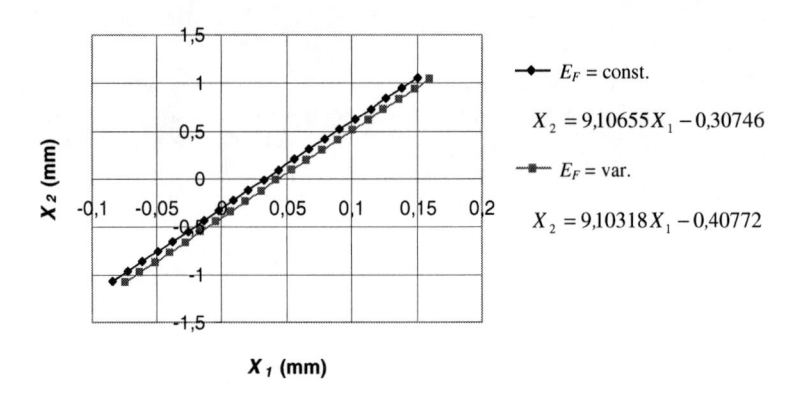

(a) einwandig   (b) mehrwandig

$$X_2 = 9{,}10655 X_1 - 0{,}30746$$

$$X_2 = 9{,}10318 X_1 - 0{,}40772$$

Bild 3-11: Kennlinie des mehrwandigen WW-WVS mit einer Vorspannung (F_2 =100N)

Bild 3-11). Der durchschnittliche Übersetzungsfaktor bei der variablen Kompressibilität ist fast gleich wie der bei der konstanten.

3.4 Modalanalyse und harmonische Antwort des einwandigen WW-WVS

Für das einwandige WW-WVS sind eine Modalanalyse und Berechnungen der harmonischen Antwort durchzuführen. Dabei soll die Kompressibilität der Flüssigkeit als Konstante betrachtet werden, so dass das System linear reagiert.

3.4.1 Modalanalyse

Für die Modalanalyse des WW-WVS ist das FLUID29 günstiger als das FLUID79 zu nutzen. Bild 3-12 stellt die Ergebnisse der Modalanalyse für das einwandige WW-WVS mit der

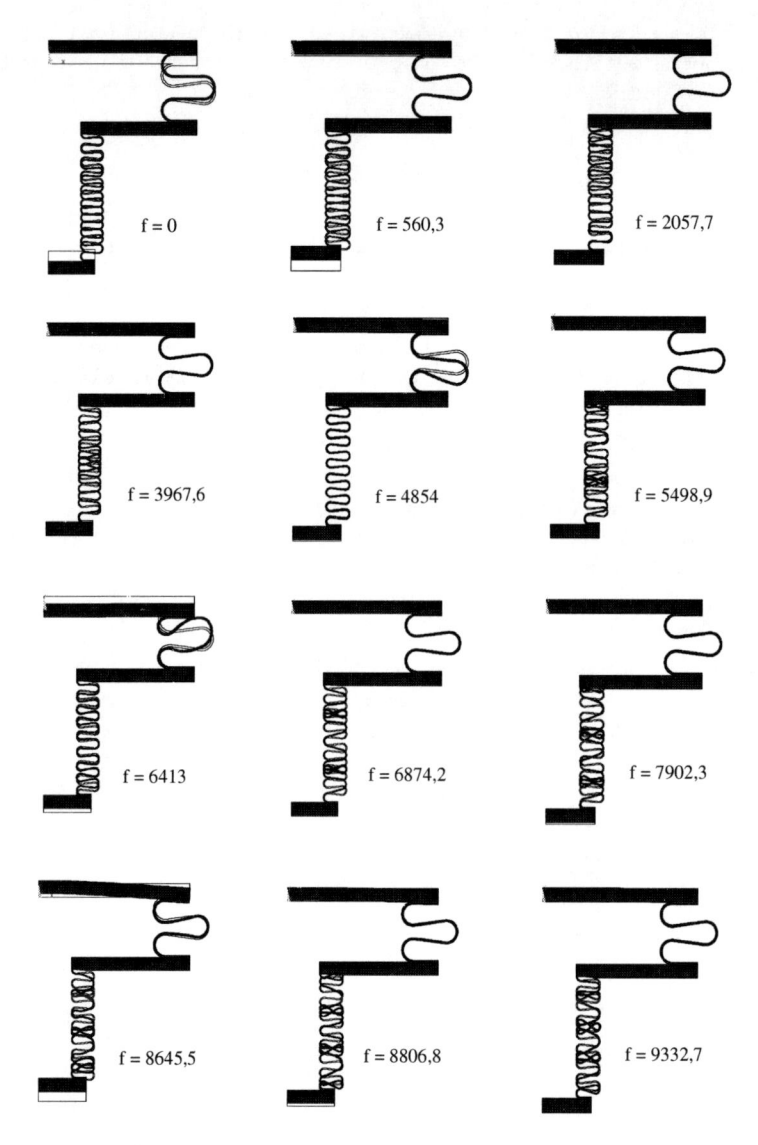

Bild 3-12: Schwingungsformen des einwandigen WW-WVS (f=Hz)

eingeschlossenen Flüssigkeit dar. Die Eigenfrequenzen des Systems liegen ziemlich dicht zusammen. Bei den ersten zwei Eigenfrequenzen ist die Verformung des Balges gleichmäßig, und bei den höheren Eigenfrequenzen hat der Balg oft ungleichmäßige Verformungen.

Es gibt eine Null-Eigenfrequenz, bei der sich die beiden Kreisplatten des Systems nach entgegengesetzten Richtungen bewegen. D.h., die Bewegungen der beiden Kreisplatten haben einen Phasenunterschied von 180 Grad. Diese Null-Eigenfrequenz ist durch die Kompressibilität der Flüssigkeit verursacht. Sie hat keine Bedeutung für das dynamische Verhalten des Systems.

3.4.2 Dämpfung für die dynamische Berechnung

Für die dynamischen Berechnungen ist die Dämpfung des Systems zu berücksichtigen. Im WW-WVS existieren drei Dämpfungsphänomene: die Dämpfung infolge der Viskosität der Flüssigkeit, die Strukturdämpfung innerhalb des Festkörpers und die Kontaktflächendämpfung zwischen den Wänden des mehrwandigen WW-WVS.

Die Dämpfung infolge der Viskosität der Flüssigkeit kann mit dem Element FLUID79 dadurch berücksichtigt werden, dass eine Dämpfungsmatrix des Elements in Bezug auf die Viskosität berechnet wird. Wenn das Element FLUID29 benutzt wird, kann diese Dämpfung nicht einbezogen werden.

Die Kontaktflächendämpfung entsteht aus Reibungserscheinungen infolge von Relativbewegungen zwischen zwei Wänden eines Balges. Das Kontaktelement von ANSYS kann diese Dämpfung mit einer elastischen bzw. starren Coulomb-Reibung einbeziehen (s. ANSYS 1994, Vol. IV). Durch die Berechnungen des mehrwandigen WW-WVS mit verschiedenen Werten des Reibungskoeffizienten wurde bewiesen, dass diese Dämpfung kaum Einfluss auf das Systemverhalten hat, weil die Relativbewegung sehr klein ist.

Die Strukturdämpfung ist in der Praxis schwer zu bestimmen. Im allgemeinen kann die Dämpfungsmatrix $\underline{C}$ nicht aus Element-Dämpfungsmatrizen in der Weise wie die Massen- und Steifigkeitsmatrix einer Elementgruppierung konstruiert werden, mit der Dämpfungsmatrix soll vielmehr der gesamte Energieverlust während der Antwort des Systems näherungsweise erfasst werden (Bathe 1982). Oft kann Rayleighsche Dämpfung angenommen werden, die die Form

$$\underline{C} = \alpha \underline{M} + \beta \underline{K} \tag{3-24}$$

hat; dabei stellen $\underline{M}$ und $\underline{K}$ die Massen- und Steifigkeitsmatrix dar, während α und β Konstanten sind. Die Dämpfungskonstanten α und β haben einen Zusammenhang mit dem Lehrschen Dämpfungsmaß ξ_i. Für die Eigenfrequenz ω_i gilt

$$\xi_i = \alpha / 2\omega_i + \beta \omega_i / 2. \tag{3-25}$$

Zur Ermittlung der Werte von α und β wird oft angenommen, dass die Summe der α- und β-Glieder der Gleichung (3-25) in einem Frequenzbereich fast konstant bleibt. Somit ergeben sich zwei Gleichungen (3-26) und (3-27) für einen bestimmten Frequenzbereich von ω_1 bis ω_2 (Bathe 1982):

$$\xi = \alpha / 2\omega_1 + \beta \omega_1 / 2, \tag{3-26}$$
$$\xi = \alpha / 2\omega_2 + \beta \omega_2 / 2. \tag{3-27}$$

Wenn ω_1 und ω_2 die zweite und dritte Eigenfrequenz des Systems sind und für ξ der Wert 0,02 angenommen wird, werden $\alpha = 110{,}68 \text{ s}^{-1}$ und $\beta = 2{,}4317 \cdot 10^{-6}$ s ermittelt. Diese Werte sind dann für die dynamischen Berechnungen des WW-WVS zu nutzen.

3.4.3 Harmonische Antworten

Um den Einfluss der verschiedenen Eigenfrequenzen auf das dynamische Verhalten des Systems zu untersuchen, besonders für die Reduktionen des FE-Modells, wurden harmonische Berechnungen für das einwandige WW-WVS in großer Zahl durchgeführt. Bei den harmonischen Analysen ist das Flüssigkeitsteil des WW-WVS mit dem Element FLUID29 bzw. FLUID79 vernetzt worden. In den beiden Fällen wurde die Strukturdämpfung des Festkörperteils berücksichtigt.

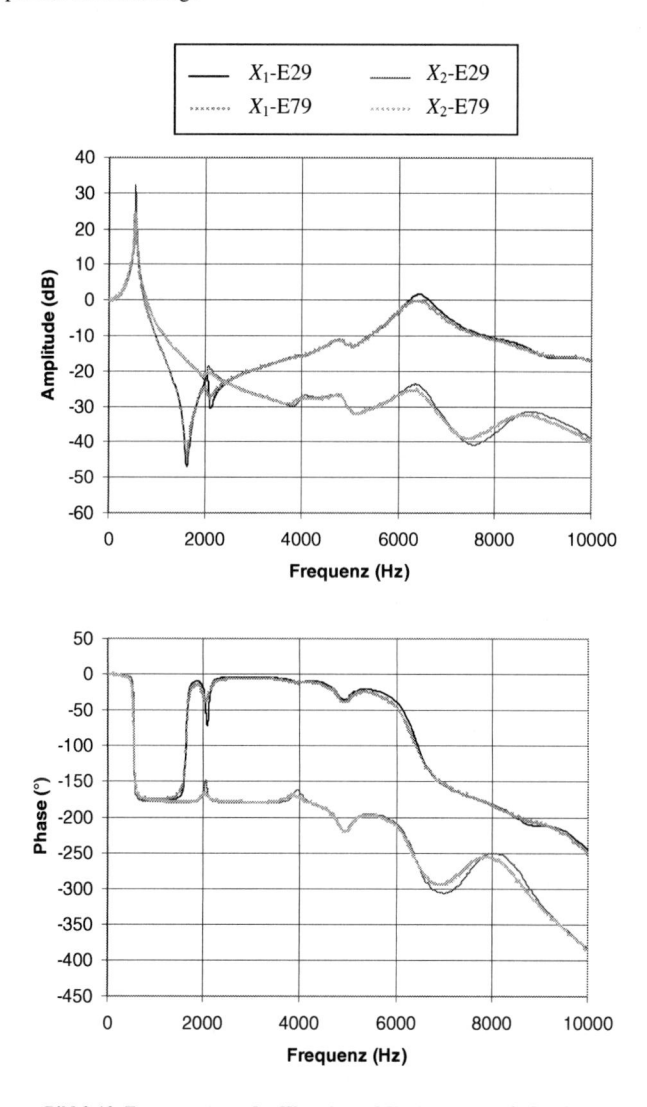

Bild 3-13: Frequenzgänge der Wege X_1 und X_2 (Anregung mit der Kraft F_1)

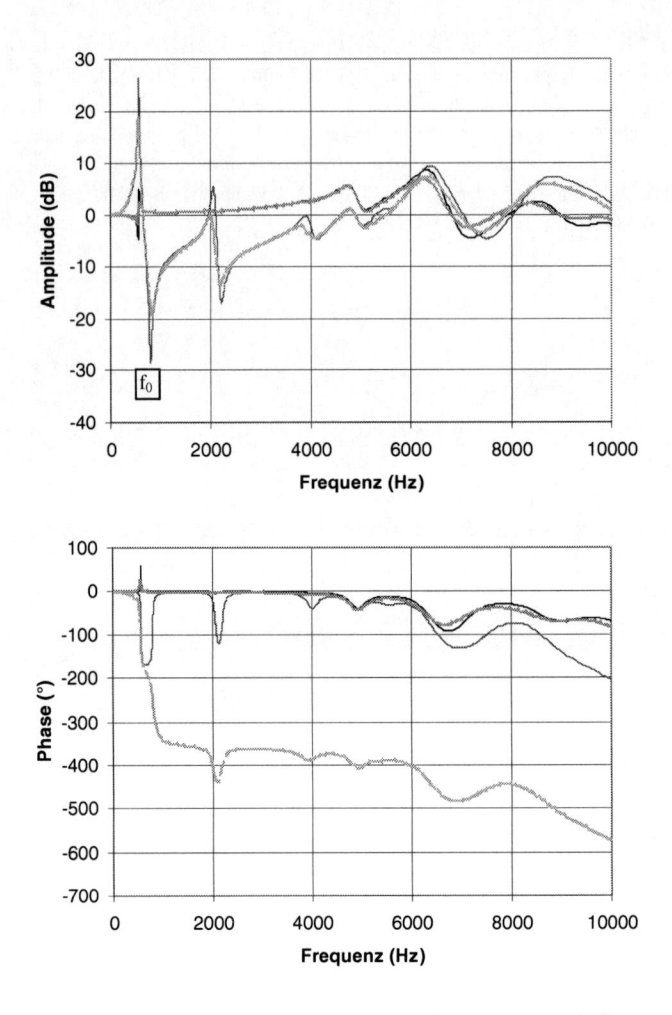

Bild 3-14: Frequenzgänge der Drücke p_1 und p_2 (Anregung mit der Kraft F_1)

Zur harmonischen Analyse ist eine gleichmäßig verteilte Flächenkraft auf der großen oder kleinen Kreisplatte, die sich mit der harmonischen Periode verändert, als Anregung vorzugeben. Die Amplitude der Flächenkraft bleibt konstant, während für die Frequenz der Flächenkraft verschiedene Werte angenommen werden. Im Frequenzbereich von 0 bis 10000Hz wurden die harmonischen Antworten des WW-WVS bei der Anwendung von FLUID29 bzw. FLUID79 sowie bei verschiedenen Werten der Kompressibilität der Flüssigkeit berechnet. Hier werden nur die Frequenzgänge der Wege X_1, X_2 und der Drücke p_1, p_2 bei der Anregung mit der Antriebskraft F_1 und beim Kompressionsmodul von 1668,61MPa in den Bildern 3-13 und 3-14 dargestellt, während die Frequenzgänge mit anderen Werten der Kompressibilität und bei der Anregung mit der Abtriebskraft F_2 dem Anhang C zu entnehmen sind. Die Definitionen der Wege X_1, X_2 und der Drücke p_1, p_2 sind im Bild 3-1 zu sehen. Die Amplituden von allen Größen wurden hier in dB ausgedrückt.

In den Bildern 3-13 und 3-14 ist zu sehen, dass die Dämpfung durch Viskosität einen großen Einfluss auf die Antworten in der Nähe der Spitzenfrequenzen hat. Nicht nur die Amplituden der Spitzen werden viel kleiner, sondern auch die Spitzenfrequenzen können von den Eigenfrequenzen abweichen. Auch wegen des Einflusses der Viskosität sind die Phasenverschiebungen des Drucks p_2 bei der Anwendung der zwei verschiedenen Fluidelemente sehr unterschiedlich (vgl. Bild 3-14). Bei der Anwendung von FLUID29 gibt es einen Faktor $[s^2+4\pi\xi_1 f_0 s+(2\pi f_0)^2]$ im Zähler der Übertragungsfunktion $p_2(s)/F_1(s)$, während der entsprechende Faktor bei der Anwendung von FLUID79 $[s^2-4\pi\xi_2 f_0 s+(2\pi f_0)^2]$ ist. Dabei enthält ξ_1 nur die Strukturdämpfung bei der Frequenz f_0, während ξ_2 noch von der Viskosität der Flüssigkeit abhängig ist. Außerdem werden die Amplituden der Wege hauptsächlich nur von der ersten Eigenfrequenz (außer der Nulleigenfrequenz) entscheidend bestimmt, während die Amplituden der Drücke bei einigen höheren Eigenfrequenzen auch noch sehr groß sind, sogar größer als die bei der ersten Eigenfrequenz.

3.5 Transiente Antworten des WW-WVS

Modalanalyse und harmonische Analyse konnten oben nur für das einwandige WW-WVS mit konstanter Kompressibilität durchgeführt werden. Für den Vergleich des dynamischen Verhaltens zwischen dem einwandigen und mehrwandigen WW-WVS oder mit und ohne Berücksichtigung der variablen Kompressibilität sind transiente Analysen durchzuführen.

Die transienten Antworten des einwandigen WW-WVS bei konstanter Kompressibilität wurden zuerst berechnet. Eine Sprungänderung der Kraft F_1 von 200N wurde als Anregung vorgegeben. Die Antworten des Systems wurden bei der Anwendung von Element FLUID29 bzw. FLUID79 und mit Berücksichtigung der Dämpfung der Struktur berechnet. Bei den im Bild 3-15 dargestellten Berechnungsergebnissen ist festzustellen, dass die Antworten bei der Anwendung von FLUID79 schneller als die bei der Anwendung von FLUID29 abgefallen sind, weil die Viskosität der Flüssigkeit nur in FLUID79 berücksichtigt wird. Die Antworten von Wegen werden hauptsächlich nur von der Grundeigenfrequenz (der ersten Eigenfrequenz) entschieden, während die Antworten der Drücke auch bei einigen höheren Eigenfrequenzen auftreten (wie im Abschnitt 3.4.3). Außerdem hat das FE-Modell mit FLUID79 eine etwas kleinere Grundeigenfrequenz als das Modell mit FLUID29.

Dann wurden die gleichen Berechnungen für das mehrwandige WW-WVS ausgeführt. Zur transienten Analyse des mehrwandigen WW-WVS wird viel mehr Rechenzeit gebraucht. Dabei muss noch die Kontaktsteifigkeit zwischen zwei Wänden des Balges richtig angenommen werden, um eine konvergente Lösung zu erreichen. Die Sprungantworten des mehrwandigen WW-WVS werden im Bild 3-16 dargestellt. Im Vergleich mit den Sprungantworten des einwandigen WW-WVS ist ihre Grundschwingungsfrequenz kleiner (vgl. Bild 3-17). Das liegt daran, dass die Bälge des mehrwandigen WW-WVS größere Wanddicken und damit größere Massen haben.

Die obigen Berechnungen sind bei konstanter Kompressibilität ausgeführt worden. Nach dem im Abschnitt 3.2.3 beschriebenen Algorithmus wurden die Sprungantworten des WW-WVS auch bei variabler Kompressibilität berechnet. Die Berechnungsergebnisse für das ein- bzw. mehrwandige WW-WVS werden im Bild 3-18 bzw. Bild 3-19 dargestellt. Diese sind mit den entsprechenden Antworten bei konstanter Kompressibilität zu vergleichen. Die Variation der Kompressibilität hat kaum Einfluss auf die Dynamik der Wegantworten, nur die Antwort des Weges X_2 hat eine kleine Totzeit am Anfang. Die stationären Werte der Wege bei konstanter und variabler Kompressibilität sind unterschiedlich (wie im Abschnitt 3.3.5). Die Antworten der Drücke werden sowohl statisch als auch dynamisch von der variablen Kompressibilität beeinflusst. Besonders am Anfang schwingen die Drücke sehr stark, weil die Presszahl der Flüssigkeit bei niedrigen Drücken sehr groß und die Steifigkeit dagegen sehr klein ist. Um den Einfluss der Variation der Kompressibilität zu verringern, sollte eine Vorspannung auf das WW-WVS gegeben werden.

Durch den Vergleich der Ergebnisse der transienten Berechnungen für das einwandige bzw. mehrwandige WW-WVS ist festzustellen, dass beide Systeme bei den gegebenen Strukturparametern vergleichbares Verhalten zeigen. Das heißt, dass die Untersuchungen für das einwandige WW-WVS auch bedeutungsvoll für das mehrwandige sind. Aber für das einwandige WW-WVS können vielseitigere Analysen schneller durchgeführt werden. Somit kann die Entwicklung eines WW-WVS effizienter und schneller werden.

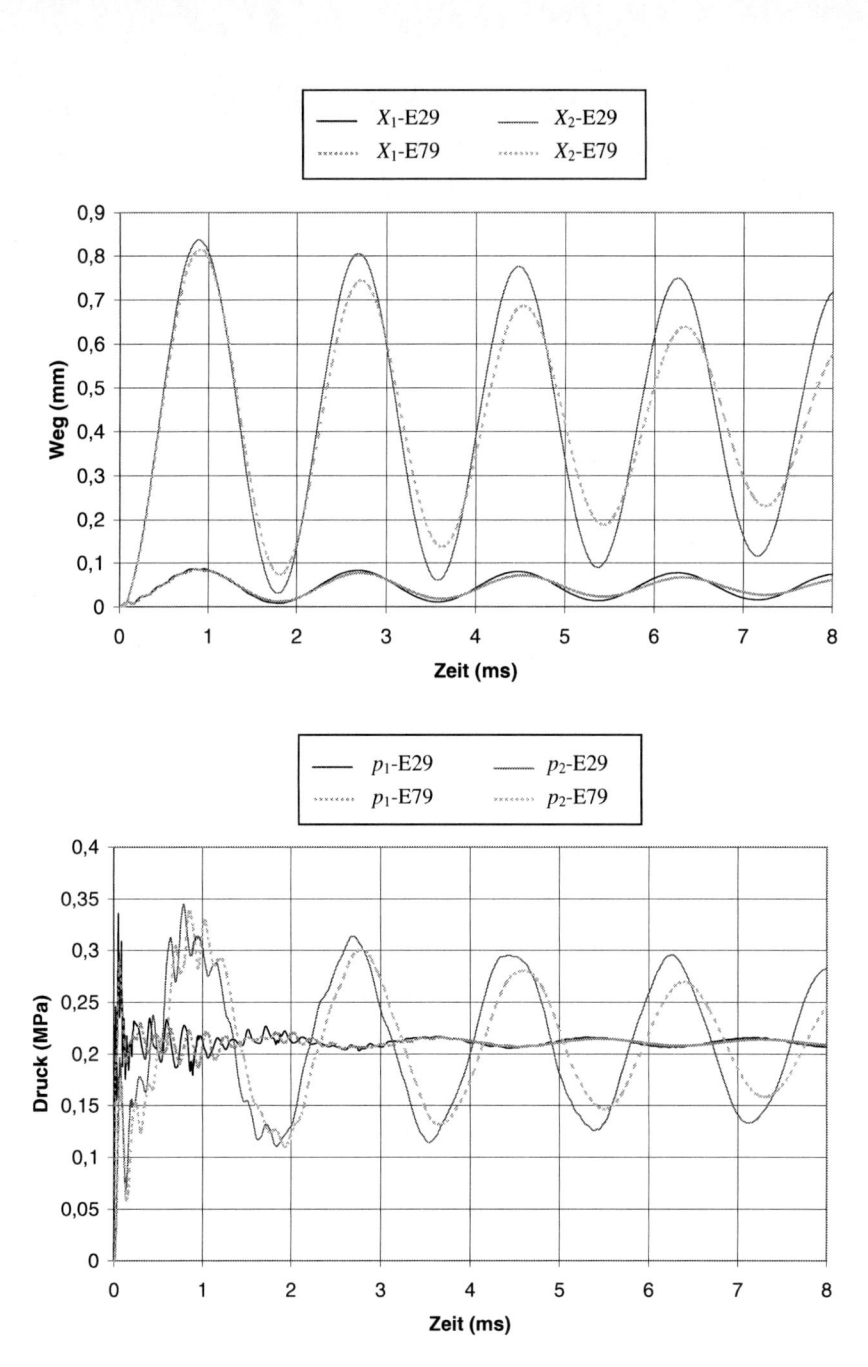

Bild 3-15: Sprungantworten des einwandigen WW-WVS bei konstanter Kompressibilität

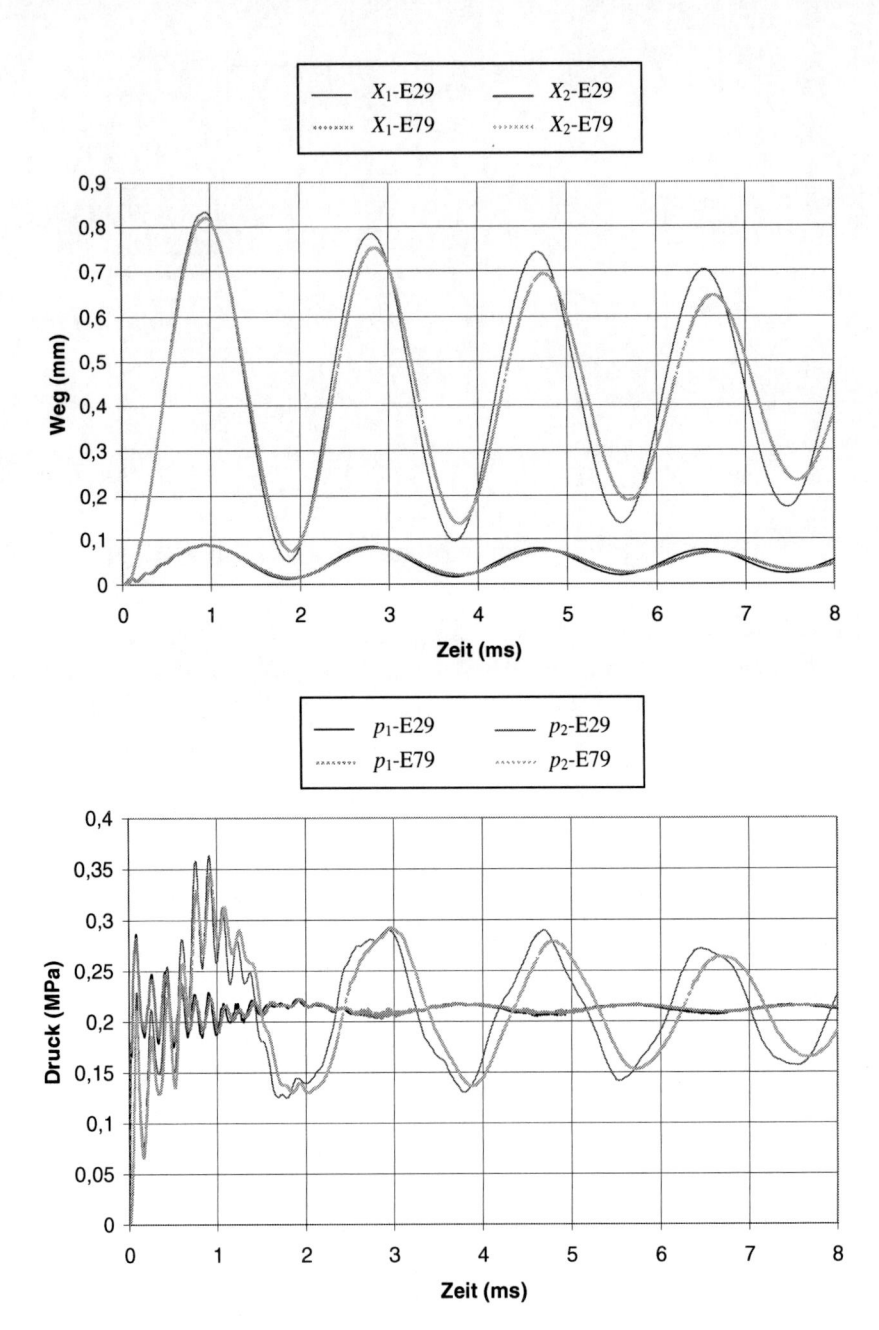

Bild 3-16: Sprungantworten des mehrwandigen WW-WVS bei konstanter Kompressibilität

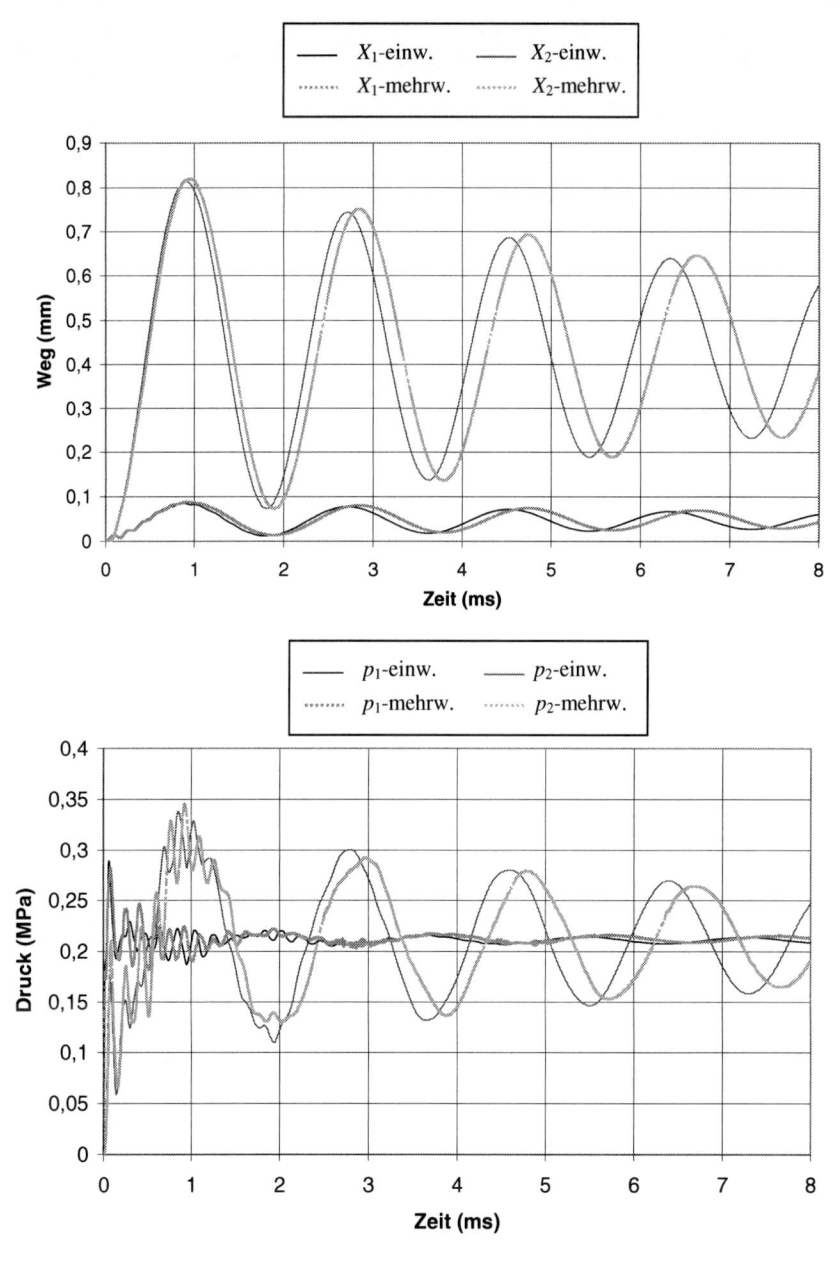

Bild 3-17: Vergleich der Sprungantworten zwischen dem einwandigen und mehrwandigen WW-WVS (mit FLUID79 und β_p=konst.)

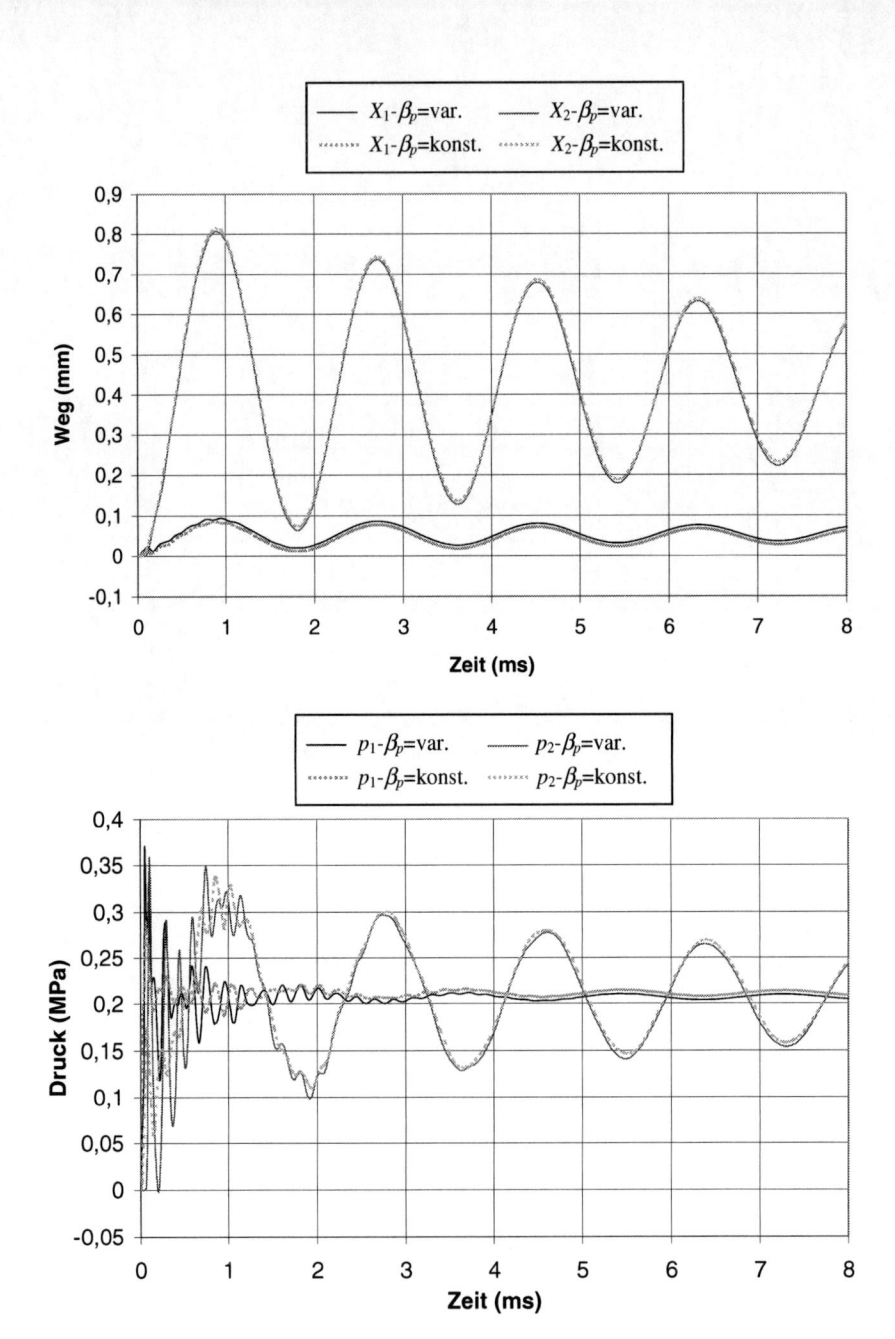

Bild 3-18: Vergleich der Sprungantworten des einwandigen WW-WVS bei konstanter und variabler Kompressibilität

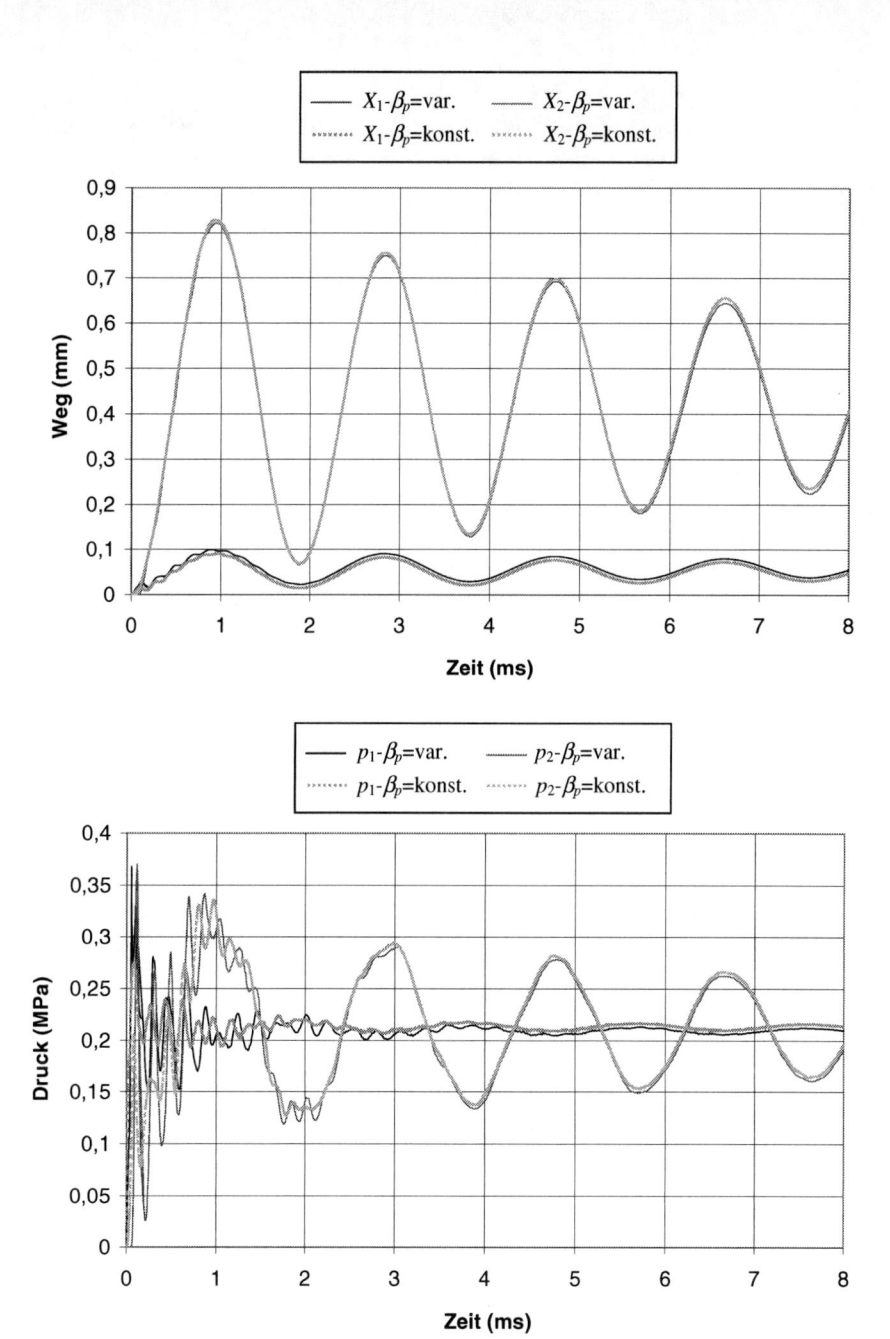

Bild 3-19: Vergleich der Sprungantworten des mehrwandigen WW-WVS bei konstanter und variabler Kompressibilität

4 Reduktion des linearen FE-Modells des WW-WVS

Das FE-Modell eines Systems ist ein Rechenmodell, mit dem das Problemgebiet in einzelne endliche Teile, d.h. finite Elemente, zerlegt wird und in denen dann numerische Werte der unbekannten Variablen bestimmt werden. Um eine genügende Genauigkeit zu erreichen, muss das Problemgebiet relativ fein vernetzt werden, so dass die Freiheitsgrade des FE-Modells oft sehr groß sind. Bei dem FE-Modell des WW-WVS handelt es sich um ein komplexes Problem mit der Fluid-Struktur-Interaktion (FSI). Zur Vernetzung des mehrwandigen WW-WVS werden z.b. 6885 Strukturelemente PLANE42, 13068 Fluidelemente FLUID79 und 2102 Kontaktelemente Kontakt48 genutzt (s. Abschnitt 3.2.2).

Die große Anzahl der Freiheitsgrade eines FE-Modells bedeutet eine hohe Ordnung des Systems. Das führt nicht nur zur zeitaufwendigen Simulation, sondern auch auf Schwierigkeiten der Reglerentwürfe oder der Weiterverarbeitung solcher Systemmodelle. Deshalb ist oft eine Reduktion des Modells erforderlich.

Obwohl die Freiheitsgrade eines FE-Modells im allgemeinen sehr groß sind, interessiert man sich aber nur für wenige davon, die zur Beschreibung des Systemsverhaltens eine entscheidende Bedeutung haben. Meistens ist man nur interessiert an den Beziehungen zwischen Ein- und Ausgangsgrößen. Von einem FE-Modell wird ein reduziertes Modell abgeleitet. Das reduzierte Modell muss die statischen und dynamischen Zusammenhänge zwischen ausgewählten Ein- und Ausgangsgrößen hinreichend genau beschreiben. D.h., sein Verhalten muss die FE-Simulationsergebnisse widerspiegeln.

In diesem Kapitel wird eine Reduktion des linearen FE-Modells vom WW-WVS durchgeführt, während die Modellreduktion unter Berücksichtigung der Nichtlinearität (variable Kompressibilität der Flüssigkeit) in den nächsten zwei Kapiteln vorgestellt werden.

4.1 Grundidee – Identifikationsverfahren

Weil die Systemmatrizen des FE-Modells unter der ANSYS-Umgebung nicht einfach verfügbar sind, können die Reduktionsverfahren, die auf einem vorgegebenen mathematischen Modell des Originalsystems (Bewegungsgleichung oder Zustandsraumgleichung) basieren, schwer verwendet werden. Deswegen wird das Identifikationsverfahren zur Reduktion des FE-Modells vom WW-WVS benutzt.

Anders als bei der Identifikation mit gemessenen Daten, wobei die Messfehler (Messstörungen) unvermeidbar existieren, muss keine Störung bei den mit FEM simulierten Datensätzen berücksichtigt werden, weil FE-Simulationen exakte Reproduzierbarkeit besitzen. D.h., eine Simulation kann unter gleichen Bedingungen vielmals durchgeführt werden und ergibt immer gleiche Ergebnisse.

Für eine Identifikation sind zusammengehörige Datensätze oder Messungen der Ein- und Ausgangsgrößen (zeitliche Verläufe oder Frequenzgänge) eines dynamischen Systems gegeben. Gesucht sind die Struktur und/oder die Parameter eines geeigneten mathematischen Modells.

Die Modellstruktur ist oft bekannt anhand der a priori Informationen, die aus den physikalischen Eigenschaften des realen Systems gewonnen werden können. Sie hat z.B. im Zustandsraum die Form:

$$\underline{\dot{x}}(t) = \underline{f}(\underline{x}(t),\underline{u}(t),\underline{\theta}),\qquad(4\text{-}1)$$

$$\underline{y}(t) = \underline{h}(\underline{x}(t),\underline{u}(t),\underline{\theta}).\qquad(4\text{-}2)$$

Dabei enthält der Parametervektor $\underline{\theta}$ die unbekannten Systemparameter. Ein solches Modell wird „Tailor-made model" (Ljung und Glad 1994) genannt. Bei der unbekannten Modellstruktur kann man das sogenannte „ready-made model" oder „black-box model" nutzen. In diesem Fall braucht man nur eine Modellordnung vorzugeben. Beispielsweise ist das ARMAX-Modell ein solches Modell für lineare Systeme. Deshalb kann das allgemeine Identifikationsproblem in das Parameteridentifikationsproblem eingeordnet werden.

Die Identifikation zeitinvarianter Systeme besteht prinzipiell in der Lösung des im Bild 4-1 dargestellten numerischen Problems.

Datensätze:	Modellstruktur	Parameterschätzung	Parametervektor
$\underline{u}(t_k)$, $\underline{y}(t_k)$ oder $\underline{U}(\Omega_k)$, $\underline{Y}(\Omega_k)$	$\underline{\dot{x}}(t) = \underline{f}(\underline{x}(t),\underline{u}(t),\underline{\theta})$ $\underline{y}(t) = \underline{h}(\underline{x}(t),\underline{u}(t),\underline{\theta})$ oder $\underline{G}(\Omega,\underline{\theta})$	Identifikations- Algorithmus	$\underline{\dot{x}}(t) = \underline{f}(\underline{x}(t),\underline{u}(t))$ $\underline{y}(t) = \underline{h}(\underline{x}(t),\underline{u}(t))$ oder $\underline{G}(\Omega)$

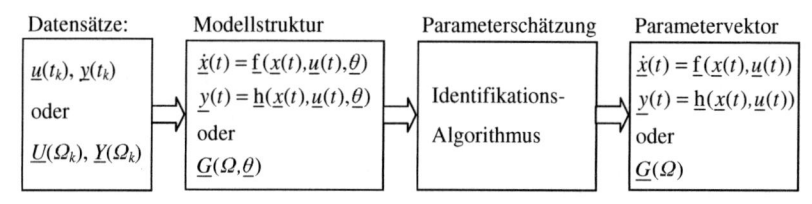

Bild 4-1: Numerisches Problem der Identifikation

Im oberen Teil von Bild 4-1 wird das Identifikationsverfahren im Zeitbereich dargestellt, unten im Frequenzbereich. Im Frequenzbereich kann nur ein lineares System identifiziert werden und das System wird durch seine Übertragungsfunktionen oder -Matrix $\underline{G}(\Omega)$ bezeichnet, mit Ω ω $2\pi f$ in der Laplace-Domäne oder $\Omega = z^{-1} = \exp(-j\omega T_s)$ mit der Abtastzeit T_s in der z-Domäne. Gegeben sind die gemessenen oder mit FEM simulierten Zeitreihen $\underline{u}(t_k)$, $\underline{y}(t_k)$ der Ein- bzw. Ausgangsvariablen des Systems zu den Zeitpunkten t_k, bzw. komplexen Amplituden $\underline{U}(\Omega_k)$, $\underline{Y}(\Omega_k)$ zu den Kreisfrequenzen ω_k, $k=1,\cdots,n$. Gesucht ist der Parametervektor $\underline{\theta}$.

Die Parameter sind so zu ermitteln, dass das mathematische (reduzierte) Modell sowohl das statische als auch das dynamische Verhalten des realen Systems möglichst genau beschreibt. Dieses erfordert eine kritische Prüfung der Modellqualität. Dazu definiert man eine Fehlerfunktion (Ausgangsfehler, Eingangsfehler oder verallgemeinerter Gleichungsfehler). Aus Gründen der einfacheren Beschreibung werden im allgemeinen diejenigen Fehlerfunktionen bevorzugt, die linear von den Modellparametern abhängen. Man verwendet deshalb die Ausgangsfehler z.B. im Zusammenhang mit Gewichtsfunktionsmodellen und den verallgemeinerten Gleichungsfehler für Differential-/Differenzen- oder Übertragungsfunktionsmodelle. Dann kann das Parameteridentifikationsproblem als Optimierungsproblem im Sinne einer Minimierung der Fehlerfunktion formuliert werden. Das ist gleich wie bei vielen Ordnungsreduktionsverfahren.

Es gibt heutzutage viel Identifikationssoftware. Die weit verbreiteten Pakete sind MathWorks System-Identification-Toolbox (SITB) für Zeitbereichidentifikationen und Frequency-

Domain-System-Identification-Toolbox (FD-SITB) für Frequenzbereichidentifikationen. Die beiden Werkzeugkästen funktionieren unter MATLAB. Weil das Frequenzbereichsverfahren für die Reduktion des linearen FE-Modells vom WW-WVS besser geeignet ist (einfachere Datenerfassung und Modelldarstellung), wird auf Details der Identifikation im Zeitbereich nicht mehr weiter eingegangen. Dafür sei auf die einschlägige Literatur (Ljung 1987; Möller 1992 und Ljung 1995) verwiesen.

Für ein lineares System kann der Zusammenhang zwischen Ein- und Ausgangsgrößen durch eine Übertragungsmatrix $\underline{G}$ dargestellt werden:

$$\begin{bmatrix} Y_1(s) \\ Y_2(s) \\ \vdots \\ Y_q(s) \end{bmatrix} = \begin{bmatrix} G_{11}(s) & G_{12}(s) & \cdots & G_{1p}(s) \\ G_{21}(s) & G_{22}(s) & \cdots & G_{2p}(s) \\ \vdots & \vdots & \vdots & \vdots \\ G_{q1}(s) & G_{q2}(s) & \cdots & G_{qp}(s) \end{bmatrix} \begin{bmatrix} U_1(s) \\ U_2(s) \\ \vdots \\ U_p(s) \end{bmatrix} \quad (4\text{-}3)$$

oder in der einfacheren Schreibweise:

$$\underline{y} = \underline{G}\underline{u}. \quad (4\text{-}4)$$

Dabei stellt das Element $G_{ij}(s)$ die komplexe Übertragungsfunktion von der j-ten Eingangsgröße u_j zur i-ten Ausgangsgröße y_i dar.

Die komplexen Amplituden der Ein- und Ausgangsgrößen zu den Kreisfrequenzen ω_k, $k=1,\cdots,n$, können durch die harmonische Analyse mit einem linearen FE-Modell unproblematisch ermittelt werden. Eine Reduktion des linearen FE-Modells lässt sich dann dadurch verwirklichen, dass die Übertragungsmatrix oder alle Übertragungsfunktionen zwischen Ein- und Ausgangsgrößen aus den FE-Ergebnissen der harmonischen Analyse identifiziert werden. Dabei wird die Genauigkeit des reduzierten Modells oder die Übereinstimmung der von den Übertragungsfunktionen beschriebenen Systemverhalten mit den entsprechenden FE-Simulationsergebnissen durch das Identifikationsverfahren (die Optimierung der Parameterschätzung) meistens sichergestellt. Trotzdem muss der Stationärgenauigkeit des reduzierten Modells Beachtung geschenkt werden, wie bei der Reduktion des FE-Modells vom WW-WVS im nächsten Abschnitt gezeigt wird.

Für Details des Identifikationsverfahrens im Frequenzbereich sei auf die Literatur (Kollár 1994; Schoukens und Pintelon 1991) verwiesen.

4.2 Identifikation der Übertragungsfunktionen des WW-WVS

Die Eingangsgrößen des WW-WVS sind die Kräfte F_1 und F_2, während die Ausgangsgrößen die Axialwege X_1, X_2 der großen bzw. kleinen Kreisplatte und der Druck p in der Flüssigkeit sind (vg. Bild 3-1). Die Wege X_1 und X_2 bestimmen unmittelbar den Übersetzungsfaktor des Wegvergrößerungssystems. Der Druck muss als eine kritische Größe betrachtet werden, weil zu großer Druck zur Zerstörung des WW-WVS führen kann. Es muss immer beobachtet werden, ob der maximale Druck im sicheren Arbeitsbereich liegt. Im dynamischen Fall ist der Druck in verschiedenen Punkten in der Flüssigkeit nicht gleich. Der Punkt, wo der Druck einen maximalen Wert hat, ändert sich, aber nur zwei Punkte auf der An- und Abtriebsseite (vgl. Bild 3-1) sind mit großem Interesse zu verfolgen. Denn von den Drücken p_1 und p_2 hängen die Wege X_1 und X_2 ab.

Das WW-WVS lässt sich dann mit zwei Eingangsgrößen F_1, F_2 und vier Ausgangsgrößen X_1, X_2, p_1, p_2 charakterisieren, d.h.,

$$\underline{u} = \begin{bmatrix} u_1 \\ u_2 \end{bmatrix} = \begin{bmatrix} F_1 \\ F_2 \end{bmatrix}, \qquad \underline{y} = \begin{bmatrix} y_1 \\ y_2 \\ y_3 \\ y_4 \end{bmatrix} = \begin{bmatrix} X_1 \\ X_2 \\ p_1 \\ p_2 \end{bmatrix}. \qquad (4\text{-}5)$$

Der Zusammenhang zwischen diesen Aus- und Eingangsgrößen ist:

$$\begin{bmatrix} X_1(s) \\ X_2(s) \\ p_1(s) \\ p_2(s) \end{bmatrix} = \begin{bmatrix} G_{11}(s) & G_{12}(s) \\ G_{21}(s) & G_{22}(s) \\ H_{11}(s) & H_{12}(s) \\ H_{21}(s) & H_{22}(s) \end{bmatrix} \begin{bmatrix} F_1(s) \\ F_2(s) \end{bmatrix}. \qquad (4\text{-}6)$$

Die Aufgabe zur Reduktion des linearen FE-Modells vom WW-WVS erfolgt so: die Übertragungsfunktionen zwischen den Ein- und Ausgangsgrößen in der Gleichung (4-6) sind zu identifizieren, dabei muss das von den Übertragungsfunktionen beschriebene Systemverhalten möglichst gut oder mit genügender Genauigkeit mit den entsprechenden FE-Simulationsergebnissen übereinstimmen. Diese Genauigkeit wird durch die Parameterschätzverfahren des angewendeten Identifikationsverfahrens und die vorgegebenen Ordnungen des reduzierten (identifizierten) Modells (Ordnungen des Zählers und Nenners einer Übertragungsfunktion) bestimmt.

Die Übertragungsfunktionen in der Gleichung (4-6) werden einzeln identifiziert. Dabei ist zu beachten:

- Die Ordnung des Zählers und des Nenners der Übertragungsfunktion $G_{ij}(s)$ und $H_{ij}(s)$ ist anhand der Form des simulierten Frequenzgangs vorzugeben. Man kann verschiedene Ordnungszahlen ausprobieren, bis ein zufriedenstellendes Ergebnis erhalten wird. Manchmal kann man dieses nur mit einer Ordnung erreichen, welche höher als die Ordnung ist, die aus der Form des Frequenzgangs geschätzt wurde. Dann muss man das erhaltene Ergebnis noch einmal bearbeiten, z.B. diejenigen Nullstellen bzw. Pole weglassen, die im simulierten Frequenzgang nicht dominant sind.

- Die Stationärgenauigkeit kann im allgemeinen nicht exakt gewährleistet werden, wenn alle Modellparameter in der Übertragungsfunktion nicht eingeschränkt sind. Für eine exakte Stationärgenauigkeit müssen die Koeffizienten des Terms s^0 im Zähler und Nenner nach dem statischen Verhalten des FE-Modells, nämlich nach den Gleichungen (3-6)-(3-8) für das WW-WVS, definiert werden.

Die Ergebnisse der Identifikationen von den Übertragungsfunktionen werden in den Bildern 4-2 und 4-3 bzw. mit den Gleichungen (4-7)-(4-14) dargestellt.

(a) $G_{11}(s)$ (b) $G_{12}(s)$

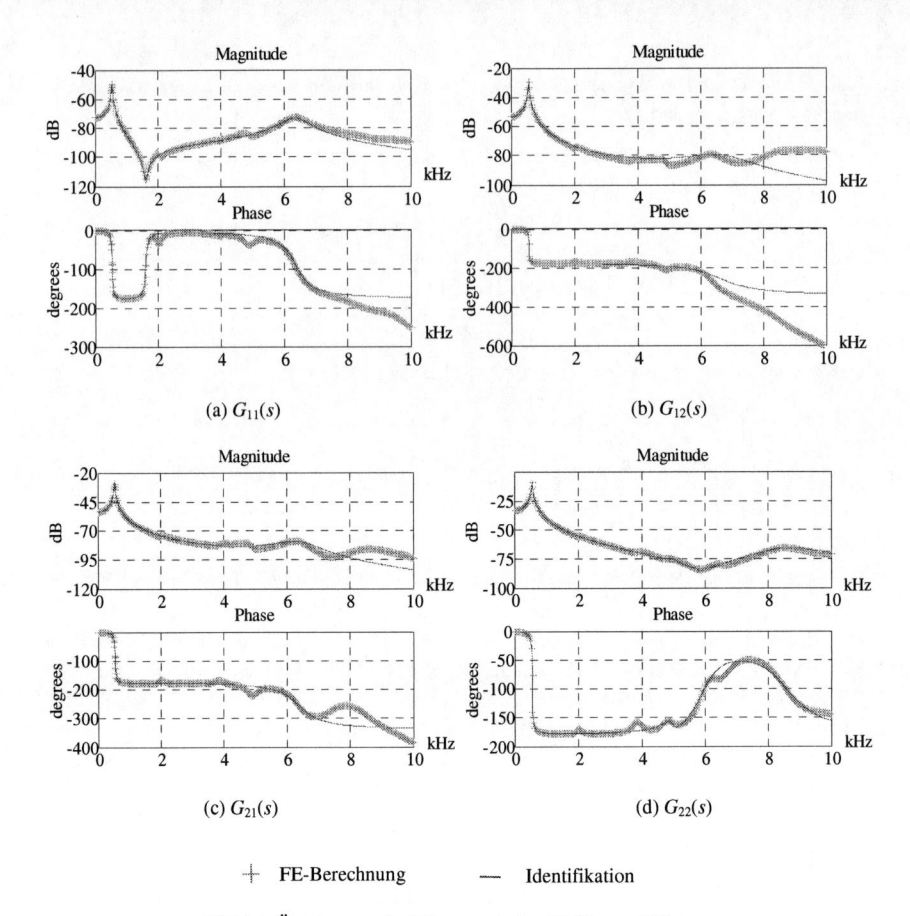

(c) $G_{21}(s)$ (d) $G_{22}(s)$

+ FE-Berechnung   —— Identifikation

Bild 4-2: Übertragungsfunktionen zwischen Kräften und Wegen

$$G_{11}(s) = \frac{4{,}337e^4 s^2 + 2{,}418e^7 s + 4{,}504e^{12}}{s^4 + 4739\,s^3 + 1{,}614e^9 s^2 + 4{,}044e^{11} s + 1{,}94e^{16}} \tag{4-7}$$

$$G_{12}(s) = -\frac{-1{,}891e^4 s^2 + 2{,}831e^8 s + 4{,}599e^{13}}{s^4 + 1{,}097e^4 s^3 + 1{,}783e^9 s^2 + 5{,}167e^{11} s + 2{,}142e^{16}} \tag{4-8}$$

$$G_{21}(s) = \frac{-4394 s^2 + 2{,}547e^8 s + 4{,}188e^{13}}{s^4 + 7261 s^3 + 1{,}637e^9 s^2 + 4{,}399e^{11} s + 1{,}967e^{16}} \tag{4-9}$$

$$G_{22}(s) = -\frac{5{,}754e^5 s^4 + 5{,}085e^9 s^3 + 1{,}371e^{15} s^2 + 5{,}553e^{18} s + 7{,}817e^{23}}{s^6 + 1{,}276e^4 s^5 + 3{,}959e^9 s^4 + 1{,}695e^{13} s^3 + 2{,}939e^{18} s^2 + 8{,}238e^{20} s + 3{,}498e^{25}}$$

(4-10)

$$H_{11}(s) = \frac{0.0004789 s^{10} + 14.65 s^9 + 6.286 e^6 s^8 + 1.227 e^{11} s^7 + 2.552 e^{16} s^6 + 2.925 e^{20} s^5 + 3.909 e^{25} s^4 + 2.018 e^{29} s^3 + 1.937 e^{34} s^2 + 6.53 e^{36} s + 2.223 e^{41}}{s^{10} + 3.169 e^4 s^9 + 9.753 e^9 s^8 2.004 e^{14} s^7 + 3.186 e^{19} s^6 + 3.833 e^{23} s^5 + 4.112 e^{28} s^4 + 2.247 e^{32} s^3 + 1.789 e^{37} s^2 + 6.358 e^{39} s + 2.106 e^{44}}$$

(4-11)

$$H_{12}(s) = \frac{-2.734 e^5 s^6 + 1.594 e^{11} s^5 + 9.153 e^{15} s^4 + 1.854 e^{20} s^3 + 8.92 e^{24} s^2 + 4.173 e^{27} s + 1.558 e^{32}}{s^8 + 7.014 e^4 s^7 + 9.139 e^9 s^6 + 2.965 e^{14} s^5 + 2.159 e^{19} s^4 + 2.355 e^{23} s^3 + 1.274 e^{28} s^2 + 5.496 e^{30} s + 1.508 e^{35}}$$

(4-12)

$$H_{21}(s) = \frac{4.353 e^{15} s^6 + 2.722 e^{19} s^5 + 1.011 e^{25} s^4 + 8.272 e^{27} s^3 + 1.923 e^{33} s^2 - 5.597 e^{35} s + 4.231 e^{40}}{s^{10} + 6.34 e^4 s^9 + 9.845 e^9 s^8 + 3.331 e^{14} s^7 + 2.815 e^{19} s^6 + 4.409 e^{23} s^5 + 2.551 e^{28} s^4 + 8.67 e^{31} s^3 + 3.628 e^{36} s^2 + 1.64 e^{39} s + 4.008 e^{43}}$$

(4-13)

$$H_{22}(s) = \frac{1008 s^8 + 5.228 e^7 s^7 + 1.171 e^{13} s^6 + 3.023 e^{17} s^5 + 3.255 e^{22} s^4 + 3.346 e^{26} s^3 + 1.637 e^{31} s^2 + 1.397 e^{34} s + 3.002 e^{37}}{s^9 + 3.492 e^5 s^8 + 1.674 e^{10} s^7 + 2.561 e^{15} s^6 + 5.818 e^{19} s^5 + 5.259 e^{24} s^4 + 4.791 e^{28} s^3 + 2.472 e^{33} s^2 + 1.073 e^{36} s + 2.906 e^{40}}$$

(4-14)

(a) $H_{11}(s)$

(b) $H_{12}(s)$

(c) $H_{21}(s)$

(d) $H_{22}(s)$

+ Fez-Berechnung   — Identifikation

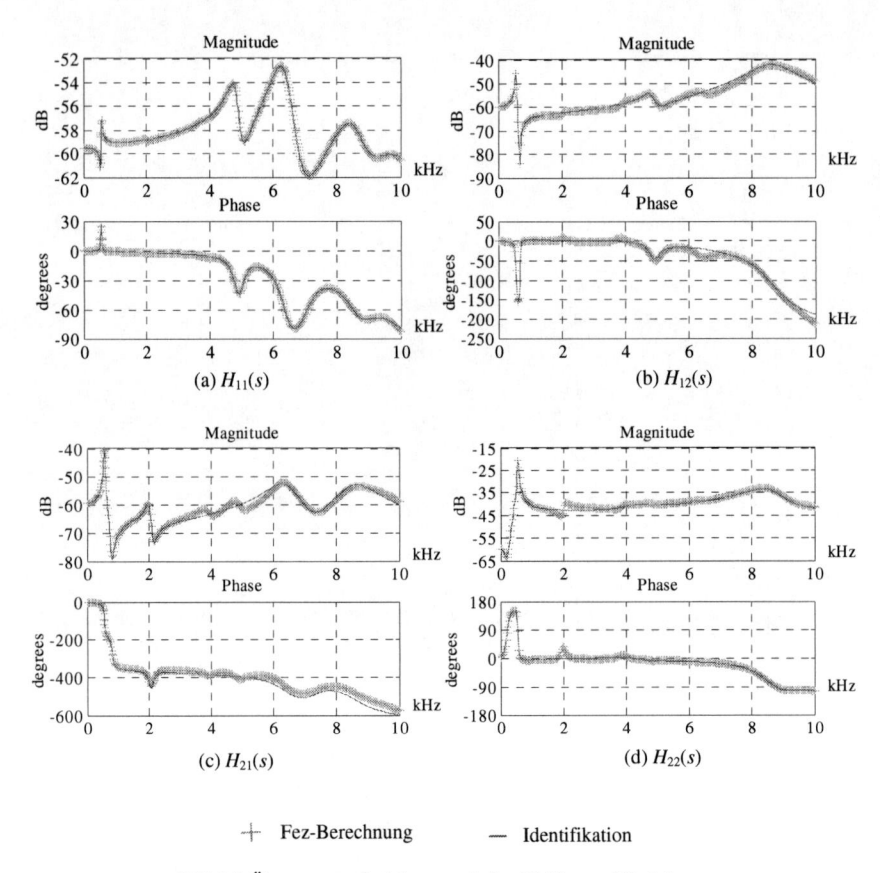

Bild 4-3: Übertragungsfunktionen zwischen Kräften und Drücken

4.3 Validierung des reduzierten Modells

Die Ergebnisse einer Identifikation müssen validiert werden, d.h., es ist zu prüfen, ob das identifizierte Modell akzeptiert werden kann oder wie gut die Modellqualität ist.

Die erste schnelle Überprüfung bei der Identifikation im Frequenzbereich ist der Vergleich der von den identifizierten Übertragungsfunktionen dargestellten Frequenzgänge mit den FE-simulierten bzw. den gemessenen. In den Bildern 4-2 und 4-3 ist zu sehen, dass die Frequenzgänge des WW-WVS aus den FE-Berechnungen und den identifizierten Übertragungsfunktionen in einem breiten Frequenzbereich (von 0 bis 10000Hz) sehr gut übereinstimmen. Die Eigenfrequenzen, wobei der Frequenzgang aus FE-Berechnungen eine schwache Schwingung hat oder die Amplitude vergleichsweise sehr klein ist, wurden im reduzierten Modell bzw. in der identifizierten Übertragungsfunktion vernachlässigt. Die identifizierten Übertragungsfunktionen der Wege X_1 und X_2 haben niedrigere Ordnungen als die Übertragungsfunktionen der Drücke p_1 und p_2, da die Frequenzgänge der Wege wenigere Schwingungen haben.

Der zweite Schritt ist die Kontrolle der Stabilität des identifizierten Modells. Das kann durch die Bestimmung der Pole der Übertragungsfunktion festgestellt werden. Bei der Identifikation mit FD-SITB ist schon im Identifikationsvorgang gemahnt worden, wenn unstabile Pole existieren. Wurde keine Mahnung gegeben, so sind die identifizierten Modelle sicher stabil.

Dann ist zu erkennen, ob das System übermodelliert oder untermodelliert ist. Eine Übermodellierung bedeutet eine zu hohe Ordnung, während bei einer Untermodellierung eine zu niedrige Ordnung gemeint ist. Beide sollen vermieden werden. Bei der Identifikation mit FD-SITB entspricht die Untermodellierung oft einer schlechten Anpassung des Frequenzgangs und sie ist deshalb einfach zu erkennen. Eine Übermodellierung kann aber passieren, obwohl der Frequenzgang gut angepasst ist. Nicht selten kann man in diesem Fall mit einer niedrigeren Ordnung auch kein zufriedenstellendes Ergebnis erhalten. Dann muss man das identifizierte Ergebnis weiter bearbeiten, wie im Abschnitt 4.2 beschrieben.

Es ist hier darauf hinzuweisen, dass im FD-SITB zwei numerische Technologien (Newton-Gauss Methode und Levenberg-Marquardt Methode) für die Minimierung der Fehlerfunktion ausgewählt werden können. Manchmal kann ein gutes Ergebnis mit der einen Methode erreicht werden, aber mit der anderen nicht, obwohl die gleichen Ordnungen vorgegeben sind. Für Details der numerischen Methoden sei auf die Literatur (Press et al.1986) verwiesen.

Außerdem ist ein sicheres Kennzeichen für ein schlechtes Modell der zu große Wert der Kostenfunktion und/oder des Modellfehlers, die im Identifikationsverfahren definiert werden. Darauf wird hier nicht mehr eingegangen.

Eine weitere wichtige Validierung des identifizierten Modells liegt darin, dass das Modell auch bei anderen Anregungen gute Übereinstimmungen des Verhaltens mit dem originalen System zeigt. Eine nützliche Methode für lineare Systeme ist der Vergleich der mit dem identifizierten Modell simulierten Sprungantworten mit den mit dem FE-Modell simulierten. Dieser Vergleich für das lineare WW-WVS (β_p=const.) wird im Bild 4-4 dargestellt. Dabei wurden drei verschiedene Fälle berücksichtigt: Sprung der Kraft F_1, Sprung der Kraft F_2 und Sprünge der beiden Kräfte.

Aus dem Bild 4-4 ist zu sehen, dass die von den beiden Modellen berechneten Sprungantworten gute Übereinstimmungen erreichen. Die Wegantworten aus den beiden Modellen stimmen besser überein als die Druckantworten, weil die Wegantworten nur von wenigen Eigenfrequenzen beeinflusst werden. Wenn zwei Kräfte gleichzeitig einen Sprung haben, zeigt die Antwort des Weges X_1 aus den beiden Modellen einen ins Auge fallenden Unterschied (vgl. Bild 4-4c). Der Grund liegt darin, dass im Bild 4-4c eine höhere Auflösung für die Amplitude des Weges X_1 genutzt wurde. Außerdem werden in diesem Fall vielleicht noch weitere Eigenfrequenzen beim FE-Modell angeregt, die im reduzierten Modell nicht auftreten, weil das reduzierte Modell aus der harmonischen Analyse, wobei das WW-WVS nur mit einer Kraft (entweder F_1 oder F_2) angeregt wurde, identifiziert worden ist.

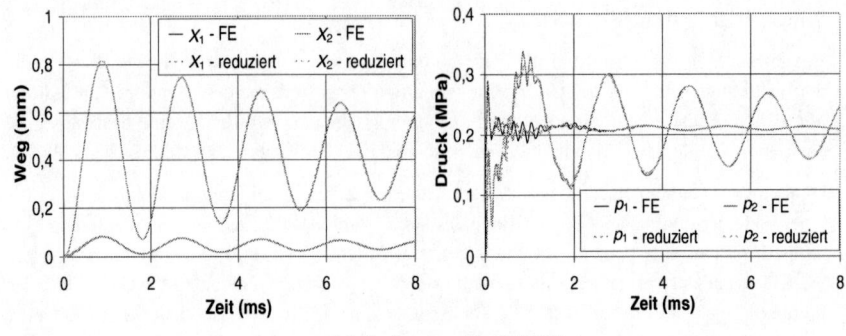

(a) Kraftsprung $F_1 = 0\text{-}200\text{N}$

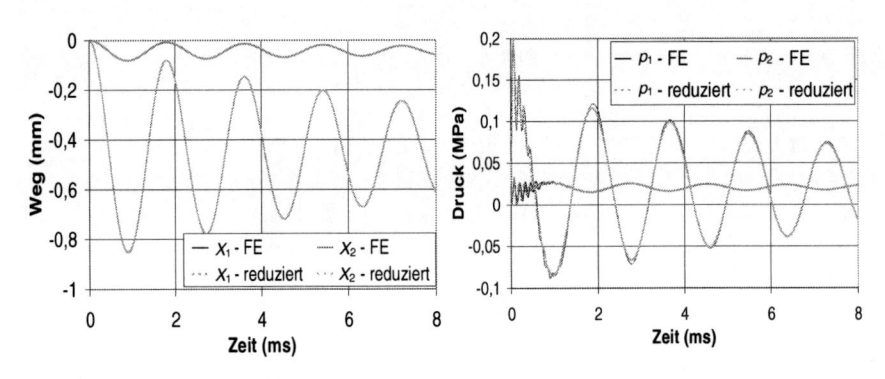

(b) Kraftsprung $F_2 = 0\text{-}20\text{N}$

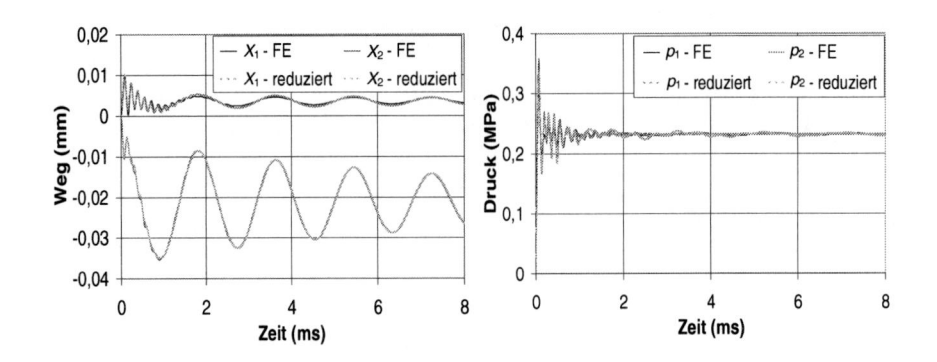

(c) Kraftsprünge $F_1 = 0\text{-}200\text{N}$ und $F_2 = 0\text{-}20\text{N}$

Bild 4-4: Sprungantworten des linearen WW-WVS

4.4 Auswertung

Das Identifikationsverfahren kann als eine gute Methode für die Ordnungsreduktion, besonders für die Reduktion der FE-Modelle, betrachtet werden. Dabei wird das Gütemaß (z.B. Minimierung einer Fehlerfunktion) vom Identifikationsverfahren selbst geliefert, wodurch das Reduktionsverfahren anwendungsfreundlich wird. Die Genauigkeit des reduzierten Modells wird dann auch vom Identifikationsverfahren sichergestellt.

Das Identifikationsverfahren im Zeitbereich kann für die Reduktion nichtlinearer Systeme angewendet werden, wenn die Modellstruktur der Systeme, einschließlich der Nichtlinearität, bekannt ist. Das Identifikationsverfahren ist im Frequenzbereich im allgemeinen nur für lineare Systeme geeignet. Aber die im Kapitel 6 zu beschreibende Reduktionsmethode für nichtlineare FE-Modelle basiert sehr eng auf dem Identifikationsverfahren im Frequenzbereich. Dabei ist das reduzierte Modell des nichtlinearen FE-Modells nach den Ergebnissen der Linearisierungen aufzubauen, welche die Identifikationen im Frequenzbereich benötigen.

Das beschriebene Identifikationsverfahren zur Reduktion benötigt keine mathematische Darstellung in Form einer Bewegungs- oder Zustandsgleichung. Das ist für die Fälle unbekannter Systemmatrizen von großer Bedeutung.

Mit dem Identifikationsverfahren zur Reduktion eines FE-Modells ist es nicht nötig, vorher die relevanten Freiheitsgrade, wie bei dem Guyan-Verfahren und dem Verfahren der Frequenzanpassung nach Lederle, oder die wesentlichen Zustandsgrößen, wie bei Verfahren, die auf der Zustandsraumdarstellung basieren, zu bestimmen, sondern nur die Ein- und Ausgangsgrößen, die bei Aufgabenstellungen im allgemeinen bekannt sind.

5 Modellreduktion durch Systemvereinfachung mit konzentrierten Parametern

5.1 Motivation

Im Kapitel 4 wurde das lineare FE-Modell des WW-WVS (β_p=const.) mit dem Identifikationsverfahren im Frequenzbereich reduziert. Wenn die Kompressibilität der Flüssigkeit variabel ist, d.h., das System ist nichtlinear, kann das Frequenzbereichsverfahren nicht angewendet werden. Außerdem ist das Identifikationsverfahren im Zeitbereich auch schwer zu nutzen, weil die Modellstruktur, einschließlich der Einflussweise der Nichtlinearität auf die Dynamik des FE-Modells, unbekannt ist. Deswegen müssen andere Methoden für die Reduktion des nichtlinearen FE-Modells entwickelt werden.

Wie im Abschnitt 3.1 hingewiesen, sind die Differentialgleichungen eines Systems gewöhnlich, wenn die verteilten Parameter (distributed parameter) des Systems als konzentriert (lumped parameter) vereinfacht werden können. Die numerischen Lösungsverfahren für solche Differentialgleichungen vereinfachen sich und erfordern viel weniger Zeit. Andererseits kann die Nichtlinearität oft beim vereinfachten System modelliert werden. Das ist der Ausgangspunkt des hier zu entwickelnden Reduktionsverfahrens für nichtlineare FE-Modelle mittels Systemvereinfachung mit konzentrierten Parametern.

Dabei ergeben sich zwei Fragestellungen: Kann diese Vereinfachung unproblematisch durchgeführt werden und wie groß ist der durch diese Vereinfachung entstehende Modellfehler? Bei der ersten Frage handelt es sich um die Möglichkeit der Systemvereinfachung mit konzentrierten Parametern, ohne den Modellfehler zu berücksichtigen. In vielen Fällen lässt sich diese Vereinfachung zwar durch einige Annahmen schon ausführen, es treten aber nicht selten noch Schwierigkeiten auf. So muss man zum Beispiel bei der Vereinfachung des WW-WVS den Zusammenhang zwischen den äußeren Kräften (oder Wegen) und dem inneren Druck kennen. Die theoretische Bestimmung dieses Zusammenhangs ist aber sehr schwer, weil die geometrische Konfiguration des WW-WVS kompliziert ist. Der Zusammenhang kann entweder durch FE-Berechnungen wie im Kapitel 3 oder durch einen Versuch ermittelt werden, d.h., dass die Systemvereinfachung mit konzentrierten Parametern zur Modellierung des WW-WVS auf Ergebnissen von FE-Berechnungen oder von Versuchen basieren muss. Die zweite Frage hat mit der Modellgültigkeit zu tun. Ist der Modellfehler durch eine Annäherung zu groß, kann diese Näherung zu einem ungültigen Modell führen. Der Modellfehler ist immer im Vergleich mit einem Standard- oder Referenzmodell zu bestimmen. Am besten wird das Referenzmodell durch Versuchsergebnisse dargestellt, weil sie das praktische Verhalten des Systems beschreiben. FE-Modelle sind u.a. als Referenzmodelle zu nutzen, da sie Systeme in ihren geometrischen Einzelheiten abbilden und das Systemverhalten im allgemeinen sehr genau darstellen können. Falls ein Versuch schwer durchzuführen ist, oder wenn es noch kein Probemodell gibt, sind FE-Modelle die einzige Alternative.

In einem Forschungsbericht (Li 1996) ist das WW-WVS modelliert worden, indem die verteilten Parameter durch konzentrierte ersetzt wurden. Dabei konnte der stationäre Zusammenhang zwischen äußeren Kräften (oder Wegen) und innerem Druck durch die FE-Berechnungen ermittelt werden. Im dynamischen Fall wurde vorausgesetzt, dass die inneren Drücke im ganzen Gebiet einen gleichen Wert zu einer bestimmten Zeit haben. Aus dieser

Annahme ergeben sich aber Abweichungen, da der Transport der Druckwelle etwas Zeit braucht. Außerdem wurden die konzentrierten Massen und Dämpfungen als die zu untersuchenden Parameter betrachtet, da damals noch kein Referenzmodell vorlag, mit dem die Äquivalenzen für diese Parameter ermittelt werden konnten. Diese Probleme lassen sich durch die ausgeführte FE-Modellierung und -Simulation des WW-WVS im Kapitel 3 lösen.

In der Veröffentlichung (Li 2000) und dem Forschungsbericht (Li und Kasper 2000) sind die FE-Berechnungsergebnisse des WW-WVS zur Parameteranpassung des Systemmodells mit konzentrierten Parametern angewendet worden. Dabei wurde nur die Eingangsgröße F_1 des WW-WVS als Systemstörung betrachtet, während die andere Eingangsgröße F_2 als eine Konstante angenommen war. Mit den Simulationsergebnissen wurde bewiesen, dass das Verhalten dieses reduzierten Modells mit dem des FE-Modells nicht übereinstimmt, wenn eine Störung von F_2 oder von F_1 und F_2 zusammen auftritt.

In diesem Kapitel wird ein reduziertes Modell des WW-WVS durch Systemvereinfachung mit konzentrierten Parametern vorgestellt. Dabei werden die beiden Eingangsgrößen als Systemstörung berücksichtigt. Die konzentrierten Parameter sind durch die Verhaltensanpassung des reduzierten Modells an das originale FE-Modell zu ermitteln. Das Systemmodell konzentrierter Parameter stimmt bei der Darstellung des Systemverhaltens mit dem FE-Modell gut überein, aber die Ordnung des ersten ist viel niedriger als die des zweiten. Deshalb kann das Systemmodell konzentrierter Parameter als ein reduziertes Modell des FE-Modells betrachtet werden.

5.2 Systemdarstellung mit konzentrierten Parametern

Mit den FE-Berechnungsergebnissen ist festgestellt worden, dass die dynamischen Drücke innerhalb des WW-WVS räumlich ungleichmäßig und von der Kompressibilität der Flüssigkeit stark abhängig sind. Aber die Variation der Kompressibilität hat kaum Einfluss auf die Dynamik der Wegantworten. Deshalb lässt sich annehmen, dass die Drücke der Flüssigkeit räumlich unabhängig sind, um die Wegreaktion des WW-WVS zu untersuchen. Allerdings sollen die Drücke p_1 und p_2, die bei den FE-Berechnungen dargestellt und untersucht wurden, auch im reduzierten Modell berücksichtigt werden.

Durch die Systemvereinfachung mit konzentrierten Parametern ergibt sich das WW-WVS nach Bild 5-1. Darin stellen C_1 und C_2 die Steifigkeiten des großen bzw. kleinen Balges dar, während m_1 und m_2 die äquivalenten Massen der An- und Abtriebsseite des WW-WVS sind. Die zwei Kreisplatten des WW-WVS werden hier starr betrachtet und „Kolben" genannt. Die Dämpfungen k_{V1} und k_{V2} werden für die Modellierung der Strukturdämpfung genutzt. Der andere Dämpfer d_1-d_2 präsentiert die fluidische Dämpfung. Die zwei Koeffizienten d_1 und d_2 berücksichtigen den unterschiedlichen Einfluss

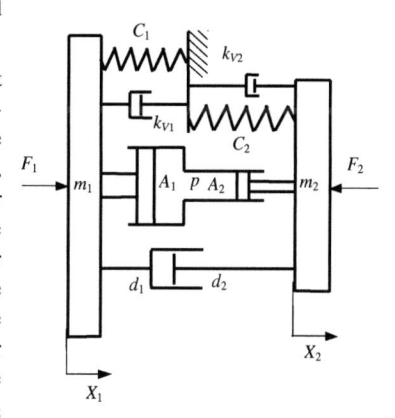

Bild 5-1: Ersatzschaltbild des WW-WVS

der Dämpfung auf die Geschwindigkeit der beiden Kolben. Mit der Annahme der räumlich unabhängigen Drücke wird sich ein Druck p im ganzen Flüssigkeitsteil ergeben.

Aus den wirkenden Kräftegleichgewichten an beiden Kolben und aus der Kontinuität der Flüssigkeit ergeben sich folgende Gleichungen:

$$F_1 - A_1 p - k_{V1}\dot{X}_1 - d_1\dot{X}_1 + d_2\dot{X}_2 - C_1 X_1 = m_1\ddot{X}_1, \quad (5\text{-}1)$$

$$A_2 p - k_{V2}\dot{X}_2 + d_1\frac{A_2}{A_1}\dot{X}_1 - d_2\frac{A_2}{A_1}\dot{X}_2 - C_2 X_2 - F_2 = m_2\ddot{X}_2, \quad (5\text{-}2)$$

$$A_1\dot{X}_1 - A_2\dot{X}_2 = \dot{V}. \quad (5\text{-}3)$$

Das vollständige Volumen V der Flüssigkeit in der Gleichung (5-3) ergibt sich mit

$$V = V_0 + \Delta V_{SCH} + \Delta V_F. \quad (5\text{-}4)$$

Dabei stellt V_0 das Anfangsvolumen dar, das eine Konstante ist. ΔV_{SCH} ist die Volumenzunahme, die durch die Verformung des Balges entsteht, während ΔV_F die Volumenreduzierung des Fluids darstellt, die durch die Kompressibilität des Fluids verursacht wird. Die beiden Volumenänderungen sind vom Betriebsdruck abhängig. Nach der FE-Analyse ist ΔV_{SCH} proportional zum Druck (vgl. Abschnitt 3.3.4):

$$\Delta V_{SCH} = K_{VS}\, p, \quad (5\text{-}5)$$

dabei ist K_{VS} eine Proportionalkonstante. Bei der variablen Kompressibilität kann ΔV_F berechnet werden durch (vgl. Gl. 2-30)

$$\Delta V_F = V_0 \int_{p_0}^{p} \beta_{pT}(p)\,dp = V_0 \int_{p_0}^{p} (A + Be^{-\frac{p}{C}})\,dp. \quad (5\text{-}6)$$

Deshalb ergibt sich

$$\dot{V} = \frac{d(\Delta V_{SCH})}{dp}\frac{dp}{dt} + \frac{d(\Delta V_F)}{dp}\frac{dp}{dt} = [K_{VS} + V_0(A + Be^{-\frac{p}{C}})]\dot{p} = f(p)\dot{p} \quad (5\text{-}7)$$

mit

$$f(p) = K_{VS} + V_0(A + Be^{-\frac{p}{C}}). \quad (5\text{-}8)$$

Mit den obigen Gleichungen kann das Systemverhalten vollständig bestimmt werden. Aber der Druck p kann nur als ein nomineller Druck des ganzen Flüssigkeitsteils bezeichnet werden. Er ist allerdings von der Kompressibilität der Flüssigkeit abhängig.

Um die Drücke p_1 und p_2 im reduzierten Modell darstellen zu können, werden die FE-Berechnungsergebnisse verwendet. Im linearen Fall, d.h. wenn die Kompressibilität konstant ist, können die Drücke p_1 und p_2 unter den Kräften F_1 und F_2 durch die folgenden Gleichungen ermittelt werden:

$$p_1(s) = H_{11}(s)F_1(s) + H_{12}(s)F_2(s), \quad (5\text{-}9)$$
$$p_2(s) = H_{21}(s)F_1(s) + H_{22}(s)F_2(s). \quad (5\text{-}10)$$

Darin stellt $H_{ij}(s)$ ($i, j = 1, 2$) die Übertragungsfunktion zwischen der Kraft F_j und dem Druck p_i dar, die schon im Kapitel 4 identifiziert worden sind.

Bei der Berücksichtigung der Nichtlinearität der Kompressibilität kann der entsprechende nominelle Druck p_{NL} in der folgenden Weise einbezogen werden:

$$p_{1NL}(s) = \frac{p_1(s)}{p(s)} \cdot p_{NL}(s), \qquad (5\text{-}11)$$

$$p_{2NL}(s) = \frac{p_2(s)}{p(s)} \cdot p_{NL}(s), \qquad (5\text{-}12)$$

wobei $p(s)$ und $p_{NL}(s)$ den nominellen Druck im linearen bzw. nichtlinearen Fall darstellen. Das bedeutet, dass der Druck p_{1NL} oder p_{2NL} unter Berücksichtigung der Nichtlinearität der Kompressibilität durch den entsprechenden nominellen Druck p_{NL} mit einer bestimmten Gewichtsfunktion $p_1(s)/p(s)$ oder $p_2(s)/p(s)$ berechnet wird. Die Gewichtsfunktionen sind von den Übertragungsfunktionen bei konstanter Kompressibilität (im linearen Fall) zu bestimmen.

Im linearen Fall oder wenn der Druck durch eine Vorspannung größer als ein bestimmter Wert ist, wird die Kompressibilität konstant, dann sind p_{NL} und p gleich. Dann sind die Gleichungen (5-11) und (5-12) auch gültig.

Der nominelle Druck $p(s)$ im linearen Fall wird im nächsten Abschnitt abgeleitet. Er ergibt sich ähnlich wie bei den Gleichungen (5-9) oder (5-10):

$$p(s) = H_{01}(s) F_1(s) + H_{02}(s) F_2(s). \qquad (5\text{-}13)$$

Aus den Gleichungen (5-1)-(5-13) ist ein reduziertes Modell vom FE-Modell des WW-WVS unter SIMULINK aufzubauen. Das Simulationsmodell ist im Bild 5-2 dargestellt. Die Anfangswerte p_0, X_{10} und X_{20} unter den Vorspannungskräften F_{10} und F_{20} können durch Weglassen der dynamischen Glieder in den Gleichungen (5-1)-(5-3) und (5-7) (vgl. Abschnitt 5.4) oder durch die FE-Simulation ermittelt werden.

5.3 Anpassung der Parameter im reduzierten Modell

Im oben abgeleiteten Modell sind die folgenden Parameter direkt aus den FE-Berechnungen des WW-WVS (Kapitel 3) bekannt:

A_1=856,678 mm^2, A_2=82,558 mm^2, C_1=412,284 N/mm, C_2=40,9347 N/mm

V_0=6024,4 mm^3, K_{VS}=16,944 mm^3/MPa

Die Übertragungsfunktionen $H_{11}(s)$, $H_{12}(s)$, $H_{21}(s)$, $H_{22}(s)$ sind schon im Kapitel 4 ermittelt worden. Um eine Simulation durchführen zu können, müssen noch die äquivalenten Massen m_1, m_2 und die Dämpfungskonstanten k_{V1}, k_{V2}, d_1, d_2 bestimmt werden.

Die äquivalenten Massen m_1, m_2 können ohne Berücksichtigung der Nichtlinearität und der Dämpfungen bestimmt werden. Die Zusammenhänge zwischen Ein- und Ausgangsgrößen des reduzierten Systems im linearen Fall lassen sich aus den Gleichungen (5-1) und (5-3), aber mit

$$\dot{V} = (K_{VS} + \beta_p V_0) \dot{p} \qquad (5\text{-}14)$$

ableiten:

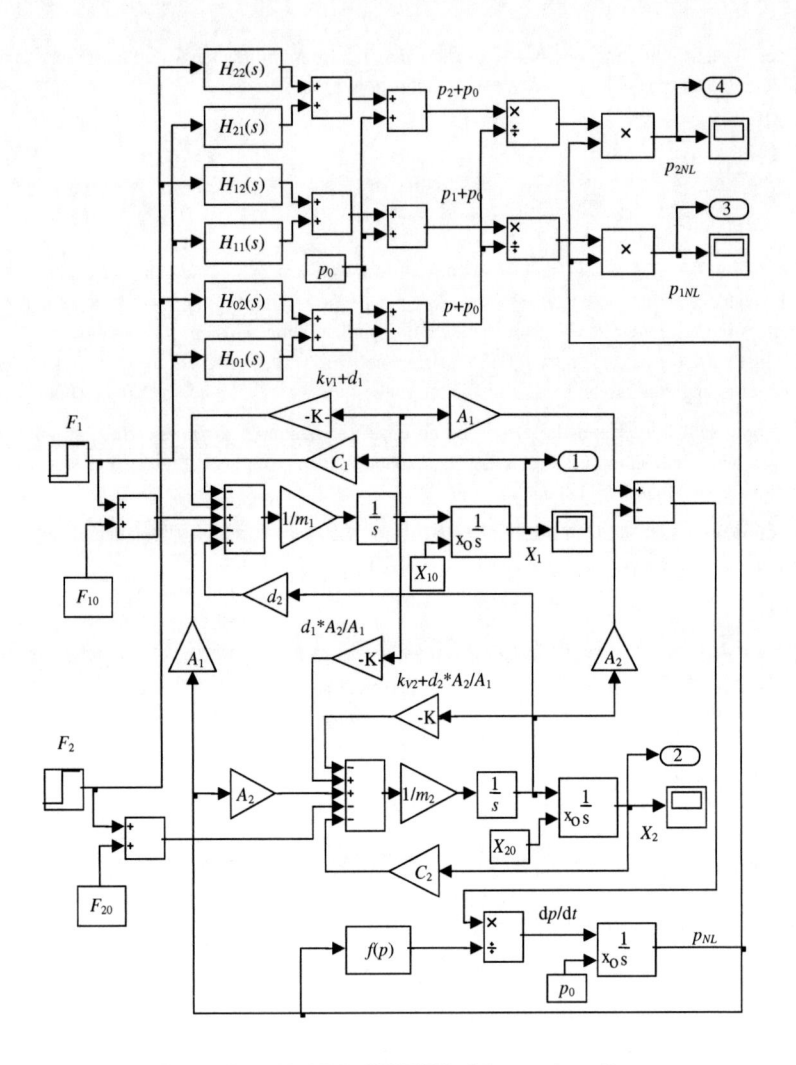

Bild 5-2: Reduziertes Modell des WW-WVS mit konzentrierten Parametern

$$X_1(s) = \frac{m_2 s^2 + (k_{V2} + d_2 \frac{A_2}{A_1})s + C_2 + \frac{A_2^2}{K_{VS} + \beta_p V_0}}{q_4 s^4 + q_3 s^3 + q_2 s^2 + q_1 s + q_0} F_1(s) - \frac{\frac{A_1 A_2}{K_{VS} + \beta_p V_0} + d_2 s}{q_4 s^4 + q_3 s^3 + q_2 s^2 + q_1 s + q_0} F_2(s),$$

(5-15)

$$X_2(s) = \frac{\frac{A_2 A_1}{K_{VS} + \beta_p V_0} + d_1 \frac{A_2}{A_1} s}{q_4 s^4 + q_3 s^3 + q_2 s^2 + q_1 s + q_0} F_1(s) - \frac{m_1 s^2 + (k_{V1} + d_1)s + C_1 + \frac{A_1^2}{K_{VS} + \beta_p V_0}}{q_4 s^4 + q_3 s^3 + q_2 s^2 + q_1 s + q_0} F_2(s),$$

(5-16)

$$p(s) = \frac{\dfrac{A_1}{K_{VS} + \beta_p V_0}[m_2 s^2 + (k_{V2} + d_2 \dfrac{A_2}{A_1} - d_1 \dfrac{A_2^2}{A_1^2})s + C_2]}{q_4 s^4 + q_3 s^3 + q_2 s^2 + q_1 s + q_0} F_1(s)$$

$$+ \frac{\dfrac{A_2}{K_{VS} + \beta_p V_0}[m_1 s^2 + (k_{V1} + d_1 - d_2 \dfrac{A_1}{A_2})s + C_1]}{q_4 s^4 + q_3 s^3 + q_2 s^2 + q_1 s + q_0} F_2(s) \qquad (5\text{-}17)$$

$$= H_{01}(s) F_1(s) + H_{02}(s) F_2(s).$$

Die Koeffizienten des charakteristischen Polynoms sind:

$$q_4 = m_1 m_2,$$

$$q_3 = m_1(k_{V2} + d_2 \frac{A_2}{A_1}) + m_2(k_{V1} + d_1),$$

$$q_2 = m_1(C_2 + \frac{A_2^2}{K_{VS} + \beta_p V_0}) + m_2(C_1 + \frac{A_1^2}{K_{VS} + \beta_p V_0}) + k_{V1}k_{V2} + k_{V1}d_2 \frac{A_2}{A_1} + k_{V2}d_1,$$

$$q_1 = k_{V1}C_2 + k_{V2}C_1 + d_1 C_2 + d_2 \frac{A_2}{A_1}C_1 + \frac{k_{V1}A_2^2 + k_{V2}A_1^2}{K_{VS} + \beta_p V_0}, \qquad (5\text{-}18)$$

$$q_0 = C_1 C_2 + \frac{C_1 A_2^2 + C_2 A_1^2}{K_{VS} + \beta_p V_0}.$$

Das reduzierte Modell ist ein System 4. Ordnung. Sein charakteristisches Polynom kann auch wie folgt dargestellt werden:

$$(\frac{s^2}{\omega_1^2} + \frac{2\xi_1}{\omega_1}s + 1)(\frac{s^2}{\omega_2^2} + \frac{2\xi_2}{\omega_2}s + 1) = \qquad (5\text{-}19)$$

$$= \frac{1}{\omega_1^2 \omega_2^2}s^4 + (\frac{2\xi_2}{\omega_2 \omega_1^2} + \frac{2\xi_1}{\omega_1 \omega_2^2})s^3 + (\frac{1}{\omega_1^2} + \frac{1}{\omega_2^2} + \frac{4\xi_1 \xi_2}{\omega_1 \omega_2})s^2 + (\frac{2\xi_1}{\omega_1} + \frac{2\xi_2}{\omega_2})s + 1.$$

Ohne Dämpfungen, d.h.

$$k_{V1} = k_{V2} = d_1 = d_2 = 0,$$
$$\xi_1 = \xi_2 = 0,$$

sind die folgenden Gleichungen durch Koeffizientenvergleich in den Gleichungen (5-18) und (5-19) zu ermitteln:

$$\frac{1}{\omega_1^2 \omega_2^2} = \frac{q_4}{q_0} = \frac{m_1 m_2(K_{VS} + \beta_p V_0)}{C_1 C_2(K_{VS} + \beta_p V_0) + C_1 A_2^2 + C_2 A_1^2}, \qquad (5\text{-}20)$$

$$\frac{1}{\omega_1^2} + \frac{1}{\omega_2^2} = \frac{q_2}{q_0} = \frac{m_1[C_2(K_{VS} + \beta_p V_0) + A_2^2] + m_2[C_1(K_{VS} + \beta_p V_0) + A_1^2]}{C_1 C_2(K_{VS} + \beta_p V_0) + C_1 A_2^2 + C_2 A_1^2}. \qquad (5\text{-}21)$$

Rechts in den Gleichungen (5-20) und (5-21) sind nur m_1 und m_2 unbekannt, deshalb können sie für bestimmte Werte von ω_1 und ω_2 gelöst werden.

Es gibt zwar einen Einfluss mehrerer Haupteigenfrequenzen auf die Reaktion der Drücke p_1 und p_2, es haben aber nur zwei Eigenfrequenzen einen großen Einfluss auf die Dynamik der

Wege (außer $G_{22}(s)$, die mit einer Übertragungsfunktion 6. Ordnung identifiziert wurde, vgl. Bild 4-2 und 4-3). Sie sind:

ω_1=3480,01 rad/s und ω_2=40014.72 rad/s.

Mit diesen Eigenfrequenzen können zwei Sätze der Massenwerte aus den Gleichungen (5-20) und (5-21) ermittelt werden:

$m_1 = 2,398\text{e}^{-5}$ N·s²/mm, $\qquad m_2 = 3,471\text{e}^{-6}$ N·s²/mm;

oder $\quad m_1 = 3,365\text{e}^{-4}$ N·s²/mm, $\qquad m_2 = 2,474\text{e}^{-7}$ N·s²/mm.

Die Massenwerte im ersten Satz stimmen besser mit der Realität (Kolbenmasse plus äquivalente Masse der Flüssigkeit und des Balges) überein und werden als zutreffend angenommen, während die zwei Massenwerte im zweiten Satz einen zu großen Unterschied haben und wegzulassen sind. Durch die Simulationen mit zwei Massensätzen ist auch gezeigt worden, dass der erste Massensatz besser geeignet ist.

Dann sind nur noch die Dämpfungskonstanten k_{V1}, k_{V2}, d_1, d_2 zu bestimmen. Vergleicht man auch die Koeffizienten in den Gleichungen (5-18) und (5-19), diesmal sind die Massen bekannt aber die Dämpfungswerte sind nicht Null, dann lassen sich nur drei Gleichungen aufstellen, die für die Bestimmung der vier Unbekannten nicht ausreichend sind. Außerdem ergibt sich bei der Angabe der Werte von ξ_1 und ξ_2 in der Gleichung (5-19) auch die Frage: Welche Dämpfungskonstante soll bei welchen Einflusseigenfrequenzen von welchen Ausgangsgrößen angenommen werden? Deshalb wurden die Dämpfungskonstanten auf Probe ermittelt. Dabei wurden verschiedene Kombinationen der Dämpfungswerte angenommen und die damit simulierten Ergebnisse des reduzierten Modells (vgl. Bild 5-2) waren dann mit den FE-Ergebnissen zu vergleichen. Die Werte, mit denen eine gute Verhaltensanpassung des reduzierten Modells mit dem FE-Modell ermittelt wurde, konnten als die geeigneten Dämpfungen angenommen werden.

Weil eine Simulation mit dem Simulink-Modell (Bild 5-2) nur Sekunden braucht, kann man auf diese Weise eine geeignete Dämpfungskombination ziemlich schnell erreichen. Dabei ist darauf zu achten, dass die Dämpfung k_{V1} bzw. k_{V2} hauptsächlich die Schwingungsamplitude des Weges X_1 bzw. X_2 beeinflusst, während die Dämpfungen d_1 und d_2 nicht nur einen Einfluss auf die Wegantworten haben, sondern auch die Dynamik des nominellen Drucks (deswegen auch der Drücke p_1 und p_2) bestimmen. Eine gute Dämpfungskombination ist:

k_{V1}=1,5e^{-3} N·s/mm, $\qquad k_{V2}$=8e^{-4} N·s/mm, $\qquad d_1$=0,1 N·s/mm, $\qquad d_2$=0,01 N·s/mm.

5.4 Vergleich des reduzierten Modells mit dem FE-Modell

5.4.1 Stationäre Genauigkeit

Zuerst wird das statische Verhalten des reduzierten Modells im linearen Fall (β_p=const.) ermittelt. Dafür können die Gleichungen (5-15)-(5-17) und (4-11)-(4-14) direkt genutzt werden. Ist s=0, bekommt man folgende statischen Beziehungen:

$$X_{1S} = \frac{[C_2(K_{VS} + \beta_p V_0) + A_2^2]F_{1S} - A_1 A_2 F_{2S}}{C_1 C_2 (K_{VS} + \beta_p V_0) + C_1 A_2^2 + C_2 A_1^2}$$
$$= k_{11} F_{1S} - k_{12} F_{2S} = 2{,}30647 \times 10^{-4} F_{1S} - 2{,}13037 \times 10^{-3} F_{2S} ,$$
(5-22)

$$X_{2S} = \frac{A_1 A_2 F_{1S} - [C_1(K_{VS} + \beta_p V_0) + A_1^2]F_{2S}}{C_1 C_2 (K_{VS} + \beta_p V_0) + C_1 A_2^2 + C_2 A_1^2}$$
$$= k_{21} F_{1S} - k_{22} F_{2S} = 2{,}13037 \times 10^{-3} F_{1S} - 2{,}23614 \times 10^{-2} F_{2S} ,$$
(5-23)

$$p_S = \frac{A_1 C_2 F_{1S} + A_2 C_1 F_{2S}}{C_1 C_2 (K_{VS} + \beta_p V_0) + C_1 A_2^2 + C_2 A_1^2}$$
$$= k_{31} F_{1S} + k_{32} F_{2S} = 1{,}05630 \times 10^{-3} F_{1S} + 1{,}02526 \times 10^{-3} F_{2S} ,$$
(5-24)

$$p_{1S} = p_{2S} = 1{,}05558 \times 10^{-3} F_1 + 1{,}03313 \times 10^{-3} F_2 .$$
(5-25)

Mit Ausnahme der Drücke p_{1S} und p_{2S} weichen diese Beziehungen von den FE-Ergebnissen (vgl. Gleichungen (3-6)-(3-8))

$$X_1 = 2{,}32127 e^{-4} F_1 - 2{,}14672 e^{-3} F_2 ,$$
(5-26)
$$X_2 = 2{,}12892 e^{-3} F_1 - 2{,}23455 e^{-2} F_2 ,$$
(5-27)
$$p = 1{,}05558 \times 10^{-3} F_1 + 1{,}03313 \times 10^{-3} F_2 .$$
(5-28)

etwas ab. Die konkreten Daten bei F_2=0 bzw. 100 N und verschiedenen Kräften F_1 werden in der Tabelle 5-1 dargestellt. Der Grund für die Abweichungen liegt darin, dass die zwei Kreisplatten des WW-WVS als starre Kolben im reduzierten Modell angenommen wurden, während sie beim FE-Modell elastisch verformt werden. Im Bild 5-3 werden diese Verformungen dargestellt, wenn gleichmäßige Flächenkräfte auf die Kreisplatten wirken. Unter der Einwirkung der Innendrücke wird die Mitte der Kreisplatten nach außen gewölbt.

Aus den Gleichungen (5-22) und (5-23) ist zu sehen, dass die Faktoren k_{12} und k_{21} gleich sind. Die entsprechenden Faktoren in den Gleichungen (5-26) und (5-27) sind aber nicht gleich. Das bedeutet, dass es unmöglich ist, für die

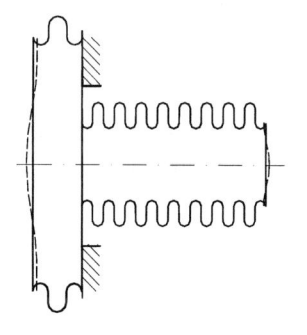

Bild 5-3: Verformung der Kreisplatten des WW-WVS

statischen Beziehungen $X_{1S}(F_{1S}, F_{2S})$ und $X_{2S}(F_{1S}, F_{2S})$ des reduzierten Modells die entsprechenden FE-Ergebnisse gleichzeitig dadurch anzupassen, dass andere Werte für die Einflussparameter A_1, A_2, C_1, C_2, K_{VS} usw. angenommen werden. Dadurch wird eine exakte Stationärgenauigkeit des reduzierten Modells ausgeschlossen.

Es ist aber darauf hinzuweisen, dass das statische Verhalten des reduzierten Modells mit dem des FE-Modells übereinstimmen könnte, wenn die zwei Kreisplatten des WW-WVS im FE-Modell auch als starre Körper betrachtet würden. In diesem Fall wurden die folgenden Parameterwerte und Beziehungen in der gleichen Weise wie im Kapitel 3 ermittelt:

Tabelle 5-1: Statische Berechnungsergebnisse aus den beiden Modellen bei β_p=const.

F_1 [N]	F_2=0 N								
	FE-Modell						Reduziertes Modell		
	Elastische Kreisplatten Vgl. Gl. (5-26)-(5-28)			Starre Kreisplatten Vgl. Gl. (5-29)-(5-31)			Aus Gl. (5-22),(5-23),(5-25)		
	X_1 [mm]	X_2 [mm]	p [MPa]	X_1 [mm]	X_2 [mm]	p [MPa]	X_1 [mm]	X_2 [mm]	p [MPa]
0	0	0	0	0	0	0	0	0	0
50	0,011606	0,106446	0,052779	0,011833	0,106495	0,052806	0,011532	0,106519	0,052779
100	0,023213	0,212892	0,105558	0,023665	0,212990	0,105612	0,023065	0,213037	0,105558
150	0,034819	0,319337	0,158337	0,035498	0,319484	0,158417	0,034597	0,319556	0,158337
200	0,046425	0,425783	0,211116	0,047331	0,425979	0,211223	0,046129	0,426074	0,211116
250	0,058032	0,532229	0,263895	0,059164	0,532474	0,264029	0,057662	0,532593	0,263895
300	0,069638	0,638675	0,316674	0,070996	0,638969	0,316835	0,069194	0,639111	0,316674
350	0,081244	0,745121	0,369453	0,082829	0,745464	0,369641	0,080726	0,745630	0,369453
400	0,092851	0,851566	0,422232	0,094662	0,851958	0,422446	0,092259	0,852148	0,422232
450	0,104457	0,958012	0,475011	0,106494	0,958453	0,475252	0,103791	0,958667	0,475011
500	0,116063	1,064458	0,527790	0,118327	1,064948	0,528058	0,115324	1,065185	0,527790
F_1 [N]	F_2=100 N								
	FE-Modell						Reduziertes Modell		
	Elastische Kreisplatten Vgl. Gl. (5-26)-(5-28)			Starre Kreisplatten Vgl. Gl. (5-29)-(5-31)			Aus Gl. (5-22),(5-23),(5-25)		
	X_1 [mm]	X_2 [mm]	p [MPa]	X_1 [mm]	X_2 [mm]	p [MPa]	X_1 [mm]	X_2 [mm]	p [MPa]
600	-0,075396	-0,957196	0,736663	-0,070997	-0,956073	0,737228	-0,074649	-0,957918	0,736663
700	-0,052183	-0,744305	0,842221	-0,047332	-0,743084	0,842839	-0,051584	-0,744881	0,842221
800	-0,028970	-0,531413	0,947779	-0,023666	-0,530094	0,948451	-0,028519	-0,531844	0,947779
900	-0,005758	-0,318521	1,053337	-0,000001	-0,317104	1,054063	-0,005455	-0,318807	1,053337
1000	0,017455	-0,105630	1,158896	0,023665	-0,104115	1,159674	0,017610	-0,105770	1,158896
1100	0,040668	0,107262	1,264454	0,047330	0,108875	1,265286	0,040675	0,107267	1,264454
1200	0,063880	0,320153	1,370012	0,070995	0,321864	1,370897	0,063739	0,320304	1,370012
1300	0,087093	0,533045	1,475570	0,094661	0,534854	1,476509	0,086804	0,533341	1,475570
1400	0,110306	0,745937	1,581129	0,118326	0,747844	1,582121	0,109869	0,746378	1,581129
1500	0,133518	0,958828	1,686687	0,141992	0,960833	1,687732	0,132934	0,959415	1,686687

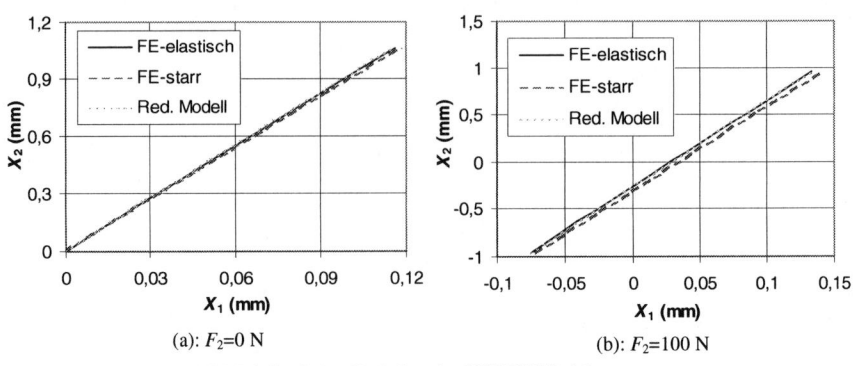

(a): F_2=0 N   (b): F_2=100 N

Bild 5-4: Statisches Verhalten des WW-WVS bei β_p=const.

$A_1 = 853{,}8395$ mm^2, $A_2 = 82{,}5559$ mm^2, $C_1 = 415{,}1474$ N/mm,

$C_2 = 40{,}9355$ N/mm, $K_{VS} = 21{,}2252$ mm^3/MPa;

$$X_1 = 2{,}36654 \times 10^{-4} F_1 - 2{,}12990 \times 10^{-3} F_2, \tag{5-29}$$

$$X_2 = 2{,}12990 \times 10^{-3} F_1 - 2{,}23401 \times 10^{-2} F_2, \tag{5-30}$$

$$p = 1{,}05612 \times 10^{-3} F_1 + 1{,}03558 \times 10^{-3} F_2. \tag{5-31}$$

Werden die neu ermittelten Werte der Parameter in die Gleichungen (5-22)-(5-24) eingesetzt, bekommt man gleiche Ergebnisse wie mit den Gleichungen (5-29)-(5-31). Die FE-Berechnungsergebnisse für diesen Fall werden auch in der Tabelle 5-1 dargestellt.

Trotzdem werden die neuen FE-Ergebnisse nicht benutzt, weil die Annahme der starren Kreisplatten mit der Realität nicht übereinstimmt und nur als Ideal angeführt werden kann. Die stationären Abweichungen des reduzierten Modells vom FE-Modell sind gerade der Preis, den man für die Reduktion bezahlen muss, wenn die Kreisplatten als starr betrachtet werden.

Die Zusammenhänge zwischen den Wegen X_1 und X_2 nach der Tabelle 5-1 sind im Bild 5-4 dargestellt. Die Unterschiede zwischen dem FE-Modell mit elastischen Kreisplatten und dem reduzierten Modell sind sehr gering.

Im nichtlinearen Fall (β_p=var.) kann man aus den statischen Kräftegleichgewichten an beiden Kolben und aus der Analyse der Volumenänderung der Flüssigkeit folgende Gleichungen (vgl. Gleichungen (5-1)-(5-6)) erhalten:

$$F_{10} - A_1 p_0 - C_1 X_{10} = 0, \tag{5-32}$$

$$A_2 p_0 - C_2 X_{20} - F_{20} = 0, \tag{5-33}$$

$$A_1 X_{10} - A_2 X_{20} = K_{VS} p_0 + V_0 \int_0^{p_0} (A + B e^{-\frac{p}{C}}) dp. \tag{5-34}$$

Aus der Gleichung (5-34) ergibt sich:

$$A_1 X_{10} - A_2 X_{20} = (K_{VS} + AV_0) p_0 - V_0 BC(e^{-\frac{p_0}{C}} - 1). \tag{5-35}$$

In den Gleichungen (5-32), (5-33) und (5-35) sind F_{10} und F_{20} gegeben. Gesucht sind X_{10}, X_{20} und p_0. Das ist aber ein nichtlineares Gleichungssystem und analytisch schwer zu lössen. Das numerische Verfahren wird zur Lösung der Gleichungen angewendet und die Ergebnisse sind mit denen aus FE-Berechnungen in der Tabelle 5-2 und im Bild 5-5 zu vergleichen. Das Übersetzungsverhalten des reduzierten Modells unterscheidet sich nur geringfügig von dem des FE-Modells mit elastischen Kreisplatten.

5.4.2 Dynamisches Verhalten

Zunächst wird das dynamische Verhalten des reduzierten Modells im linearen Fall simuliert. Weil die Drücke in diesem Fall gleich sind wie im Kapitel 4, werden nur die Wegantworten auf verschiedene Kraftsprünge im Bild 5-6 dargestellt.

Tabelle 5-2: Statische Berechnungsergebnisse aus den beiden Modellen bei β_p=var.

F_1 [N]	F_2=0 N								
	FE-Modell						Reduziertes Modell Aus Gl. (5-32)-(5-34)		
	Elastische Kreisplatten			Starre Kreisplatten					
	X_1 [mm]	X_2 [mm]	p [MPa]	X_1 [mm]	X_2 [mm]	p [MPa]	X_1 [mm]	X_2 [mm]	p [MPa]
0	0	0	0	0	0	0	0	0	0
50	0,017850	0,100228	0,049749	0,018031	0,100263	0,049768	0,015445	0,102626	0,050908
100	0,032667	0,203400	0,100956	0,033051	0,203479	0,100999	0,029526	0,206577	0,102473
150	0,045776	0,308230	0,152983	0,046376	0,308357	0,153051	0,042724	0,311385	0,154464
200	0,058014	0,413903	0,205423	0,058836	0,414080	0,205517	0,055361	0,416739	0,206725
250	0,069827	0,519988	0,258058	0,070874	0,520216	0,258179	0,067644	0,522436	0,259157
300	0,081497	0,626208	0,310751	0,082772	0,626487	0,310899	0,079706	0,628348	0,311695
350	0,093114	0,732477	0,363458	0,094617	0,732806	0,363633	0,091629	0,734395	0,364300
400	0,104729	0,838748	0,416160	0,106459	0,839128	0,416362	0,103466	0,840525	0,416946
450	0,116360	0,945000	0,468849	0,118319	0,945431	0,469078	0,115250	0,946707	0,469618
500	0,128051	1,051196	0,521511	0,130237	1,051677	0,521766	0,127002	1,052921	0,522306

F_1 [N]	F_2=100 N								
	FE-Modell						Reduziertes Modell Aus Gl. (5-32)-(5-34)		
	Elastische Kreisplatten			Starre Kreisplatten					
	X_1 [mm]	X_2 [mm]	p [MPa]	X_1 [mm]	X_2 [mm]	p [MPa]	X_1 [mm]	X_2 [mm]	p [MPa]
600	-0,062697	-0,967756	0,730423	-0,058391	-0,966686	0,730972	-0,062063	-0,969140	0,730117
700	-0,039229	-0,755438	0,835815	-0,034470	-0,754267	0,836418	-0,038660	-0,756615	0,835541
800	-0,015742	-0,543140	0,941199	-0,010529	-0,541867	0,941855	-0,015264	-0,544084	0,940968
900	0,007809	-0,330904	1,046551	0,013476	-0,329532	1,047261	0,008130	-0,331551	1,046396
1000	0,031358	-0,118667	1,151904	0,037477	-0,117193	1,152668	0,031524	-0,119018	1,151824
1100	0,054750	0,093722	1,257333	0,061326	0,095296	1,258150	0,054918	0,093516	1,257252
1200	0,078332	0,305928	1,362671	0,085359	0,307604	1,363541	0,078313	0,306047	1,362680
1300	0,101793	0,518251	1,468066	0,109273	0,520029	1,468991	0,101710	0,518579	1,468107
1400	0,125313	0,730517	1,573434	0,133248	0,732394	1,574411	0,125105	0,731110	1,573534
1500	0,148820	0,942795	1,678807	0,157207	0,944774	1,679839	0,148501	0,943642	1,678961

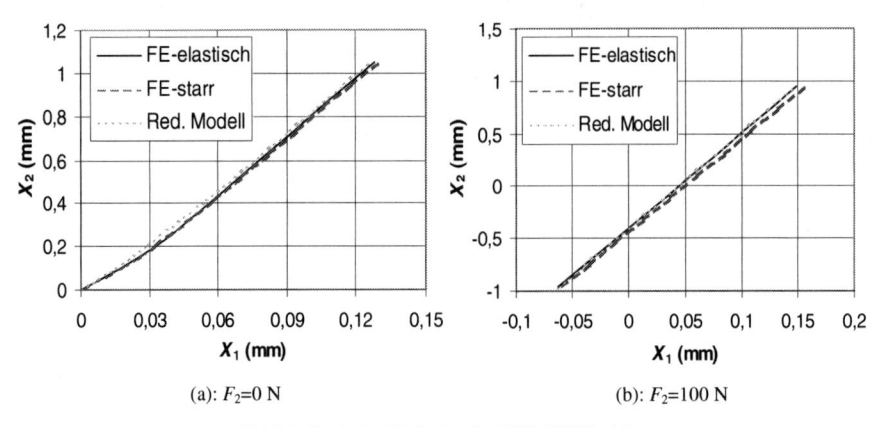

(a): F_2=0 N

(b): F_2=100 N

Bild 5-5: Statisches Verhalten des WW-WVS bei β_p=var.

(a): F_1=0-200 N, F_2=0 N

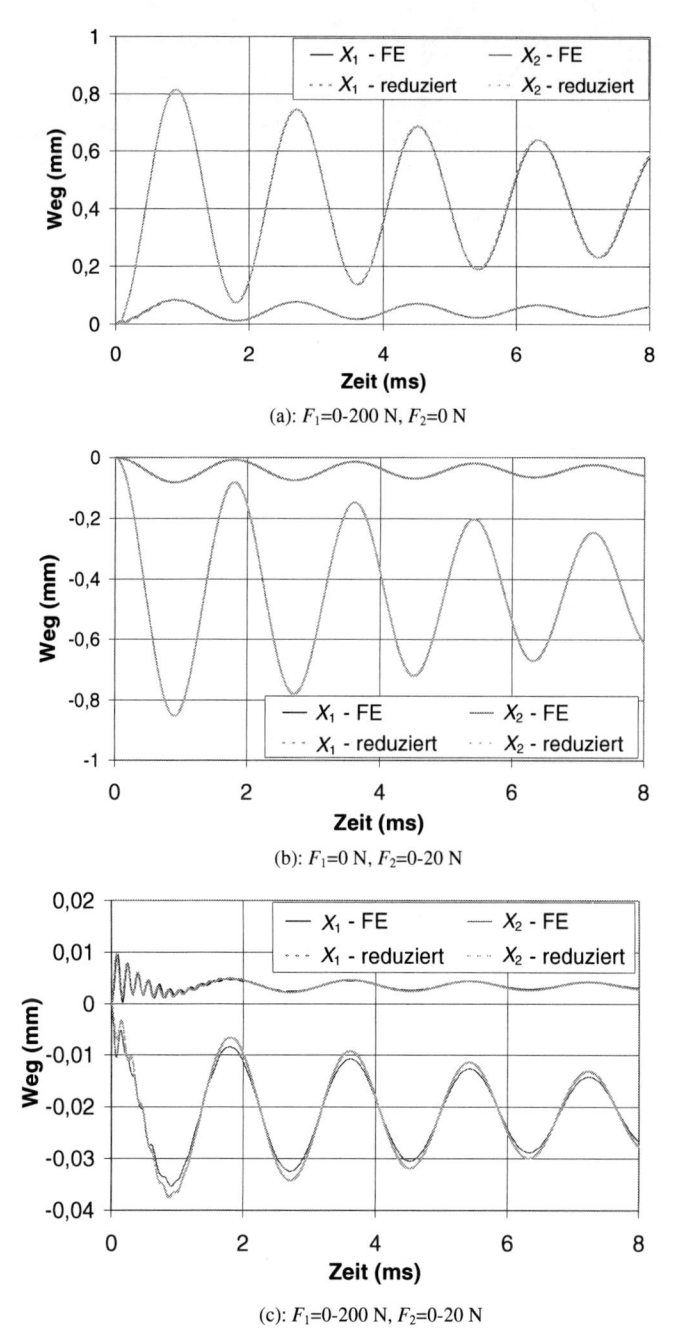

(b): F_1=0 N, F_2=0-20 N

(c): F_1=0-200 N, F_2=0-20 N

Bild 5-6: Sprungantworten aus den linearen Modellen des WW-WVS

Aus dem Bild 5-6 ist zu entnehmen, dass die hohen und niedrigen Schwingungsfrequenzen aus dem reduzierten Modell und aus dem FE-Modell sehr gut übereinstimmen. Damit kann die Richtigkeit der Bestimmung der zwei äquivalenten Massen bewiesen werden. Die Kurven der Wegantworten aus den beiden Modellen auf nur einen Kraftsprung (F_1 oder F_2) liegen fast übereinander, während es einen Unterschied zwischen Wegantworten aus den beiden Modellen bei zwei Kraftsprüngen (F_1 und F_2) gibt. Der Grund dafür liegt in der Annahme des gleichen Druckvorgangs im ganzen Flüssigkeitsbereich und in der Vereinfachung des Systems mit den konzentrierten Parametern. Das reduzierte Modell ist ein System 4. Ordnung, während das originale FE-Modell ein System sehr hoher Ordnung ist. Obwohl die Schwingungsvorgänge des Weges X_2 im Bild 5-6c aus den beiden Modellen sich nicht decken, haben sie aber eine ungefähr gleiche Frequenz und Dämpfung. Das bedeutet, dass der Unterschied der beiden Kurven hauptsächlich wegen nicht gut identifizierter Nullstellen im reduzierten Modell entsteht.

Dann werden die Sprungantworten des WW-WVS unter Berücksichtigung der Nichtlinearität simuliert und im Bild 5-7 dargestellt.

Im Bild 5-7a werden die Sprungantworten des WW-WVS mit einer Vorspannung, nämlich F_{10}=1800N und F_{20}=180N, gezeichnet. Mit dieser Vorspannung ist die Kompressibilität der Flüssigkeit konstant. Die entsprechenden Anfangswerte von X_{10}, X_{20} und p_0 im reduzierten Modell wurden nach der FE-Berechnung bestimmt, um die Anfangsbedingung für beide Modelle gleich zu halten und die dynamischen Vorgänge aus beiden Modellen auf der gleichen Basis zu vergleichen. Die Anregung ist eine Sprungänderung der Kraft F_1 von 1800N auf 2000N. Im Bild 5-7a ist festzustellen, dass die Ergebnisse aus den beiden Modellen sehr gut übereinstimmen, d.h., dass das reduzierte nichtlineare Modell das originale FE-Modell im linearen Fall (oder mit Vorspannungen) gut darstellen kann. Das ist selbstverständlich, weil $p_{NL}(s)/p(s)$ in diesem Fall den Wert 1 hat.

Im Bild 5-7b-7d werden die Sprungantworten des WW-WVS ohne Vorspannung dargestellt. Dabei werden verschiedene Kraftsprünge als Anregung angenommen. Die Sprungantworten der Wege sind ähnlich wie im linearen Fall (vgl. Bild 5-6), aber die stationären Werte in zwei Fällen sind nicht gleich. Die Druckantworten aus beiden Modellen unterscheiden sich voneinander am Anfang, nach einer kurzen Zeit stimmen sie dann gut überein.

Die Druckantworten aus dem reduzierten Modell weichen am Anfang von denen aus dem FE-Modell ab, indem sie relativ höhere Wellenberge haben und der höchste Wellenberg nicht der erste Wellenberg sein kann. Die höheren Wellenberge, inklusive des höchsten Wellenbergs, können entstehen, wenn der Druck p in den Gewichtfunktionen (vgl. Gleichungen (5-11) und (5-12)) sich an den Wert Null annähert. Weil die Drücke p und p_{NL} nicht gleiche Schwingungsfrequenz haben, kann der höchste Wellenberg auch auftreten, wenn ein Wellental des Drucks p einem Wellenberg des Drucks p_{NL} entspricht (vgl. Gleichungen (5-11) und (5-12)). Das geschieht oft beim zweiten Wellenberg. Bei späteren Wellen sind die Wellentäler des Drucks p immer flacher und die Wellenberge des Drucks p_{NL} immer niedriger, deshalb wird p_{NL}/p kleiner, obgleich ein weiteres Wellental des Drucks p einem Wellenberg des Drucks p_{NL} entspricht.

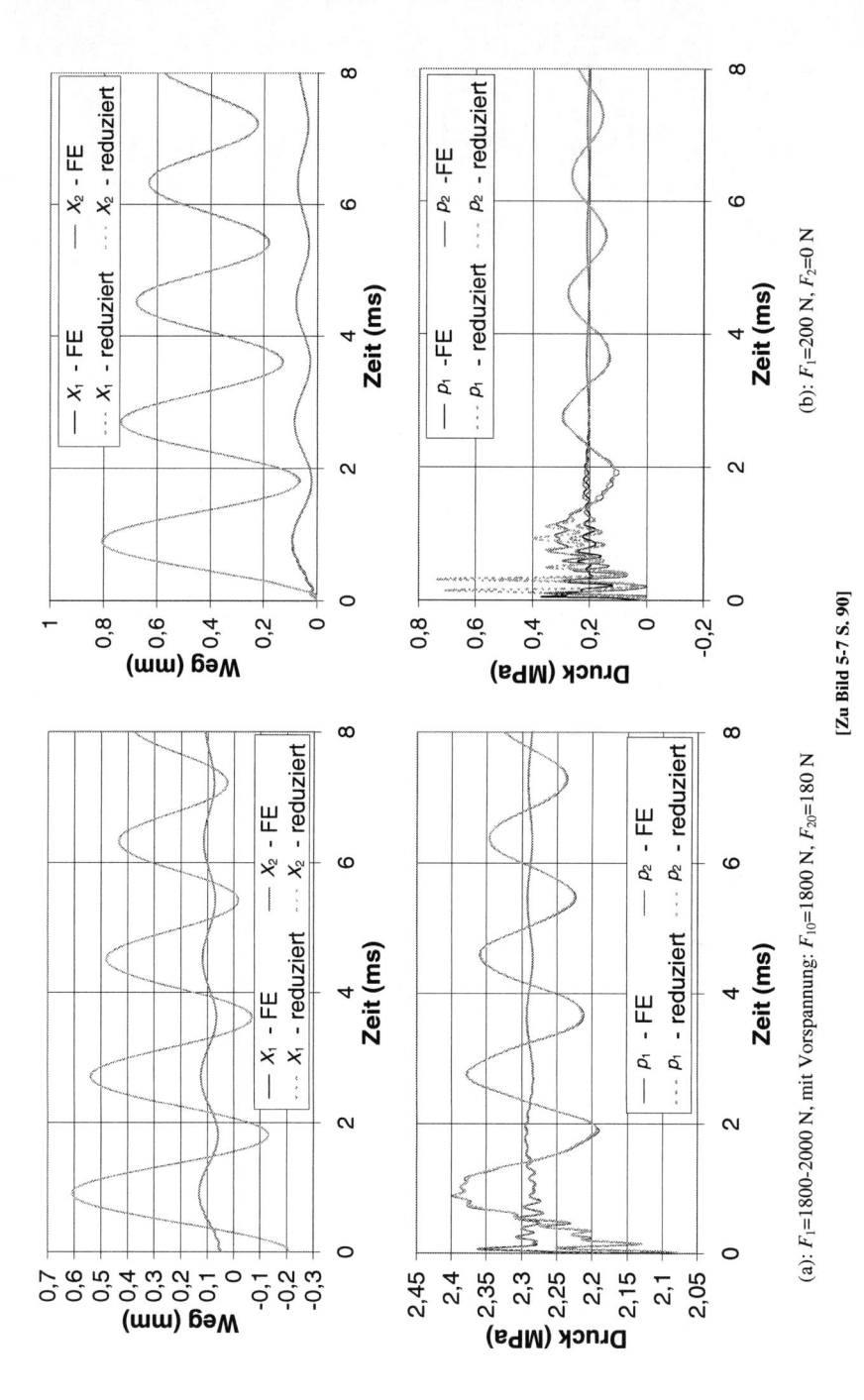

(a): F_1=1800-2000 N, mit Vorspannung: F_{10}=1800 N, F_{20}=180 N

(b): F_1=200 N, F_2=0 N

[Zu Bild 5-7 S. 90]

(c): $F_1=0$ N, $F_2=20$ N

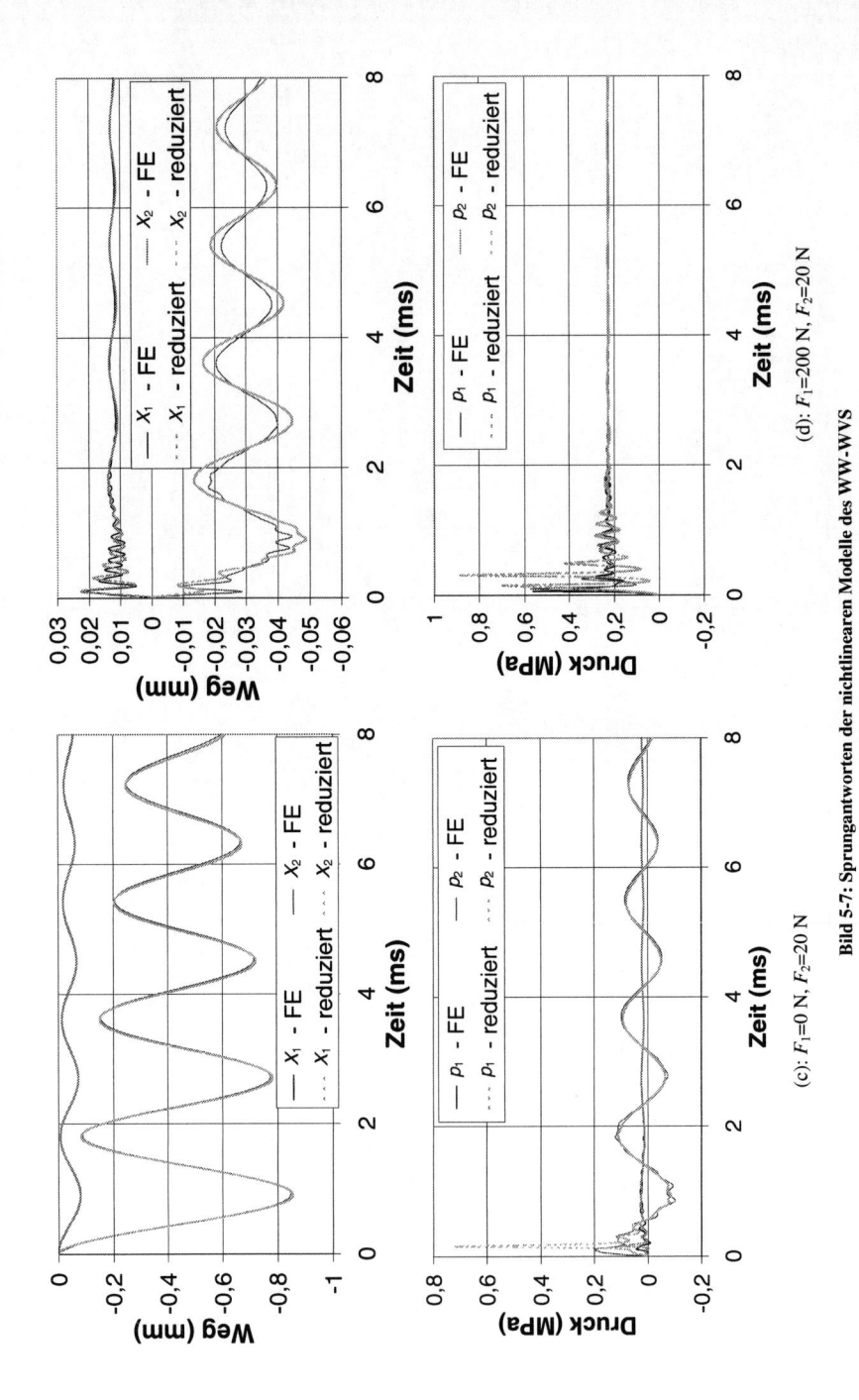

(d): $F_1=200$ N, $F_2=20$ N

Bild 5-7: Sprungantworten der nichtlinearen Modelle des WW-WVS

Mit anderen Gewichtsfunktionen (siehe Gln. (5-11)-(5-12)) können die obigen Phänomene der Druckantworten verschwinden, aber es kann sich ein neues Problem ergeben. Wird z.B. die Übertragungsfunktion $p(s)$ in den Gewichtsfunktionen durch ihre statische Gleichung (5-24) ersetzt, stimmen die Druckantworten ohne Vorspannung aus dem reduzierten Modell mit denen aus dem FE-Modell am Anfang der Schwingvorgänge besser überein, nachher aber etwas schlechter, wie im Bild 5-8 dargestellt. Außerdem werden die Druckvorgänge mit Vorspannungen oder bei konstanter Kompressibilität in diesem Fall viel mehr von denen aus dem FE-Modell abweichen, weil p_{NI}/p nicht mehr wie vorher den Wert 1 hat.

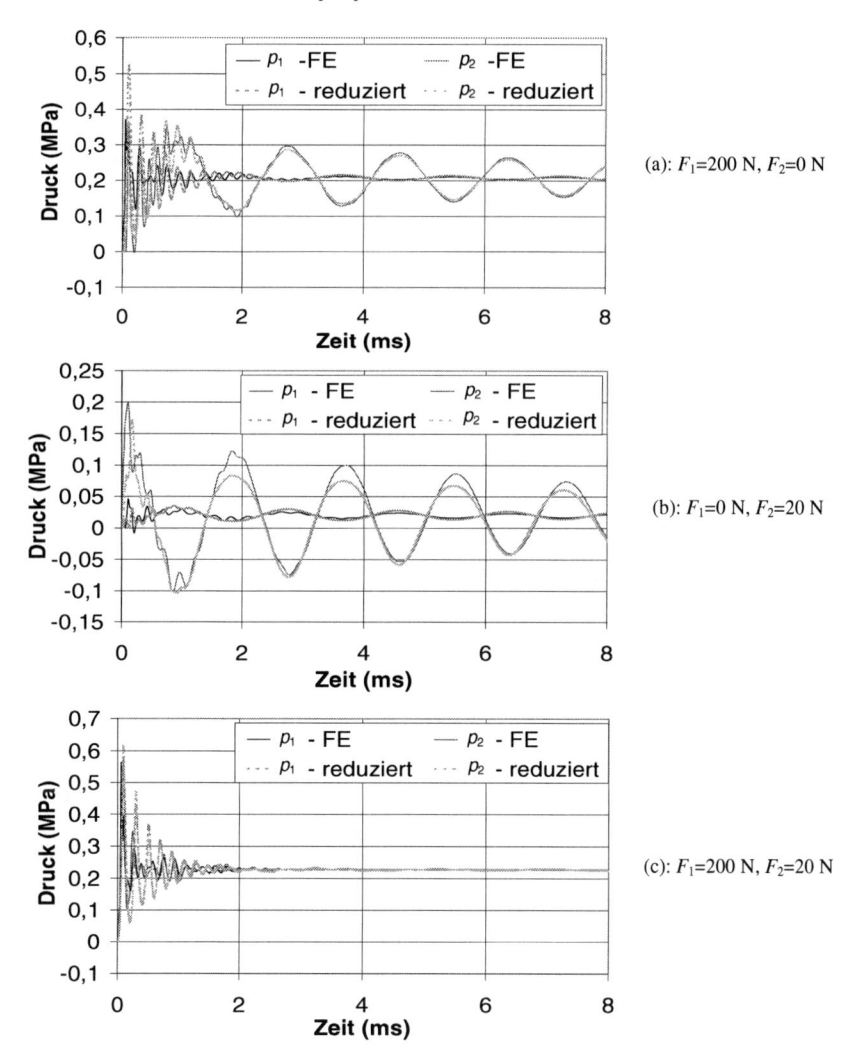

(a): F_1=200 N, F_2=0 N

(b): F_1=0 N, F_2=20 N

(c): F_1=200 N, F_2=20 N

Bild 5-8: Druckvorgänge mit modifizierten Gewichtsfunktionen

5.5 Auswertung

Die Systemvereinfachung mit konzentrierten Parametern ist ein passendes Verfahren zur Reduktion linearer und nichtlinearer FE-Modelle. Dabei müssen die äquivalenten Parameter im reduzierten Modell durch Parameteranpassungsmethoden oder Verhaltensanpassungsverfahren ermittelt werden.

Um das Systemverhalten bei gleichzeitiger Störung der beiden Eingangsgrößen des WW-WVS zu untersuchen, wird angenommen, dass der Druck im gesamten Flüssigkeitsbereich gleich ist (nomineller Druck). Das führt zu keinem großen Fehler in den Wegantworten bei den Störungen. Deshalb ist es für die Kombination des WW-WVS mit anderen Komponenten von Bedeutung, weil nur die Wege X_1 und X_2 des WW-WVS mit anderen Teilsystemen einbezogen werden.

Als kritische Größen sind die Drücke p_1 und p_2 auch im reduzierten Modell berücksichtigt worden. Dafür wurden die Gewichtsfunktionen zum nominellen Druck eingeführt. Diese Gewichtsfunktionen sind nicht ideal, weil die Nenner der Gewichtsfunktionen den Wert 0 annähern können. Eine andere Gewichtsfunktion wurde auch untersucht. Sie verursacht aber andere Probleme. Eine bessere Gewichtsfunktion ist zukünftig zu suchen.

Während die Kolben des WW-WVS als elastisch im FE-Modell modelliert wurden, konnten sie im reduzierten Modell nur als starr betrachtet werden. Das führt zur stationären Ungenauigkeit des reduzierten Modells und ist nicht zu kompensieren. Aber die Abweichungen sind klein.

6 Modellreduktion durch Linearisierungen von nichtlinearen FE-Modellen

6.1 Grundidee

Das im Kapitel 5 beschriebene Reduktionsverfahren für nichtlineare Systeme setzt voraus, dass das originale System mit konzentrierten Parametern vereinfacht werden kann, ohne dass wichtige Informationen des Systems verloren gehen. Außerdem müssen die Nichtlinearitäten, die im originalen System bzw. im zu reduzierenden FE-Modell existieren, im reduzierten Modell in irgendeiner Weise, d.h. durch eine oder mehrere nichtlineare Gleichungen, dargestellt werden. Diese Anforderungen sind manchmal problematisch. Zur Lösung dieses Problems und für die allgemeineren Fälle wird in diesem Kapitel ein anderes Verfahren entwickelt.

Es ist bekannt, dass ein nichtlineares System oft durch Taylorreihen-Linearisierung um einen Arbeitspunkt in ein lineares System überführt werden kann, um dann das Systemverhalten in der Nähe dieses Arbeitspunktes, z.B. die Stabilität usw., mit bewährten Methoden linearer Systeme zu analysieren. Man nutzt die Methode zwar sehr oft, aber über eine Anwendung der Methode für die Simulation des gesamten nichtlinearen Systems wurde bisher noch nicht berichtet. Die Gründe liegen darin, dass das einzelne linearisierte Modell nur für den ausgewählten Arbeitspunkt gilt und nicht unmittelbar für die Simulation des nichtlinearen Systems im ganzen Arbeitsbereich genutzt werden kann. Andererseits ist diese Anwendung nicht nötig, wenn die originale nichtlineare Darstellung des Systems bekannt und direkt für die Simulation im ganzen Arbeitsbereich zu nutzen ist (vgl. das Beispiel im nächsten Abschnitt).

Jedoch ist ein nichtlineares FE-Modell ohne Reduktion sehr schwer mit einer mathematischen Beschreibung oder mit einem nichtlinearen Parametermodell darzustellen. Aber eine Linearisierung, d.h., das nichtlineare FE-Modell wird um einen Arbeitspunkt als ein lineares Modell betrachtet, kann meistens unproblematisch durchgeführt werden. Deshalb ist es von großer Bedeutung, ein reduziertes Modell zu erstellen, das aus genügend vielen Linearisierungen des FE-Modells um verschiedene Arbeitspunkte im Arbeitsbereich besteht.

Dabei existiert die Frage, wie man das reduzierte Simulationsmodell aufbauen soll.

Für ein lineares SISO-System mit der Übertragungsfunktion

$$\frac{Y(s)}{U(s)} = \frac{b_0 + b_1 s + \cdots + b_n s^n}{a_0 + a_1 s + \cdots + a_n s^n} \qquad (6\text{-}1)$$

oder mit der zugehörigen Differentialgleichung

$$a_n y^{(n)} + \cdots + a_1 \dot{y} + a_0 y = b_n u^{(n)} + \cdots + b_1 \dot{u} + b_0 u, \qquad (6\text{-}2)$$

dabei sei $a_n \neq 0$ und mindestens ein $b_i \neq 0$, das aber keineswegs gleich b_n zu sein braucht, können die folgenden Zustandsdifferentialgleichungen in der Regelungsnormalform aufgestellt werden (Föllinger 1994, S. 396-397):

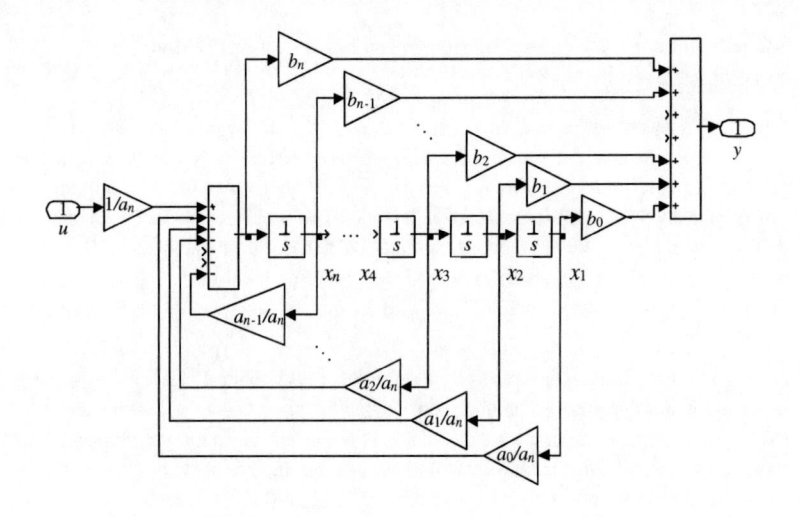

Bild 6-1: Simulationsmodell eines linearen Systems nach der Regelungsnormalform

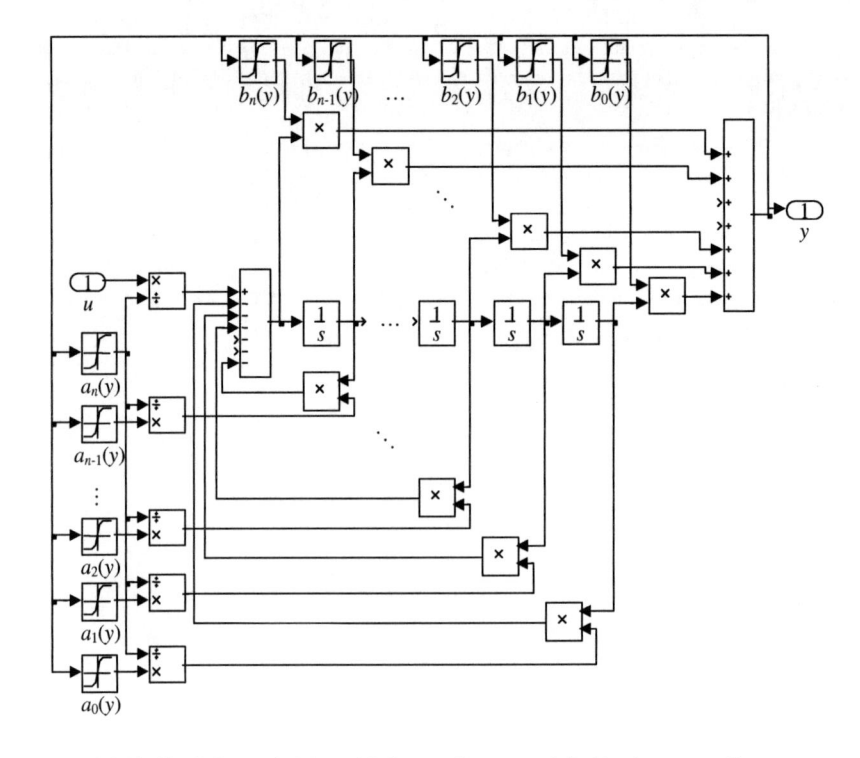

Bild 6-2: Simulationsmodell eines nichtlinearen Systems nach der Regelungsnormalform

$$\begin{aligned}
\dot{x}_1 &= x_2 \\
\dot{x}_2 &= x_3 \\
&\vdots \\
\dot{x}_{n-1} &= x_n \\
\dot{x}_n &= -\frac{a_0}{a_n}x_1 - \frac{a_1}{a_n}x_2 - \cdots - \frac{a_{n-1}}{a_n}x_n + \frac{1}{a_n}u
\end{aligned} \right\} \qquad (6\text{-}3)$$

Die Ausgangsgleichung ist:

$$y = b_0 x_1 + b_1 x_2 + \cdots + b_{n-1} x_n + b_n \dot{x}_n . \qquad (6\text{-}4)$$

Mit den Gleichungen (6-3) und (6-4) kann ein Simulationsmodell wie im Bild 6-1 aufgebaut werden.

Aus einer Linearisierung des nichtlinearen Systems erfolgt ein lineares Modell ähnlich der Gleichung (6-1) oder (6-2), aber die Eingangsgröße u und die Ausgangsgröße y sollen dann durch die Abweichungen Δu und Δy vom linearisierten Arbeitspunkt ($u=u_0$, $y=y_0$) ersetzt werden. Die Linearisierungen um verschiedene Arbeitspunkte unterscheiden sich durch die Koeffizienten a_0, a_1, $\cdots$, a_n, b_0, b_1, $\cdots$, b_n. Es lässt sich deshalb annehmen, dass das originale nichtlineare System eine Form

$$a_n(y)y^{(n)} + \cdots + a_1(y)\dot{y} + a_0(y)y = b_n(y)u^{(n)} + \cdots + b_1(y)\dot{u} + b_0(y)u \qquad (6\text{-}5)$$

hat. D.h., alle Koeffizienten können Funktionen von y sein. Für dieses Modell kann dann ein Simulationsmodell nach Bild 6-2 aufgebaut werden.

Welche Beziehungen es zwischen den Koeffizientenfunktionen und den Koeffizienten der linearisierten Modelle gibt, wird im nächsten Abschnitt beschrieben.

6.2 Linearisierungen und Simulation nichtlinearer Systeme

Untersucht wurde ein nichtlineares SISO-System in der Form:

$$a_n(y)y^{(n)} + \cdots + a_1(y)\dot{y} + a_0(y)y = b_n(y)u^{(n)} + \cdots + b_1(y)\dot{u} + u . \qquad (6\text{-}6)$$

Zur Vereinfachung wird der Koeffizient von u als 1 angenommen. Dieses kann durch eine Normierung verwirklicht werden.

Führt man in der Gleichung (6-6) die Abweichungen von den Betriebswerten ein, erhält man

$$\begin{aligned}
&a_n(y_0 + \Delta y)\Delta y^{(n)} + \cdots + a_1(y_0 + \Delta y)\Delta \dot{y} + a_0(y_0 + \Delta y) \cdot (y_0 + \Delta y) = \\
&b_n(y_0 + \Delta y)\Delta u^{(n)} + \cdots + b_1(y_0 + \Delta y)\Delta \dot{u} + u_0 + \Delta u .
\end{aligned} \qquad (6\text{-}7)$$

Haben alle Koeffizientenfunktionen im abgeschlossenen Intervall [y_0, $y_0+\Delta y$] stetige, beliebig hohe Ableitungen, können sie in Taylorreihen entwickelt werden. Es wird weiter angenommen, dass die Terme von zweiter und höherer Ordnung in den Taylor-Entwicklungen klein sind, d.h.:

$$a_i(y_0 + \Delta y) \approx a_i(y_0) + \left.\frac{da_i}{dy}\right|_{y=y_0} \cdot \Delta y , \qquad i = 0,\cdots,n, \qquad (6\text{-}8)$$

$$b_j(y_0 + \Delta y) \approx b_j(y_0) + \left.\frac{db_j}{dy}\right|_{y=y_0} \cdot \Delta y , \qquad j = 1,\cdots,n. \qquad (6\text{-}9)$$

Dann gilt

$$[a_n(y_0)+\frac{da_n(y_0)}{dy}\Delta y]\Delta y^{(n)} +\cdots+ [a_1(y_0)+\frac{da_1(y_0)}{dy}\Delta y]\Delta \dot{y} + [a_0(y_0)+\frac{da_0(y_0)}{dy}\Delta y]\cdot(y_0+\Delta y) =$$
$$[b_n(y_0)+\frac{db_n(y_0)}{dy}\Delta y]\Delta u^{(n)} +\cdots+ [b_1(y_0)+\frac{db_1(y_0)}{dy}\Delta y]\Delta \dot{u} + u_0 + \Delta u. \qquad (6\text{-}10)$$

Können alle Terme von zweiter oder höherer Ordnung $\Delta y\Delta y$, $\Delta y\Delta \dot{y}$, $\Delta y\Delta \ddot{y}$, $\cdots$, $\Delta y\Delta u$, $\Delta y\Delta \dot{u}$, $\Delta y\Delta \ddot{u}$ usw. weggelassen werden, bekommt man

$$a_n(y_0)\cdot\Delta y^{(n)} +\cdots+ a_1(y_0)\cdot\Delta \dot{y} + a_0(y_0)\cdot y_0 + \frac{da_0(y_0)}{dy}\cdot y_0\cdot\Delta y + a_0(y_0)\cdot\Delta y =$$
$$b_n(y_0)\cdot\Delta u^{(n)} +\cdots+ b_1(y_0)\cdot\Delta \dot{u} + u_0 + \Delta u. \qquad (6\text{-}11)$$

Nehmen alle Ableitungen in der Gleichung (6-6) den Wert 0 an, ergibt sich dann für den statischen Fall:

$$a_0(y_0)\cdot y_0 = u_0. \qquad (6\text{-}12)$$

Setzt man die Gleichung (6-12) in die Gleichung (6-11) ein, kann man schließlich

$$a_n(y_0)\cdot\Delta y^{(n)} +\cdots+ a_1(y_0)\cdot\Delta \dot{y} + [\frac{da_0(y_0)}{dy}\cdot y_0 + a_0(y_0)]\cdot\Delta y =$$
$$b_n(y_0)\cdot\Delta u^{(n)} +\cdots+ b_1(y_0)\cdot\Delta \dot{u} + \Delta u \qquad (6\text{-}13)$$

bekommen. Diese Gleichung gilt als die Linearisierung der Gleichung (6-6) um den Arbeitspunkt $u=u_0$ und $y=y_0$.

Wird die Gleichung (6-13) durch eine Laplace-Transformation in den Frequenzbereich überführt, ergibt sich eine Übertragungsfunktion

$$\frac{\Delta Y(s)}{\Delta U(s)} = \frac{b_n(y_0)s^n +\cdots+ b_1(y_0)s + 1}{a_n(y_0)s^n +\cdots+ a_1(y_0)s + [\frac{da_0(y_0)}{dy}\cdot y_0 + a_0(y_0)]}. \qquad (6\text{-}14)$$

Aus der statischen Beziehung der Gleichung (6-13) oder (6-14) ergibt sich ein Faktor

$$\left.\frac{\Delta y}{\Delta u}\right|_{u=u_0, y=y_0} = \frac{1}{\frac{da_0(y_0)}{dy}\cdot y_0 + a_0(y_0)}. \qquad (6\text{-}15)$$

Dieser Faktor wird dynamischer Übertragungsfaktor im Arbeitspunkt $u=u_0$ und $y=y_0$ genannt, der mit dem statischen Übertragungsfaktor im gleichen Arbeitspunkt mit dem Bild 6-3 und den folgenden Gleichungen dargestellt werden kann:

$$k_s = \frac{y_0}{u_0} = \tan\alpha = \frac{1}{a_0(y_0)}, \qquad (6\text{-}16)$$

$$k_d = \left.\frac{\Delta y}{\Delta u}\right|_{u=u_0, y=y_0} = \tan\beta = \frac{1}{\frac{da_0(y_0)}{dy}\cdot y_0 + a_0(y_0)}. \qquad (6\text{-}17)$$

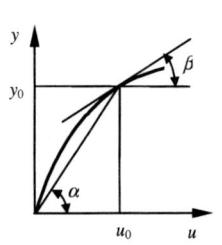

Bild 6-3: Übertragungsfaktoren in einem Arbeitspunkt

Diese beiden Übertragungsfaktoren können auch direkt aus der statischen Beziehung des nichtlinearen Systems (Kennlinie im Bild 6-3)

$$a(y) \cdot y = u \qquad (6\text{-}18)$$

abgeleitet werden.

Vergleicht man die Gleichung (6-13) bzw. (6-14) mit der Gleichung (6-6), kann man sehen, dass die Koeffizienten von $\Delta y^{(i)}$, $i=1,\cdots,n$, und $\Delta u^{(j)}$, $j=1,\cdots,n$, die Werte der entsprechenden Koeffizientenfunktionen von $y^{(i)}$ und $u^{(j)}$ bei $y=y_0$ haben. Nur der Koeffizient von Δy ist nicht gleich $a_0(y_0)$, sondern $[da_0(y_0)/dy]y_0+a_0(y_0)$, da der dynamische Übertragungsfaktor nicht gleich dem statischen ist. Daraus resultiert, dass die Simulation des mit der Gleichung (6-6) beschriebenen nichtlinearen Systems dadurch durchgeführt werden kann, dass die Koeffizientenfunktionen $a_i(y)$, $i=1,\cdots,n$, und $b_j(y)$, $j=1,\cdots,n$, durch die entsprechenden Koeffizienten aus den Linearisierungen, abhängig von Werten der Ausgangsgröße y, ersetzt werden, während $a_0(y_0)$ aus der Beziehung

$$\frac{da_0(y_0)}{dy} \cdot y_0 + a_0(y_0) = \hat{a}_0(y_0) \qquad (6\text{-}19)$$

ermittelt werden kann. In der Gleichung (6-19) stellt $\hat{a}_0(y_0)$ den entsprechenden Koeffizienten der linearisierten Gleichung dar. Für ein FE-Modell ist der statische Übertragungsfaktor k_s in einem Arbeitspunkt einfach zu berechnen, dann kann $a_0(y_0)$ direkt aus der Gleichung (6-12) ermittelt werden, d.h., die Lösung der Gleichung (6-19) ist nicht erforderlich.

Um diese Simulationsmethode besser zu verstehen, wird ein einfaches Beispiel gegeben:

Gibt es ein nichtlineares System

$$\frac{e^y}{10000}\ddot{y} + \frac{1}{100}\dot{y} + y^3 = u, \qquad (6\text{-}20)$$

kann es nach Gleichung (6-6) wie folgt dargestellt werden:

$$\frac{e^y}{10000}\ddot{y} + \frac{1}{100}\dot{y} + y^2 \cdot y = u. \qquad (6\text{-}21)$$

D.h.:

$$a_2(y) = \frac{e^y}{10000}, \qquad a_1(y) = \frac{1}{100}, \qquad a_0(y) = y^2, \qquad b_2(y) = b_1(y) = 0.$$

Für ein nichtlineares FE-Modell bzw. seine Linearisierungen sind die Koeffizientenfunktionen nicht bekannt, sondern nur die Werte dieser Funktionen in Arbeitspunkten, um die die Linearisierungen durchgeführt werden sollen. Deshalb wird für das Beispiel auch angenommen, dass nur die endlich vielen Werte von $a_2(y)$ und $a_0(y)$, z.B. y=0, 0.25, 0.5, 0.75, 1, 1.5, 2, 2.5, 3, 3.5, 4, 4.5, 5, 5.5, 6, 6.5, 7, 7.5, 8, 8.5, 9, 9.5, 10, bekannt sind. Zwischen zwei benachbarten Punkten werden die Werte der Koeffizientenfunktionen nach einer linearen Interpolation ermittelt. Außerhalb des Bereiches [0,10] werden die Funktionswerte mit den ersten bzw. letzen zwei Punkten extrapoliert. D.h., dass die Koeffizientenfunktionen durch endlich viele lineare Strecken zu approximieren sind, wie im Bild 6-4 dargestellt. Diese stückweise linearen Funktionen können mit „Look-Up

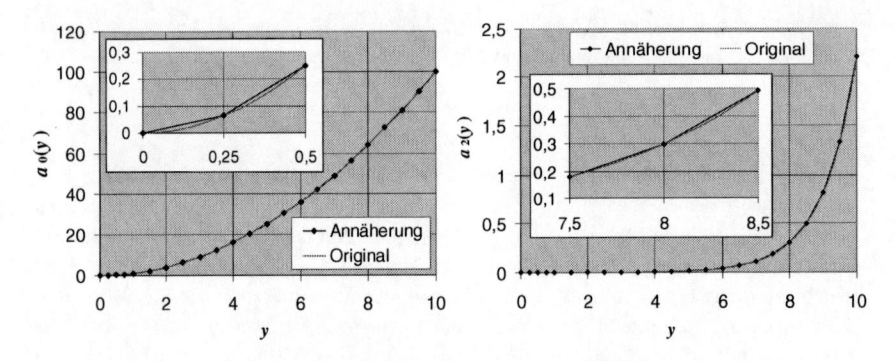

Bild 6-4: Approximation der Koeffizientenfunktionen

(a): nichtlineares Modell   (b): quasi lineares Modell

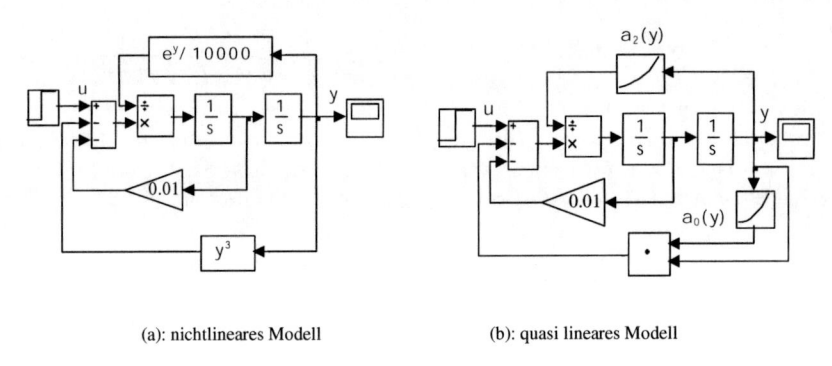

Bild 6-5: Nichtlineares Modell und quasi lineares Modell

—— Nichtlineares Modell   - - - - Quasi lineares Modell

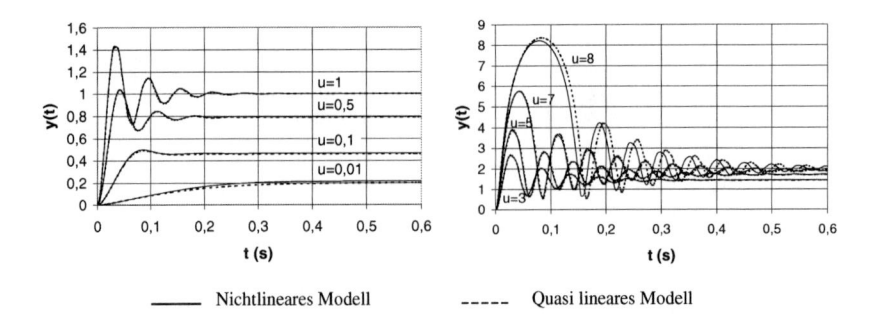

Bild 6-6: Sprungantworten aus beiden Modellen

Table" von Simulink modelliert werden. Sind genügend viele Arbeitspunkte vorhanden, kann das originale System in dieser Weise genügend genau simuliert werden. Das

Annäherungsmodell wird ein quasi lineares Modell genannt und mit dem originalen Modell im Bild 6-5 dargestellt. Die Sprungantworten aus beiden Modellen auf verschiedene Sprungwerte der Eingangsgröße sind im Bild 6-6 zu vergleichen.

Aus der obigen Ableitung und dem Beispiel kann man folgende Ergebnisse ableiten:

- Für nichtlineare Systeme, deren Kennlinien genügend glatt sind, d.h., die Taylor-Entwicklungen existieren, kann man zuerst das System in endlich vielen Arbeitspunkten linearisieren, und die Ergebnisse der Linearisierungen stehen dann für die Simulation des originalen nichtlinearen Systems zur Verfügung.

- Die Genauigkeit der Simulationsmethode hängt von der Anzahl und den Positionen der Arbeitspunkte ab, um die die Linearisierungen ausgeführt worden sind. Je größer die Abweichungen der linearen Strecken von der originalen Kennlinie sind, desto größer ist der sich ergebende Fehler der Simulation, um so dichtere Arbeitspunkte sollten ausgewählt werden.

- Nur in den ausgewählten Arbeitspunkten sind die quasi linearen Modelle stationär genau. Im Beispiel wurde $a_0(y)$ bei kleineren Werten von y mit größeren Abweichungen angenähert (vgl. das Bild 6-4), es entstanden dann größere stationäre Abweichungen bei kleinen Werten der Eingangsgröße u, also auch bei kleinen Werten der Ausgangsgröße y. Die wichtigen Arbeitspunkte müssen für die Linearisierung ausgewählt werden.

- Die dynamischen Abweichungen des quasi linearen Modells vom originalen Modell können durch die Abweichungen der dynamischen Antwortvorgänge aus beiden Modellen bewertet werden. Im Beispiel wurde $a_2(y)$ bei großen Werten von y mit zu wenigen Punkten angenähert, deshalb trat die größere Abweichung der dynamischen Antworten aus beiden Modellen bei $u=8$ auf (vgl. Bild 6-6).

6.3 Linearisierungen des nichtlinearen FE-Modells des WW-WVS

Die Linearisierungen sind der erste Schritt der Reduktion nichtlinearer FE-Modelle mit der hier vorgestellten Methode. Für das FE-Modell des WW-WVS bedeutet das, dass die Kompressibilität der Flüssigkeit als unterschiedliche Konstante anzunehmen ist. Bei einem bestimmten Wert der Kompressibilität ist das WW-WVS ein lineares System und ein reduziertes Modell kann mit dem im Kapitel 4 beschriebenen Identifikationsverfahren ermittelt werden.

Zuerst muss ein Arbeitspunkt definiert werden. Wie in den vorherigen Kapiteln hingewiesen, kann das WW-WVS als ein System mit zwei Eingangsgrößen F_1, F_2 und vier Ausgangsgrößen X_1, X_2, p_1, p_2 dargestellt werden. Ein Arbeitspunkt des WW-WVS lässt sich mit einem stationären Zustand dieser sechs Parameter definieren.

Sind zwei Eingangsgrößen gleichzeitig als variabel zu berücksichtigen, kann die Analyse in den Abschnitten 6-1 und 6-2 nicht angewendet werden, da die Analyse nur mit einer Eingangsgröße durchgeführt wurde. Deshalb wird hier nur die eine Eingangsgröße, entweder F_1 oder F_2, als variabel betrachtet, während die andere als konstant anzunehmen ist. Ferner ist diese Konstante als Null zu bestimmen, so dass die Nichtlinearität bei niedrigem Druck beobachtet werden kann. Auf die gleichzeitige Wirkung der zwei Eingangsgrößen wird im Abschnitt 6-5 eingegangen.

Obwohl es mehrere Ausgangsgrößen gibt, kann jede Beziehung zwischen einer Ausgangsgröße und der Eingangsgröße, die als variabel gewählt wurde, als ein SISO-System mit der in den Abschnitten 6-1 und 6-2 beschriebenen Methode analysiert werden. Dabei können die Koeffizienten der Differentialgleichung keine Funktionen von dieser Ausgangsgröße selbst, sondern von einer anderen Ausgangsgröße abhängig sein. D.h., dass die Differentialgleichung eine Form (vgl. Gleichung (6-6))

$$a_n(z) y^{(n)} + \cdots + a_1(z) \dot{y} + a_0(z) y = b_n(z) u^{(n)} + \cdots + b_1(z) \dot{u} + u \qquad (6\text{-}22)$$

hat. Durch den gleichen Vorgang im Abschnitt 6.2 kann man die Linearisierung (vgl. Gleichung (6-13)) der Gleichung (6-22) um den Arbeitspunkt $u=u_0$, $y=y_0$ und $z=z_0$

$$a_n(z_0) \cdot \Delta y^{(n)} + \cdots + a_1(z_0) \cdot \Delta \dot{y} + \frac{da_0(z_0)}{dz} \cdot y_0 \cdot \Delta z + a_0(z_0) \cdot \Delta y =$$
$$b_n(z_0) \cdot \Delta u^{(n)} + \cdots + b_1(z_0) \cdot \Delta \dot{u} + \Delta u$$

erhalten.

Im allgemeinen existiert eine Beziehung $y=f(z)$ oder $z=h(y)$, aus der folgt $\Delta z=[dh(y_0)/dy]\Delta y$. Dann ergibt sich

$$a_n(z_0) \cdot \Delta y^{(n)} + \cdots + a_1(z_0) \cdot \Delta \dot{y} + [\frac{da_0(z_0)}{dz} \cdot \frac{dh(y_0)}{dy} \cdot y_0 + a_0(z_0)] \cdot \Delta y =$$
$$b_n(z_0) \cdot \Delta u^{(n)} + \cdots + b_1(z_0) \cdot \Delta \dot{u} + \Delta u . \qquad (6\text{-}23)$$

Vergleicht man die Gleichung (6-22) mit der Gleichung (6-23), so kann man sehen, dass die Koeffizienten von $\Delta y^{(i)}$, $i=1,\cdots,n$, und $\Delta u^{(j)}$, $j=1,\cdots,n$, die Werte der entsprechenden Koeffizientenfunktionen von $y^{(i)}$ und $u^{(j)}$ beim Arbeitspunkt haben. Nur der Koeffizient von Δy ist nicht gleich $a_0(z_0)$, sondern $[da_0(z_0)/dz][dh(y_0)/dy]y_0+a_0(z_0)$, da der dynamische Übertragungsfaktor nicht gleich dem statischen ist. Diese Folgerung unterscheidet sich nicht von der im Abschnitt 6.2. D.h., dass die Simulation der Gleichung (6-22) dadurch durchgeführt werden kann, dass die Koeffizientenfunktionen $a_i(z)$, $i=1,\cdots,n$, und $b_j(z)$, $j=1,\cdots,n$, durch die entsprechenden Koeffizienten aus den Linearisierungen, abhängig von den Arbeitspunkten, ersetzt werden, während $a_0(z)$ aus den statischen FE-Berechnungsergebnissen zu bestimmen ist.

Für das WW-WVS hängt das Übertragungsverhalten vom Druck (von der Kompressibilität, vgl. unten) ab, der einen durchschnittlichen oder ungleichgewichteten Wert von beiden Drücken annehmen kann. Beispielsweise hängt X_1 mehr vom Druck p_1 ab, während X_2 hauptsächlich vom Druck p_2 beeinflusst wird. Welche Gewichtskombination der beiden Drücke für welche Ausgangsgröße besser geeignet ist, kann durch Proben mit verschiedenen Wertekombinationen bestimmt werden.

Es muss noch der Wertebereich der Kompressibilität bestimmt werden. Wie im Kapitel 2 beschrieben, ist die Kompressibilität der Flüssigkeit eine Funktion des Druckes p. D.h., dass der Wertebereich der Kompressibilität auch durch den Druckbereich bestimmt werden kann. Durch den Vergleich der Frequenzgänge bei verschiedenen Kompressibilitäten wurde festgestellt, dass das Übertragungsverhalten des WW-WVS sich kaum mehr verändert, wenn der Druck größer als 1 MPa wird, der einer Presszahl $\beta(p)=\beta(1)=6{,}0093*10^{-4}$ 1/MPa oder einem Kompressionsmodul $E_F=1664{,}08$ MPa entspricht. Deshalb wurde der Druckbereich von 0 bis 1 festgelegt. Ist der praktische Druck größer als 1, wird das gleiche Übertragungsverhalten wie bei $p=1$ angenommen.

Im Druckbereich [0,1] konnten dann endlich viele Punkte gewählt werden, für die die Linearisierungen durchzuführen sind. Durch die Beobachtung der Veränderungen des Übertragungsverhaltens können diese Punkte bestimmt werden. Zwischen zwei benachbarten Punkten soll sich das Übertragungsverhalten nicht wesentlich verändern. Für das WW-WVS wurden die Druckwerte 0, 0.005, 0.02, 0.03, 0.04, 0.05, 0.06, 0.07, 0.08, 0.09, 0.1, 0.12, 0.15, 0.2, 0.25, 0.3, 0.35, 0.4, 0.45, 0.5, 1 für die Linearisierungen gewählt.

In jedem Punkt ist das FE-Modell als linear zu betrachten, und ein reduziertes Modell kann mit der im Kapitel 4 vorgestellten Methode ermittelt werden. Die ermittelten Übertragungsfunktionen werden nach der Anzahl und den Typen der zugehörigen Pole und Nullstellen wie folgt dargestellt:

$$\frac{\Delta X_1(s)}{\Delta F_1(s)} = \frac{k_d \cdot N(s,\omega_4) \cdot N(s,\omega_5,\xi_5)}{P(s,\omega_1) \cdot P(s,\omega_2,\xi_2) \cdot P(s,\omega_3,\xi_3)}, \qquad (6\text{-}24)$$

$$\frac{\Delta X_1(s)}{\Delta F_2(s)} = \frac{k_d \cdot N(s,\omega_3) \cdot N(s,\omega_4)}{P(s,\omega_1,\xi_1) \cdot P(s,\omega_2,\xi_2)}, \qquad (6\text{-}25)$$

$$\frac{\Delta X_2(s)}{\Delta F_1(s)} = \frac{k_d \cdot N(s,\omega_3) \cdot N(s,\omega_4)}{P(s,\omega_1,\xi_1) \cdot P(s,\omega_2,\xi_2)}, \qquad (6\text{-}26)$$

$$\frac{\Delta X_2(s)}{\Delta F_2(s)} = \frac{k_d \cdot N(s,\omega_4,\xi_4) \cdot N(s,\omega_5,\xi_5)}{P(s,\omega_1,\xi_1) \cdot P(s,\omega_2,\xi_2) \cdot P(s,\omega_3,\xi_3)}, \qquad (6\text{-}27)$$

$$\frac{\Delta p_1(s)}{\Delta F_1(s)} = \frac{k_d \cdot N(s,\omega_6,\xi_6) \cdot N(s,\omega_7,\xi_7) \cdot N(s,\omega_8,\xi_8) \cdot N(s,\omega_9,\xi_9) \cdot N(s,\omega_{10},\xi_{10})}{P(s,\omega_1,\xi_1) \cdot P(s,\omega_2,\xi_2) \cdot P(s,\omega_3,\xi_3) \cdot P(s,\omega_4,\xi_4) \cdot P(s,\omega_5,\xi_5)},$$

$$(6\text{-}28)$$

$$\frac{\Delta p_1(s)}{\Delta F_2(s)} = \frac{k_d \cdot N(s,\omega_5,\xi_5) \cdot N(s,\omega_6,\xi_6) \cdot N(s,\omega_7) \cdot N(s,\omega_8)}{P(s,\omega_1,\xi_1) \cdot P(s,\omega_2,\xi_2) \cdot P(s,\omega_3,\xi_3) \cdot P(s,\omega_4,\xi_4)}, \qquad (6\text{-}29)$$

$$\frac{\Delta p_2(s)}{\Delta F_1(s)} = \frac{k_d \cdot N(s,\omega_6,\xi_6) \cdot N(s,\omega_7,\xi_7) \cdot N(s,\omega_8,\xi_8)}{P(s,\omega_1,\xi_1) \cdot P(s,\omega_2,\xi_2) \cdot P(s,\omega_3,\xi_3) \cdot P(s,\omega_4,\xi_4) \cdot P(s,\omega_5,\xi_5)}, \qquad (6\text{-}30)$$

$$\frac{\Delta p_2(s)}{\Delta F_2(s)} = \frac{k_d \cdot N(s,\omega_6,\xi_6) \cdot N(s,\omega_7,\xi_7) \cdot N(s,\omega_8,\xi_8) \cdot N(s,\omega_9,\xi_9)}{P(s,\omega_1,\xi_1) \cdot P(s,\omega_2,\xi_2) \cdot P(s,\omega_3,\xi_3) \cdot P(s,\omega_4,\xi_4) \cdot P(s,\omega_5)}. \qquad (6\text{-}31)$$

Dabei sind

$$P(s,\omega_i) = N(s,\omega_i) = \frac{s}{\omega_i} + 1 \qquad (6\text{-}32)$$

$$P(s,\omega_i,\xi_i) = N(s,\omega_i,\xi_i) = \frac{s^2}{\omega_i^2} + \frac{2\xi_i}{\omega_i} + 1 \qquad (6\text{-}33)$$

die Übertragungsglieder von reellen Polen bzw. Nullstellen (Gleichung (6-32)) und von konjugiert komplexen Pol- bzw. Nullstellenpaaren (Gleichung (6-33)), während k_d der dynamische Übertragungsfaktor im Arbeitspunkt ist.

Außerhalb der Gleichung (6-24) haben die anderen Übertragungsfunktionen hier gleiche Ordnungen wie die Gleichungen (4-8)-(4-14), da die durch FE-Berechnungen ermittelten Frequenzgänge $\Delta X_1(j\omega)/\Delta F_1(j\omega)$ beim niedrigeren Druck (bei der größeren Presszahl) eine ganz andere Eigenschaft im niedrigen Frequenzbereich als beim höheren Druck zeigen. Dieser Unterschied wird im Bild 6-7 dargestellt. Entsprechend dem Unterschied der Frequenzgänge sind die Sprungantworten auch unterschiedlich (vgl. Bild 6-8).

Diese Eigenschaft der Frequenzgänge $\Delta X_1(j\omega)/\Delta F_1(j\omega)$ im niedrigen Frequenzbereich lässt sich mit einem reellen Pol und einer reellen Nullstelle erster Ordnung identifizieren (vgl. Gleichung (6-24)). Beim niedrigeren Druck ist der Betrag der Nullstelle größer als der des Pols, während der Pol und die Nullstelle sich beim höheren Druck überlappen. Deshalb entsteht der Unterschied im Bild 6-7a und b.

Es ist darauf hinzuweisen, dass diese Eigenschaft der durch FE-Berechnungen ermittelten Frequenzgänge $\Delta X_1(j\omega)/\Delta F_1(j\omega)$ im niedrigen Frequenzbereich physikalisch schwer zu erklären ist. Der Vorgang der Sprungantwort beim niedrigeren Druck (vgl. Bild 6-8) ist

$+$ FE-Berechnung $-$ Identifikation

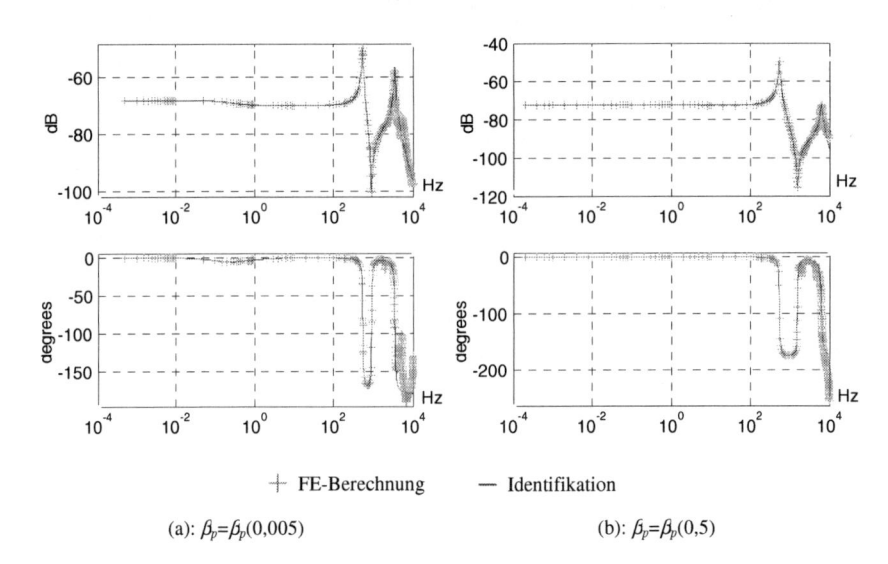

(a): $\beta_p=\beta_p(0{,}005)$ (b): $\beta_p=\beta_p(0{,}5)$

Bild 6-7: Unterschied der Frequenzgänge $\Delta X_1(s)/\Delta F_1(s)$ bei verschiedenen Kompressibilitäten

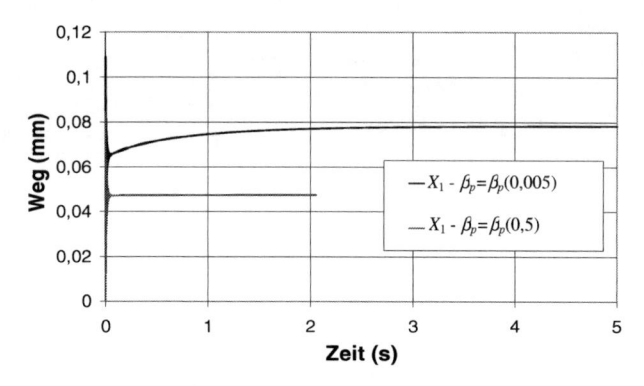

Bild 6-8: Sprungantworten des Weges X_1 bei verschiedenen Kompressibilitäten (FE-Berechnung beim Kraftsprung: F_1=200 N, F_2=0 N)

unerwünscht. Bei der Anwendung des Elements FLUID29 zur Vernetzung des Flüssigkeitsteils tritt das Phänomen der Frequenzgänge $\Delta X_1(j\omega)/\Delta F_1(j\omega)$ nicht auf. Der Grund des Phänomens bei der Verwendung des Elements FLUID79 liegt wahrscheinlich in der nicht rechteckigen Form der Elemente. Das FLUID79 verlangt eine rechteckige Elementform.

Trotzdem wird dieses Phänomen im niedrigen Frequenzbereich im reduzierten Modell berücksichtigt, weil das FE-Modell bei seiner Reduktion als Referenzmodell dient und seine Informationen möglichst viel im reduzierten Modell gehalten werden sollen. Das Phänomen konnte beim reduzierten Modell, das im Kapitel 5 durch die Systemvereinfachung mit konzentrierten Parametern aufgestellt wurde, nicht berücksichtigt werden, da sich dort keine solche Möglichkeit ergab.

Die Frequenzgänge aus den Übertragungsfunktionen (6-24)-(6-31) und aus den entsprechenden FE-Berechnungen sind für einige Arbeitspunkte im Anhang C dargestellt, so dass die Veränderungen der Frequenzgänge mit den Arbeitspunkten und die Abweichungen der identifizierten Übertragungsfunktionen vom originalen FE-Modell beobachtet werden können. Dabei werden lineare Auflösungen für die Frequenzachse angenommen, damit die eng liegenden Pole bzw. Nullstellen im allgemeinen Frequenzbereich besser auseinander gehalten werden können. Aber die Auflösung im niedrigen Frequenzbereich ist somit schlechter und der Unterschied der Frequenzgänge $\Delta X_1(s)/\Delta F_1(s)$ in diesem Bereich kann nicht erkannt werden.

Die Pole und Nullstellen dieser Übertragungsfunktionen verändern sich mit der Veränderung des Arbeitspunktes. Dies wird in den Bildern 6-9 bis 6-12 dargestellt. Für die konjugiert komplexen Nullstellen- und Polpaare wurden nur diejenigen Pole und Nullpunkte gezeichnet, die eine positive imaginäre Zahl haben. Dabei stellt das Symbol '×' die Pole dar und 'o' die Nullstellen.

Die Zeichnung der Pole und Nullstellen ist für die Prüfung der Richtigkeit der reduzierten Modelle um den Arbeitspunkten sehr hilfreich, weil die Pole und Nullstellen sich allmählich ändern sollen. Manchmal müssen die identifizierten Ergebnisse (Pole und Nullstellen eines reduzierten Modells) so geregelt werden, dass die Pole und Nullstellen zwischen ihren zwei benachbarten Punkten oder nahebei liegen.

(a): $X_1(s)/F_1(s)$

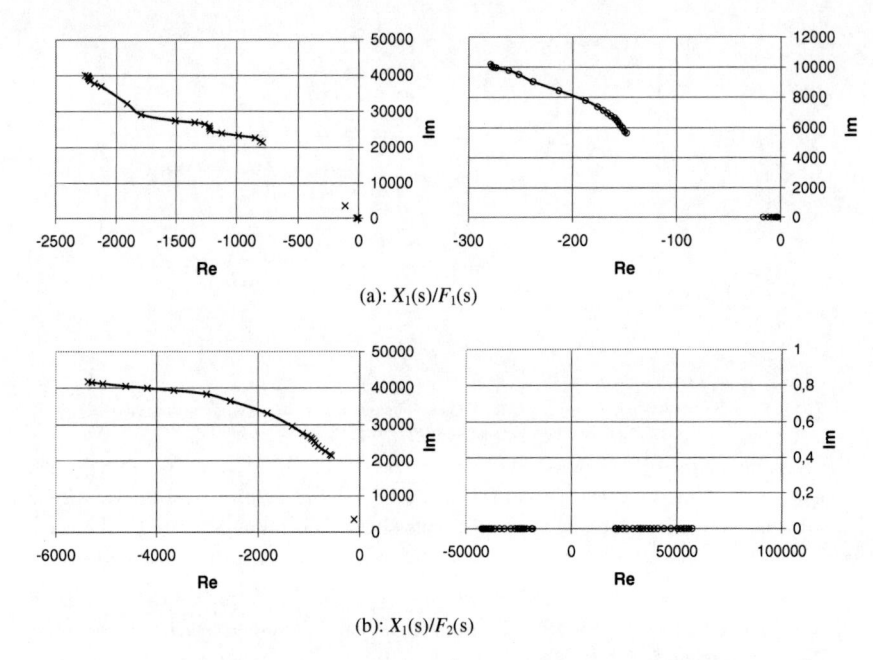

(b): $X_1(s)/F_2(s)$

Bild 6-9: Pole und Nullstellen der Übertragungsfunktionen von X_1

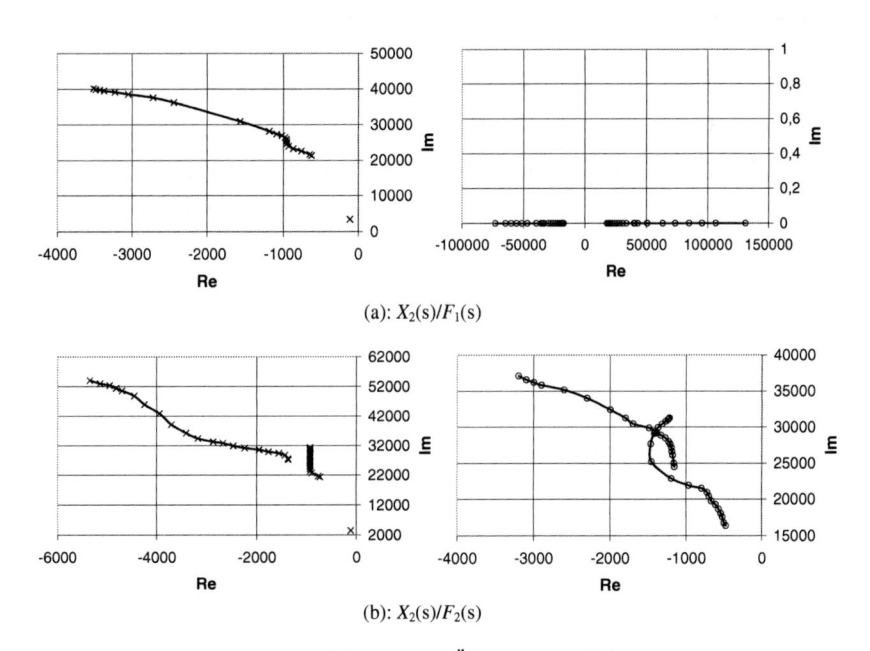

(a): $X_2(s)/F_1(s)$

(b): $X_2(s)/F_2(s)$

Bild 6-10: Pole und Nullstellen der Übertragungsfunktionen von X_2

(a): $p_1(s)/F_1(s)$

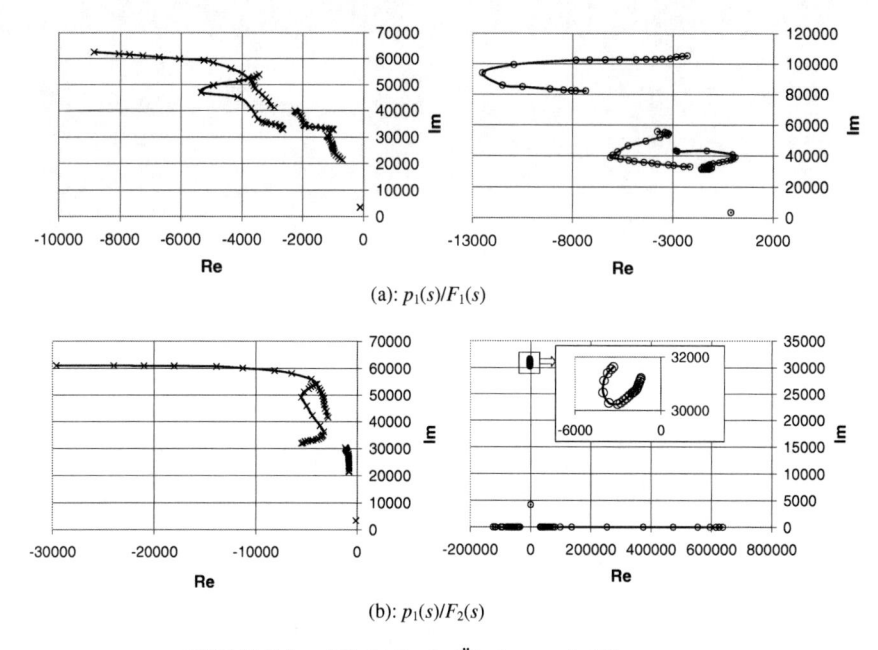

(b): $p_1(s)/F_2(s)$

Bild 6-11: Pole und Nullstellen der Übertragungsfunktionen von p_1

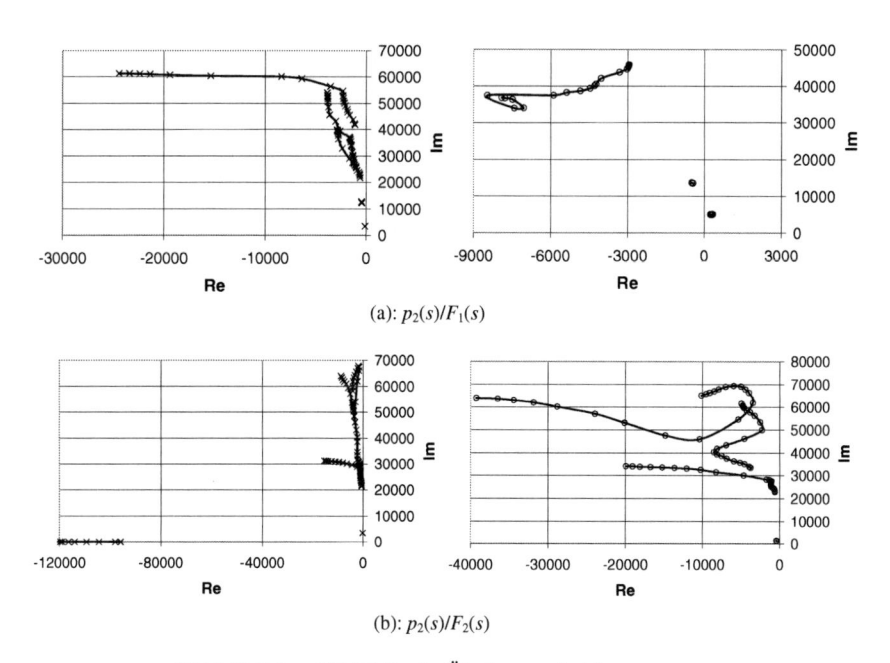

(a): $p_2(s)/F_1(s)$

(b): $p_2(s)/F_2(s)$

Bild 6-12: Pole und Nullstellen der Übertragungsfunktionen von p_2

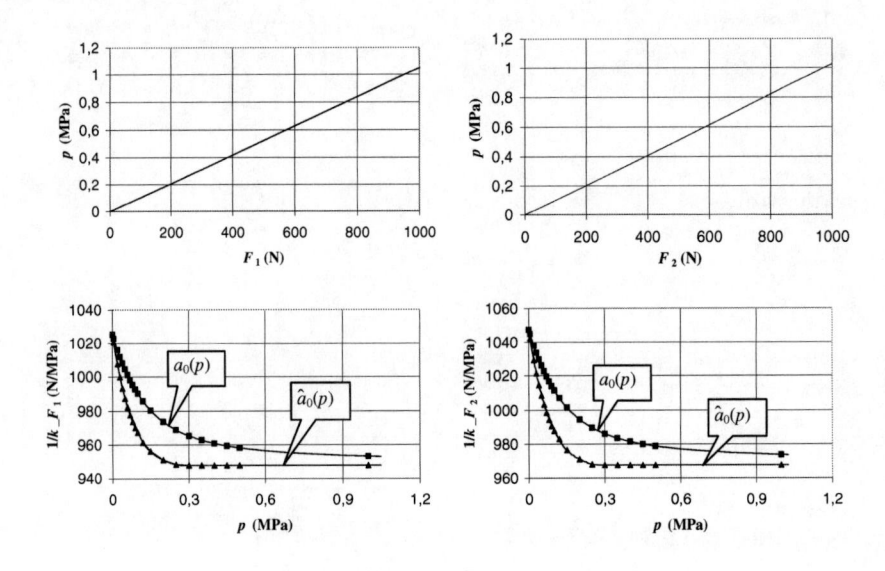

Bild 6-13: Kennlinien und Übertragungsfaktoren von p

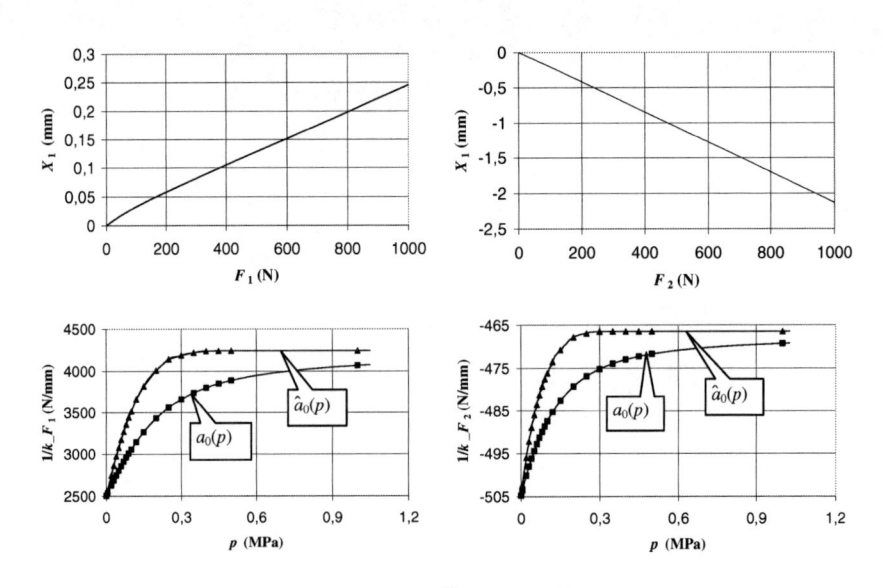

Bild 6-14: Kennlinien und Übertragungsfaktoren von X_1

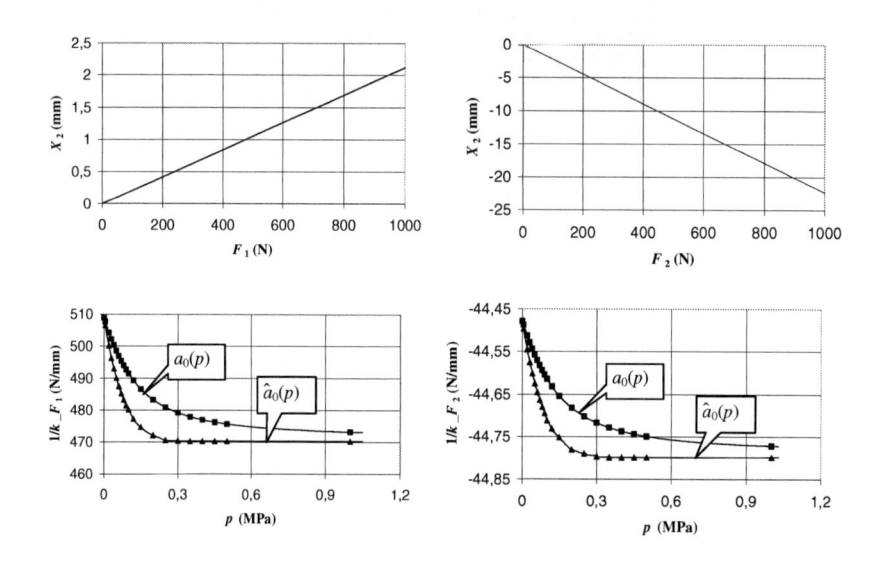

Bild 6-15: Kennlinien und Übertragungsfaktoren von X_2

Aus den Bildern 6-9 bis 6-12 ist zu ersehen, dass das erste konjugiert komplexe Polpaar von allen Übertragungsfunktionen sich kaum verändert. Dies entspricht der ersten Eigenfrequenz des Systems. Daraus folgt also, dass die niedrigste Schwingungsfrequenz der Systemantworten auf eine Störung von der variablen Kompressibilität fast nicht abhängt.

Für die Simulation des ganzen nichtlinearen Systems mit den Ergebnissen aller Linearisierungen muss man noch die stationären Übertragungsfaktoren in den Arbeitspunkten kennen. Diese Faktoren können aus den Kennlinien zwischen der Eingangsgröße und Ausgangsgröße (vgl. Bild 6-3) ermittelt werden. Die Kennlinien und die statischen bzw. dynamischen Übertragungsfaktoren des WW-WVS wurden aus den statischen FE-Ergebnissen berechnet und in den Bildern 6-13 bis 6-15 gezeichnet. Alle Übertragungsfaktoren des WW-WVS waren zwar als Funktionen vom Druck dargestellt worden, sie gelten aber als Beziehungen zwischen den entsprechenden Ein- und Ausgangsgrößen.

In den Bildern 6-13 bis 6-15 wurden die statischen bzw. dynamischen Übertragungsfaktoren in den ausgewählten Arbeitspunkten mit dem Symbol '■' bzw. '▲' unterschieden.

6.4 Das reduzierte Modell des nichtlinearen FE-Modells des WW-WVS

Nun ist es möglich, das reduzierte Simulationsmodell vom nichtlinearen FE-Modell des WW-WVS aufzubauen. Im Bild 6-16 wird das reduzierte Modell nur unter Berücksichtigung der variablen Kraft F_1 dargestellt. Dabei wurde jede Beziehung zwischen der Ein- und Ausgangsgröße als ein Subsystem mit einem Ausgang und zwei Eingängen gezeichnet. Diese

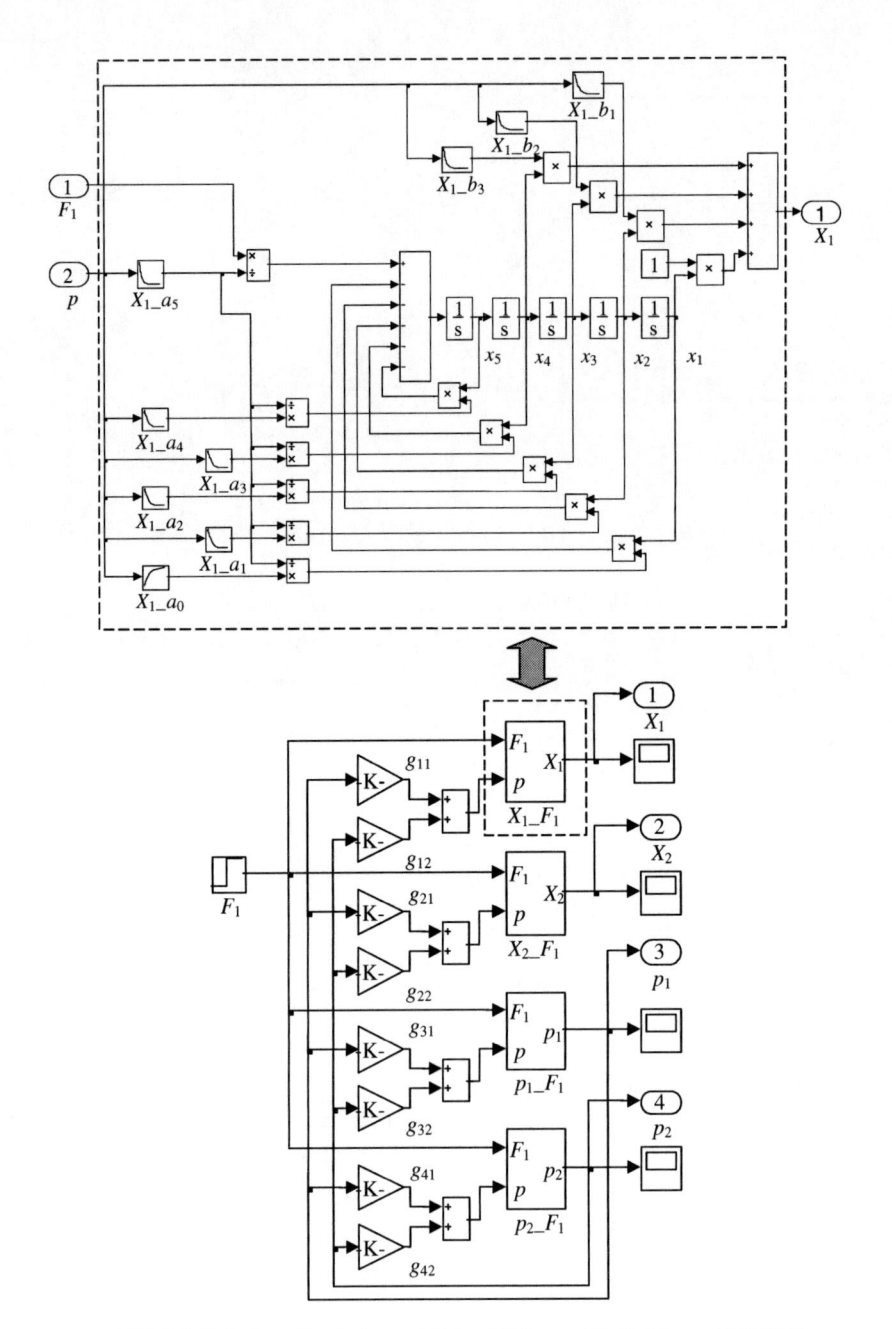

Bild 6-16: Reduziertes Simulationsmodell des nichtlinearen FE-Modells vom WW-WVS

Subsysteme wurden im Bild 6-16 $X_1\_F_1$, $X_2\_F_1$, $p_1\_F_1$ und $p_2\_F_1$ genannt. Der zusätzliche Eingang jedes Subsystems ist als ein Signaleingang zu nutzen, der die Parameter des Subsystems beeinflusst und von den Nichtlinearitäten des Systems abhängt. Das Signal zu diesem Eingang kann die Ausgangsgröße vom gleichen Subsystem oder von einem anderen Subsystem, sowie eine Kombination von einigen Ausgangsgrößen sein. Beim WW-WVS ist dieses Signal ein Druck, der einer Kompressibilität entspricht. Für vier Subsysteme des WW-WVS wurden die Einflusssignale als verschiedene Kombinationen von p_1 und p_2 angenommen, die durch unterschiedliche Gewichtfaktoren g_{ij} im Bild 6-16 dargestellt wurden.

Die Struktur der Subsysteme ist gleich derer im Bild 6-2, nur der Koeffizient $b_0(y)$ nimmt hier wegen der Normierung in der Gleichung (6-6) den konstanten Wert 1 an. Beispielhaft wurde das Subsystem $X_1\_F_1$ im Bild 6-16 skizziert.

Das reduzierte Simulationsmodell des WW-WVS bei der Berücksichtigung der Variation der Kraft F_2 wird nicht gezeichnet, weil es die gleiche Form wie im Bild 6-16 hat. Alle Symbole F_1 im Bild sind durch F_2 zu ersetzen. Die Subsysteme in diesem Fall haben natürlich unterschiedliche Koeffizientenfunktionen.

Mit dem reduzierten Modell im Bild 6-16 kann das Systemverhalten des WW-WVS simuliert werden. Im Bild 6-17 werden die dynamischen Antworten auf Sprungänderungen der Kraft F_1 bzw. F_2 dargestellt. Die Ergebnisse stimmen mit denen aus den FE-Berechnungen gut überein. Ein Unterschied zwischen beiden Modellen kann wegen zu weniger Arbeitspunkte für die Linearisierungen und der Reduktionsfehler bei allen Linearisierungen entstehen. Außerdem haben die Werte der Gewichtsfaktoren g_{ij} auch einen großen Einfluss auf die dynamischen Vorgänge, besonders auf die Dynamik des Wegs X_1. Die passenden und benutzten Werte der Gewichtsfaktoren sind diese:

für das Modell mit der Kraft F_1:

$g_{11}=0,95$ $g_{12}=0,05$; $g_{21}=0,05$ $g_{22}=0,95$; $g_{31}=0$ $g_{32}=1$; $g_{41}=1$ $g_{42}=0$

und für das Modell mit der Kraft F_2:

$g_{11}=0,9$ $g_{12}=0,1$; $g_{21}=1$ $g_{22}=0$; $g_{31}=0,4$ $g_{32}=0,6$; $g_{41}=1$ $g_{42}=0$.

Es ist darauf hinzuweisen, dass eine sogenannte algebraische Schleife durch die Rückführung des Drucks p_1 bzw. p_2 entsteht. Diese algebraische Schleife verursacht oft ein numerisches Problem während der Simulation, besonders wenn der Sprungwert sehr groß ist. In diesem Fall kann eine Übertragungsfunktion

$$G(s) = \frac{1}{1+Ts} \qquad (6\text{-}34)$$

in der Rückführungsschleife eingeführt werden, um die algebraische Schleife in eine allgemeine Schleife umzuwandeln. Aber die Zeitkonstante T der Übertragungsfunktion muss viel kleiner als das Minimum der Zeitkonstanten des Systems sein.

(a): F_1=200 N, F_2=0 N

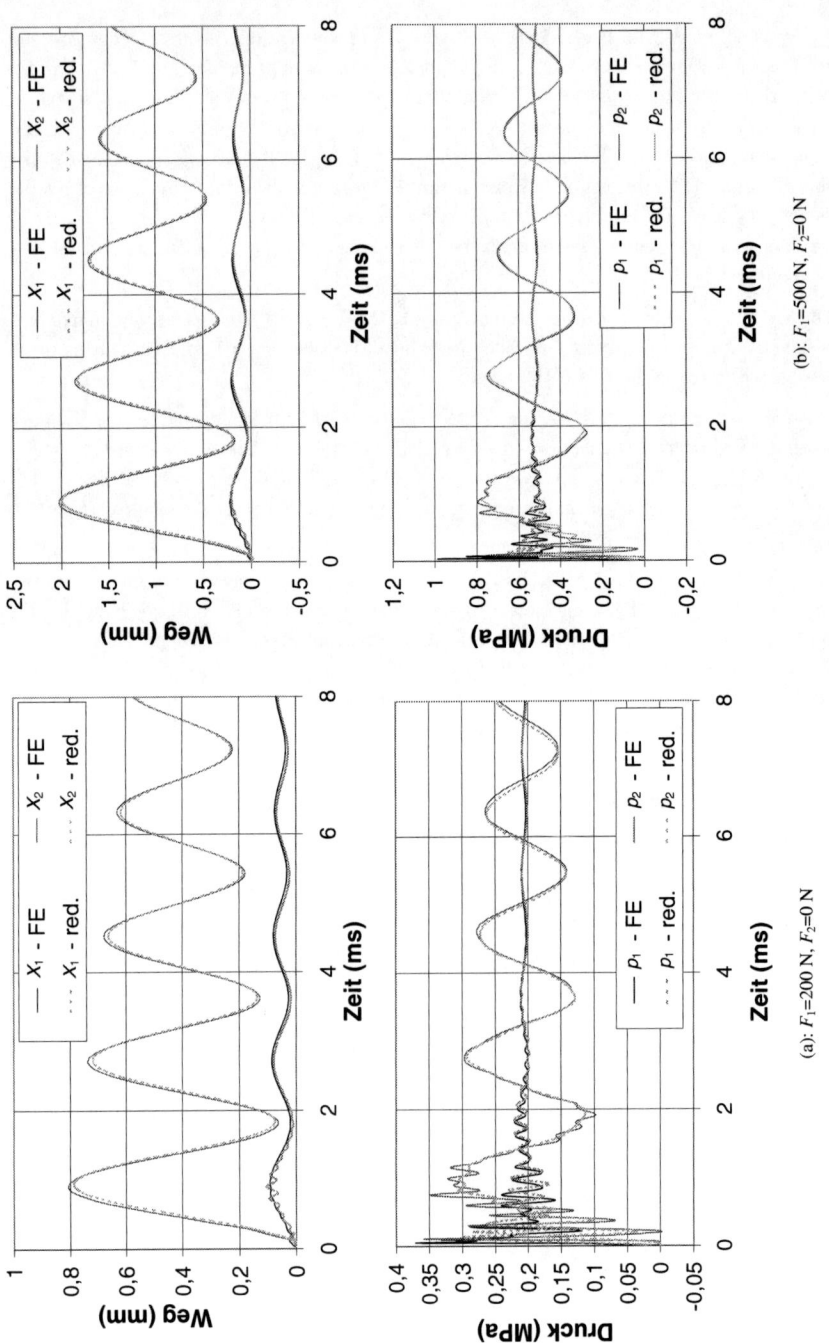

(b): F_1=500 N, F_2=0 N

[Zu Bild 6-17 S. 111]

(c): $F_1=0$ N, $F_2=20$ N

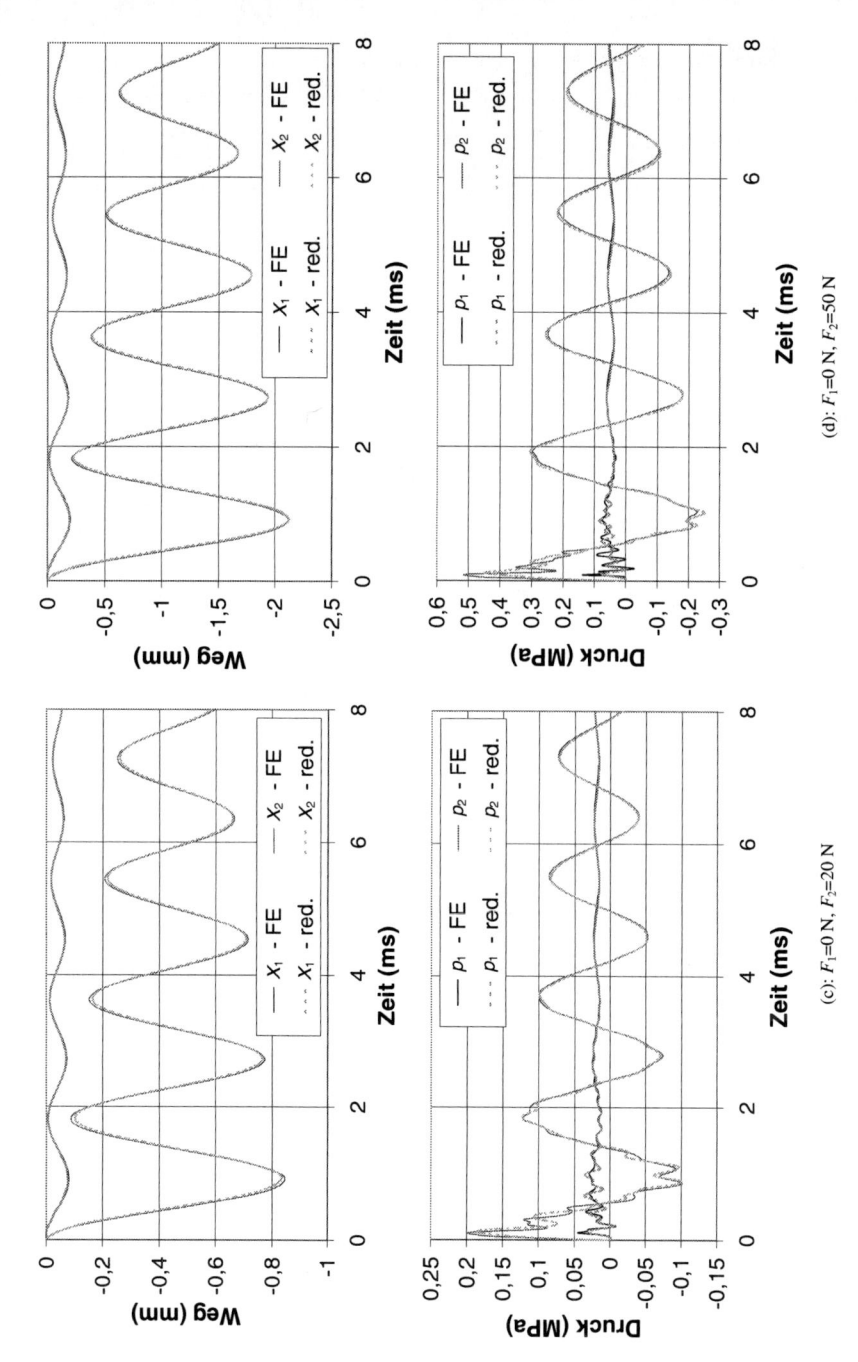

(d): $F_1=0$ N, $F_2=50$ N

Bild 6-17: Sprungantworten der nichtlinearen Modelle des WW-WVS

6.5 Gleichzeitige Wirkung von zwei variablen Eingangsgrößen

Bisher wurde nur eine Eingangsgröße, entweder F_1 oder F_2 für das WW-WVS, als variabel berücksichtigt, während die andere als Konstante zu betrachten war. Dieses ist für die Untersuchung des Einflusses der Eingangsgröße auf das Systemverhalten von Bedeutung, beim WW-WVS nämlich für die Untersuchung des Regelungsverhaltens der Regelkraft F_1 des Aktors oder des Belastungsverhaltens von der Lastkraft F_2. Es ist natürlich wünschenswert, das Systemverhalten untersuchen zu können, wenn zwei oder mehrere Eingangsgrößen, die auf einem System zusammenwirken, sich gleichzeitig verändern.

Der Grundgedanke für die Reduktion des nichtlinearen FE-Modells unter Berücksichtigung von nur einer variablen Eingangsgröße lag in der Annahme, dass das nichtlineare System mit einer Differentialgleichung variabler Koeffizienten beschrieben werden kann. Diese variablen Koeffizienten sind von der Nichtlinearität des Systems abhängig und lassen sich mit stückweise linearen Funktionen darstellen. Der Zusammenhang zwischen diesen Koeffizientenfunktionen und den Koeffizienten der linearisierten Gleichung, welche mit der Identifikationsmethode ermittelt werden konnte, wurde dann durch eine Normierung abgeleitet. Bei der Normierung ist die Invarianz des statischen Übertragungsfaktors im originalen und reduzierten System zu halten. Wird der gleiche Gedanke hier für ein System mit zwei Eingangsgrößen u_1 und u_2 angenommen, lässt sich eine Ausgangsgröße y des Systems mit der folgenden Gleichung beschrieben werden:

$$a_n(z)y^{(n)} + \cdots + a_1(z)\dot{y} + y = b_{1n}(z)u_1^{(n)} + \cdots + b_{11}(z)\dot{u}_1 + b_{10}(z)u_1 + \\ + b_{2n}(z)u_2^{(n)} + \cdots + b_{21}(z)\dot{u}_2 + b_{20}(z)u_2 . \quad (6\text{-}35)$$

Dabei stellt z alle auf die Nichtlinearitäten des Systems bezogenen Parameter dar. Weil hier nur die Nichtlinearität der Kompressibilität der Flüssigkeit berücksichtigt wird, lässt sich z mit dem Druck p darstellen, welcher die Kompressibilität bestimmt und eine Kombination von den Drücken p_1 und p_2 angenommen wird. Dann ergibt sich aus der Gleichung (6-35)

$$a_n(p)y^{(n)} + \cdots + a_1(p)\dot{y} + y = b_{1n}(p)u_1^{(n)} + \cdots + b_{11}(p)\dot{u}_1 + b_{10}(p)u_1 + \\ + b_{2n}(p)u_2^{(n)} + \cdots + b_{21}(p)\dot{u}_2 + b_{20}(p)u_2 . \quad (6\text{-}36)$$

Führt man in der Gleichung (6-36) die Abweichungen von den Betriebspunkten und Taylorreihen der Koeffizientenfunktionen ein, so hat man nach dem Weglassen der Terme zweiter und höherer Ordnung in den Taylor-Entwicklungen

$$a_n(p_0)\Delta y^{(n)} + \cdots + a_1(p_0)\Delta \dot{y} + \Delta y = b_{1n}(p_0)\Delta u_1^{(n)} + \cdots + b_{11}(p_0)\Delta \dot{u}_1 + b_{10}(p_0)\Delta u_1 + \\ + b_{2n}(p_0)\Delta u_2^{(n)} + \cdots + b_{21}(p_0)\Delta \dot{u}_2 + b_{20}(p_0)\Delta u_2 + [\frac{db_{10}(p_0)}{dp}u_{10} + \frac{db_{20}(p_0)}{dp}u_{20}]\Delta p.$$

Wie bei der Gleichung (6-23) wird $p=h(y)$ angenommen (bei X_1, X_2, p_1 und p_2 sind verschiedene Kombinationen der Drücke p_1 und p_2 für p anzunehmen), dann bekommt man

$$a_n(p_0)\Delta y^{(n)} + \cdots + a_1(p_0)\Delta \dot{y} + [1 - \frac{db_{10}(p_0)}{dp}\frac{dh(y_0)}{dy}u_{10} - \frac{db_{20}(p_0)}{dp}\frac{dh(y_0)}{dy}u_{20}]\Delta y = \quad (6\text{-}37)$$
$$b_{1n}(p_0)\Delta u_1^{(n)} + \cdots + b_{11}(p_0)\Delta \dot{u}_1 + b_{10}(p_0)\Delta u_1 + b_{2n}(p_0)\Delta u_2^{(n)} + \cdots + b_{21}(p_0)\Delta \dot{u}_2 + b_{20}(p_0)\Delta u_2.$$

Daraus folgt, dass außerhalb des Koeffizienten von Δy alle anderen Koeffizienten in der linearisierten Gleichung (6-37) die Werte im Arbeitspunkt der entsprechenden Koeffizientenfunktionen in der Gleichung (6-36) annehmen. Die Frage ist, wie man diese Koeffizientenfunktionen bestimmen kann.

Zunächst wird die statische Beziehung der Gleichung (6-36)

$$y = b_{10}(p)u_1 + b_{20}(p)u_2 \qquad (6\text{-}38)$$

untersucht. Dafür werden die Kennlinien des originalen FE-Modells bei konstanten Drücken berechnet. Die Berechnungsergebnisse bei einigen Druckwerten sind in der Tabelle 6-1 dargestellt worden.

Wie im Bild 6-18 gezeichnet, sind die Beziehungen zwischen dem Weg X_1 bzw. X_2 und den zwei Eingangskräften linear. Durch Regressionsrechnung kann eine lineare Gleichung

bzw.
$$X_1 = b_{1k}F_1 + b_{2k}F_2 \qquad \text{bei } p = p_k \qquad (6\text{-}39)$$

$$X_2 = c_{1k}F_1 + c_{2k}F_2 \qquad \text{bei } p = p_k \qquad (6\text{-}40)$$

für jeden Druckwert ermittelt werden. Dadurch werden sich druckabhängige Koeffizientenfunktionen $b_1(p)$, $b_2(p)$ bzw. $c_1(p)$, $c_2(p)$ ergeben. Diese entsprechen den Koeffizientenfunktionen $b_{10}(p)$ und $b_{20}(p)$ in der Gleichung (6-38) und werden mit $b_{10}\_X_1$, $b_{20}\_X_1$ bzw. $b_{10}\_X_2$, $b_{20}\_X_2$ in der Tabelle 6-2 sowie im Bild 6-19 dargestellt.

Für die Beziehung zwischen dem Druck und den zwei Kräften kann man nicht die Regressionsrechnungen der Kennlinien benutzen, weil der Druck selbst bei jeder Kennlinie konstant ist. Aber diese Beziehung lässt sich aus den Kraftwerten in der Tabelle 6-1 errechnen.

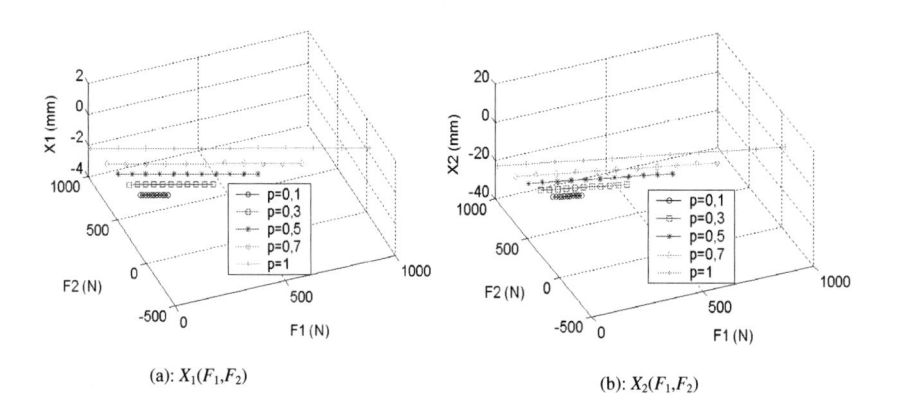

(a): $X_1(F_1, F_2)$

(b): $X_2(F_1, F_2)$

Bild 6-18: Kennlinien des WW-WVS bei konstantem Druck

113

Tabelle 6-1: Ergebnisse des nichtlinearen FE-Modells bei konstantem Druck

p(MPa)	F_1(N)	F_2(N)	X_1(mm)	X_2(mm)	p(MPa)	F_1(N)	F_2(N)	X_1(mm)	X_2(mm)
0,005	0	5,212	-0,010351	-0,117157	0,1	0	101,058	-0,207312	-2,265175
	0,5	4,702	-0,009141	-0,104708		10	90,852	-0,183101	-2,016066
	1	4,192	-0,007931	-0,092259		20	80,646	-0,158891	-1,766958
	1,5	3,682	-0,006721	-0,079810		30	70,440	-0,134681	-1,517849
	2	3,170	-0,005507	-0,067317		40	60,234	-0,110470	-1,268741
	2,5	2,660	-0,004297	-0,054868		50	50,028	-0,086260	-1,019632
	3	2,150	-0,003087	-0,042419		60	39,822	-0,062049	-0,770523
	3,5	1,638	-0,001873	-0,029926		70	29,616	-0,037839	-0,521415
	4	1,128	-0,000663	-0,017477		80	19,410	-0,013629	-0,272306
	4,5	0,618	0,000547	-0,005028		90	9,204	0,010582	-0,023198
	5	0,108	0,001757	0,007420		100	-0,984	0,034755	0,225508
0,02	0	20,738	-0,041464	-0,465883	0,3	0	294,894	-0,620548	-6,594629
	2	18,696	-0,036620	-0,416043		30	264,352	-0,548082	-5,849016
	4	16,654	-0,031776	-0,366203		60	233,808	-0,475611	-5,103358
	6	14,612	-0,026932	-0,316364		90	203,266	-0,403145	-4,357745
	8	12,570	-0,022089	-0,266524		120	172,722	-0,330674	-3,612087
	10	10,528	-0,017245	-0,216684		150	142,180	-0,258208	-2,866474
	12	8,486	-0,012401	-0,166844		180	111,636	-0,185737	-2,120817
	14	6,444	-0,007557	-0,117005		210	81,094	-0,113271	-1,375203
	16	4,402	-0,002713	-0,067165		240	50,552	-0,040805	-0,629590
	18	2,360	0,002130	-0,017325		270	20,008	0,031666	0,116067
	20	0,318	0,006974	0,032515		300	-10,518	0,104098	0,861323
0,04	0	41,154	-0,082937	-0,923897	0,5	0	486,322	-1,030995	-10,867715
	4	37,072	-0,073253	-0,824263		50	435,590	-0,910589	-9,628888
	8	32,988	-0,063566	-0,724583		100	384,858	-0,790184	-8,390062
	12	28,904	-0,053878	-0,624904		150	334,126	-0,669779	-7,151235
	16	24,820	-0,044190	-0,525224		200	283,394	-0,549373	-5,912408
	20	20,736	-0,034503	-0,425545		250	232,662	-0,428968	-4,673582
	24	16,652	-0,024815	-0,325865		300	181,930	-0,308562	-3,434755
	28	12,570	-0,015132	-0,226231		350	131,198	-0,188157	-2,195928
	32	8,486	-0,005444	-0,126551		400	80,466	-0,067752	-0,957102
	36	4,402	0,004243	-0,026872		450	29,736	0,052649	0,281680
	40	0,318	0,013931	0,072808		500	-20,980	0,173020	1,520150
0,06	0	61,312	-0,124406	-1,375618	1	0	966,172	-2,058862	-21,580161
	6	55,188	-0,109879	-1,226143		100	864,878	-1,818420	-19,106340
	12	49,062	-0,095347	-1,076624		200	763,584	-1,577979	-16,632518
	18	42,938	-0,080820	-0,927150		300	662,292	-1,337541	-14,158740
	24	36,812	-0,066289	-0,777631		400	560,998	-1,097099	-11,684918
	30	30,688	-0,051762	-0,628157		500	459,704	-0,856657	-9,211096
	36	24,562	-0,037230	-0,478637		600	358,410	-0,616216	-6,737274
	42	18,438	-0,022703	-0,329163		700	257,116	-0,375774	-4,263452
	48	12,312	-0,008172	-0,179644		800	155,822	-0,135332	-1,789630
	54	6,188	0,006355	-0,030170		900	54,528	0,105110	0,684191
	60	0,062	0,020887	0,119349		1000	-46,748	0,345513	3,157612

Tabelle 6-2: Statische Übertragungsfaktoren bei zwei Eingangsgrößen

p (MPa)	$b_{10\_}X_1$	$b_{20\_}X_1$	$b_{10\_}X_2$	$b_{20\_}X_2$	$b_{10\_}p$	$b_{20\_}p$
0,005	0,0003942	-0,0019860	0,0019696	-0,0224782	-0,0466949	0,5329096
0,01	0,0003891	-0,0019910	0,0019746	-0,0224734	-0,0426848	0,4858157
0,02	0,0003805	-0,0019994	0,0019829	-0,0224652	-0,0427665	0,4845131
0,03	0,0003721	-0,0020076	0,0019911	-0,0224572	-0,0429445	0,4843677
0,04	0,0003643	-0,0020153	0,0019987	-0,0224498	-0,0431322	0,4844763
0,05	0,0003570	-0,0020224	0,0020057	-0,0224428	-0,0433074	0,4845790
0,06	0,0003502	-0,0020291	0,0020123	-0,0224364	-0,0434731	0,4846982
0,07	0,0003439	-0,0020352	0,0020185	-0,0224303	-0,0436281	0,4848178
0,08	0,0003380	-0,0020410	0,0020242	-0,0224247	-0,0437748	0,4849493
0,09	0,0003325	-0,0020464	0,0020295	-0,0224195	-0,0439102	0,4850572
0,1	0,0003274	-0,0020514	0,0020345	-0,0224146	-0,0440374	0,4851674
0,12	0,0003181	-0,0020604	0,0020435	-0,0224058	-0,0441640	0,4842375
0,15	0,0003065	-0,0020718	0,0020548	-0,0223947	-0,0443861	0,4837527
0,2	0,0002916	-0,0020863	0,0020692	-0,0223805	-0,0446695	0,4831495
0,25	0,0002810	-0,0020967	0,0020795	-0,0223702	-0,0450238	0,4843401
0,3	0,0002732	-0,0021043	0,0020870	-0,0223627	-0,0452929	0,4853152
0,35	0,0002675	-0,0021099	0,0020926	-0,0223571	-0,0455034	0,4861489
0,4	0,0002631	-0,0021141	0,0020968	-0,0223528	-0,0456728	0,4868847
0,45	0,0002597	-0,0021174	0,0021001	-0,0223494	-0,0458107	0,4875264
0,5	0,0002571	-0,0021200	0,0021026	-0,0223467	-0,0459227	0,4880669
0,7	0,0002505	-0,0021264	0,0021089	-0,0223403	-0,0460215	0,4875087
1	0,0002459	-0,0021309	0,0021135	-0,0223357	-0,0462270	0,4885423

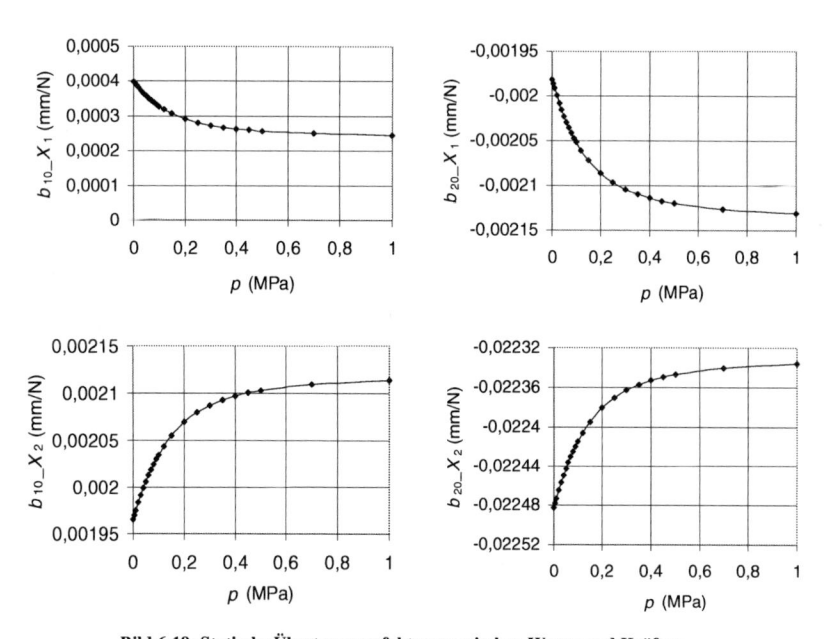

Bild 6-19: Statische Übertragungsfaktoren zwischen Wegen und Kräften

Die Daten der Kräfte werden im Bild 6-20 nach den Druckwerten gezeichnet. Bei einem konstanten Druck p_k liegen alle Punkte der Kraftkombinationen auf einer geraden Linie, derer Gleichung aus einer Regressionsrechnung ermittelt und mit

$$F_2 = -\frac{F_{20}(p_k)}{F_{10}(p_k)}F_1 + F_{20}(p_k) \qquad (6\text{-}41)$$

dargestellt werden kann.

Außerdem, wenn und nur wenn

$$p = \frac{p_k}{F_{10}(p_k)}F_1 + \frac{p_k}{F_{20}(p_k)}F_2 \qquad (6\text{-}42)$$

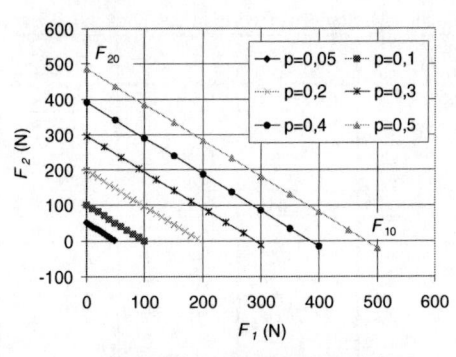

Bild 6-20: Kraftkombinationen bei konstantem Druck

gilt, kann gesichert werden, dass ein konstanter Druckwert bei allen Kraftkombinationen auf einer Linie zu ermitteln ist. Das lässt sich durch den Einsatz der Gleichung (6-41) in die Gleichung (6-42) beweisen.

Die Koeffizienten in der Gleichung (6-42) sind die statischen Übertragungsfaktoren zwischen dem Druck und den beiden Kräften. Ihre Werte bei verschiedenen Drücken werden auch in der Tabelle 6-2 angegeben und im Bild 6-21 dargestellt.

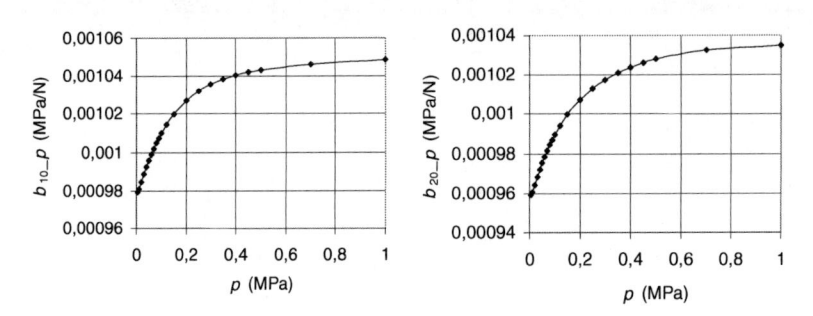

Bild 6-21: Übertragungsfaktoren zwischen Druck und Kräften

Ferner werden die Koeffizientenfunktionen der dynamischen Terme in der Gleichung (6-36) aus den linearisierten Modellen bestimmt. Sind die identifizierten Übertragungsfunktionen in einem Arbeitspunkt für die zwei Eingangsgrößen:

$$\frac{\Delta Y(s)}{\Delta U_1(s)} = \frac{Z_1(s)}{N_1(s)} \quad \text{und} \quad \frac{\Delta Y(s)}{\Delta U_2(s)} = \frac{Z_2(s)}{N_2(s)}, \qquad (6\text{-}43)$$

können sie für die einheitliche Darstellung der Nenner wie folgt geschrieben werden:

$$\frac{\Delta Y(s)}{\Delta U_1(s)} = \frac{Z_1(s)N_2(s)}{N_1(s)N_2(s)} \quad \text{und} \quad \frac{\Delta Y(s)}{\Delta U_2(s)} = \frac{Z_2(s)N_1(s)}{N_1(s)N_2(s)}. \qquad (6\text{-}44)$$

Dabei ergeben sich die folgenden Polynome:

$$N_1(s)N_2(s) = a_n s^n + \cdots + a_1 s + a_0,$$
$$Z_1(s)N_2(s) = b_{1n} s^n + \cdots + b_{11} s + b_{10},$$
$$Z_2(s)N_1(s) = b_{2n} s^n + \cdots + b_{21} s + b_{20}.$$

Im Zeitbereich erhält man die Differentialgleichung

$$a_n \Delta y^{(n)} + \cdots + a_1 \Delta \dot{y} + a_0 \Delta y = b_{1n} \Delta u_1^{(n)} + \cdots + b_{11} \Delta \dot{u}_1 + b_{10} \Delta u_1 + \\ + b_{2n} \Delta u_2^{(n)} + \cdots + b_{21} \Delta \dot{u}_2 + b_{20} \Delta u_2.$$ (6-45)

Vergleicht man die Gleichung (6-45) mit der Gleichung (6-37), kann man die Koeffizienten von Δu_1 oder Δu_2 nach $b_{10}(p_0)$ oder $b_{20}(p_0)$ normieren, dabei soll man den gleichen normierten Koeffizienten von Δy bekommen, d.h.:

$$\frac{a_0}{b_{10}} \cdot b_{10}(p_0) = \frac{a_0}{b_{20}} \cdot b_{20}(p_0) = [1 - \frac{db_{10}(p_0)}{dp}\frac{dh(y_0)}{dp}u_{10} - \frac{db_{20}(p_0)}{dp}\frac{dh(y_0)}{dp}u_{20}].$$

So ergibt sich

$$\frac{b_{10}(p_0)}{b_{10}} = \frac{b_{20}(p_0)}{b_{20}}.$$ (6-46)

Dieses bedeutet ein „gleichmäßiges Gewicht" der zwei Eingangsgrößen zu ihren statischen und dynamischen Übertragungen. Nach der Normierung sind dann alle Koeffizienten der dynamischen Terme die Werte der entsprechenden Koeffizientenfunktionen für einen bestimmten Druck.

Nun sind alle Koeffizientenfunktionen in der Gleichung (6-36) bestimmt. Die andere Frage ist, wie man die Gleichung (6-36) simulieren kann. Beim Einfachsystem wurde die Regelungsnormalform linearer Systeme zur Simulation der Differentialgleichung mit variablen Koeffizienten genutzt. Aber die Regelungsnormalform der Mehrfachsysteme ist viel komplizierter und kann nicht für die Simulation der Gleichung (6-36) verwendet werden. Die Beobachtungsnormalform eines linearen Systems mit zwei Eingangsgrößen, welches in der Form der Gleichung (6-45) aber mit $a_0=1$ zu beschreiben und im Bild 6-22 dargestellt ist,

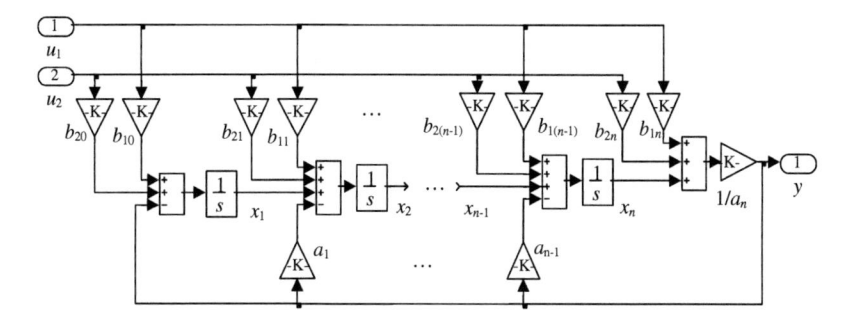

Bild 6-22: Simulation linearer Systeme mit der Beobachtungsnormalform

sieht geeignet aus für die Simulation der Gleichung (6-36). Aber diese Form kann eigentlich gar nicht für die Simulation der Differentialgleichungen mit variablen (von Ausgangsgrößen abhängigen) Koeffizienten eingesetzt werden. Das kann durch ein Einfachsystem zweiter Ordnung

$$a_2(y)\ddot{y} + a_1(y)\dot{y} + a_0(y)y = b_0(y)u \qquad (6\text{-}47)$$

bewiesen werden.

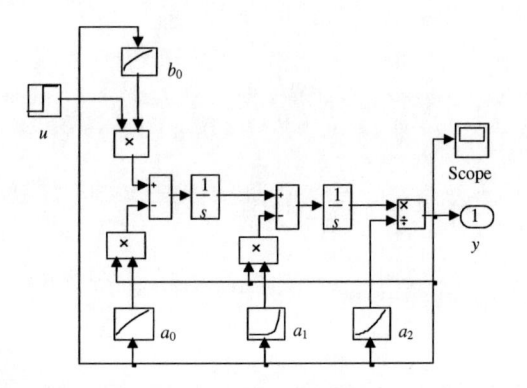

Bild 6-23: Beobachtungsnormalform mit variablen Koeffizienten

Die Simulation der Gleichung (6-47) mit der Beobachtungsnormalform wäre nach Bild 6-23 darzustellen. Aber aus dem Bild erhält man

$$a_2(y)y = \int \{-a_1(y)y + \int [-a_0(y)y + b_0(y)u]dt\}dt\,.$$

Daraus folgt.:

$$a_2(y)\dot{y} + \dot{a}_2(y)y = -a_1(y)y + \int [-a_0(y)y + b_0(y)u]dt$$

$$a_2(y)\ddot{y} + 2\dot{a}_2(y)\dot{y} + \ddot{a}_2(y)y = -a_1(y)\dot{y} - \dot{a}_1(y)y - a_0(y)y + b_0(y)u$$

$$a_2(y)\ddot{y} + [2\dot{a}_2(y) + a_1(y)]\dot{y} + [\ddot{a}_2(y) + \dot{a}_1(y) + a_0(y)]y = b_0(y)u$$

Diese Gleichung ist aber gar nicht wie die originale Gleichung (6-47)!

Weil sich ein Simulink-Modell für die Gleichung (6-36) nicht aufbauen lässt, wurde dann versucht, die Gleichung numerisch direkt zu lösen.

Allgemeine numerische Lösungsverfahren für Differentialgleichungen sind für Gleichungen oder ein Gleichungssystem erster Ordnung

$$\underline{\dot{x}}(t) = \underline{f}(\underline{x}(t),\underline{u}(t),t) \qquad (6\text{-}48)$$

entwickelt worden. Die Lösungsmethode ist die numerische Integration. Deswegen muss die Gleichung (6-36) zuerst in Gleichungen erster Ordnung umgewandelt werden. Das System mit nur einer Eingangsgröße wurde durch die Regelungsnormalform in Gleichungen erster Ordnung abgeleitet. Aber es ist unmöglich, die Differentialgleichung mit zwei Eingangsgrößen in eine Zustandsdarstellung mit der entsprechenden Beziehung zwischen den Koeffizienten der Differentialgleichung und den Komponenten der Systemmatrizen bzw. -vektoren umzuwandeln. Möglich ist nur, für jeden Arbeitspunkt, wobei die Koeffizienten der Differentialgleichung (6-36) konstant sind und deswegen die Gleichung linear ist, eine Zustandsdarstellung abzuleiten. Insgesamt für alle Arbeitspunkte ergibt sich

$$\dot{\underline{x}}(t) = \underline{A}(y)\underline{x}(t) + \underline{b}(y)u(t), \qquad (6\text{-}49)$$

$$y = \underline{c}^T(y)\underline{x} + d(y)u(t). \qquad (6\text{-}50)$$

Das ist ein sogenanntes algebraisches Differentialgleichungssystem. Die Systemmatrizen und -vektoren sind von den Arbeitspunkten abhängig. Zwischen zwei linearisierten Arbeitspunkten müssen zuerst alle Koeffizienten in der Gleichung (6-36) nach den entsprechenden stückweise linearen Funktionen ermittelt werden, dann lässt sich die Gleichung (6-36) in die Zustandsform (6-49)-(6-50) umwandeln.

Könnte eine explizierte Beziehung

$$y = g(\underline{x}, u) \qquad (6\text{-}51)$$

aus der algebraischen Gleichung (6-50) abgeleitet werden, würde sie dann in die Gleichung (6-49) eingesetzt:

$$\dot{\underline{x}}(t) = \underline{A}(g(\underline{x}, u))\underline{x}(t) + \underline{b}(g(\underline{x}, u))u(t). \qquad (6\text{-}52)$$

Diese Gleichung könnte dann mit allgemeinen numerischen Methoden gelöst werden.

Leider kann die Beziehung (6-51) für das Problem hier nicht ermittelt werden, weil alle Koeffizientenfunktionen nicht in explizierter Form dargestellt werden konnten. Nach geeigneten Lösungsmethoden für die Lösung der Gleichungen (6-49) und (6-50) wurde bisher vergeblich geforscht.

6.6 Auswertung

Die nichtlinearen FE-Modelle mit glatten Nichtlinearitäten können durch Linearisierungen reduziert werden. Die konkreten Schritte des Reduktionsverfahrens sind hier zusammengestellt:

1. *Bestimmung der Ein- und Ausgangsgrößen*: Für unterschiedliche Aufgabenstellungen können unterschiedliche Ein- und Ausgangsgrößen eines Systems bestimmt werden.

2. *Linearisierungen*: Erkennen des Arbeitsbereiches, Wählen der Arbeitspunkte für die Linearisierungen und Berechnung des Systemverhaltens in allen Arbeitspunkten sind die Hauptaufgabe in diesem Schritt. Welche dynamischen Berechnungen ausgeführt werden sollen, ist vom zu verwendenden Reduktionsverfahren im nächsten Schritt abhängig.

3. *Reduktionen aller linearisierten FE-Modelle*: Die Übertragungsfunktionen zwischen jeder Eingangsgröße und jeder Ausgangsgröße werden in allen Arbeitspunkten ermittelt. Das Identifikationsverfahren im Frequenzbereich ist dafür zu empfehlen, weil dabei meistens ein ideales Parametermodell identifiziert werden kann. Außerdem ist eine Analyse der Pole und Nullstellen sehr günstig, da so die Veränderungen der Pole und Nullstellen in den Arbeitspunkten zu beobachten sind.

4. *Aufstellung des nichtlinearen Simulationsmodells*: Hierbei sind die Koeffizienten der nichtlinearen Differentialgleichungen als stückweise lineare Funktionen anzunähern. Die Beziehung zwischen diesen Koeffizientenfunktionen und den Koeffizienten der reduzierten linearen Modelle (Übertragungsfunktionen) ist von der Normierung der nichtlinearen Differentialgleichungen abhängig.

5. *Validierung des nichtlinearen Simulationsmodells*: Die Simulationsergebnisse mit dem reduzierten Modell müssen möglichst gut mit denen aus den FE-Berechnungen übereinstimmen. Sind die Abweichungen von beiden Modellen zu groß, muss man prüfen, ob die ausgewählten Arbeitspunkte zu gering oder nicht gut positioniert sind. Außerdem können die zu großen Reduktionsfehler der reduzierten linearen Modelle in den Arbeitspunkten auch zur Ungültigkeit des nichtlinearen Simulationsmodells führen.

Beim Reduktionsverfahren durch Linearisierungen ist die Normalform der angenommenen Differentialgleichung des nichtlinearen Systems zu beachten, weil die Normierung der linearisierten Modelle in Arbeitspunkten von dieser Form abhängig ist.

Die Reduktion bei der Berücksichtigung von zwei variablen Eingangsgrößen ist viel komplizierter als die bei einer einzigen variablen Eingangsgröße. Obwohl ein reduziertes Modell in diesem Fall aufgestellt wurde, ist noch keine geeignete Simulationsmethode für dieses Modell gefunden worden. Das Problem lässt sich in dieser Arbeit noch nicht lösen und ist in der Zukunft weiter zu untersuchen.

7 Zusammenfassung und Ausblick

Zur Untersuchung des Systemverhaltens braucht man ein effizientes Modell. Wegen der Komplexität des Problems hat man häufig numerische Lösungsverfahren zu nutzen. Dabei benutzt man ein geometriebasiertes Modell, oft ein FE-Modell. Ein solches Modell beschreibt alle Orte des Systems, da das gesamte System in Elemente zerlegt wird. Als direkter Erfolg ergibt sich aber eine sehr hohe Zahl an Beschreibungsgleichungen, so dass die erreichte Komplexität der Modelle für weitere Anwendungen, z.b. für den Reglerentwurf oder für die Kombination von Modellen vieler Einzelkomponenten, unhandlich ist. Andererseits interessiert man sich oft nicht für das Systemverhalten im ganzen Bereich, sondern nur für das einiger wichtiger Teilgebiete, z.b. der Systemgrenze, da dort oft ein Energieaustausch oder eine Energieübertragung mit anderen Systemen erfolgt. Deshalb ist es wünschenswert, ein einfacheres oder reduziertes Modell vom FE-Modell so zu ermitteln, dass die beiden Modelle möglichst gleiches Verhalten in den interessierenden Gebieten haben.

Diese Arbeit beschäftigt sich mit der Reduktion linearer und nichtlinearer FE-Modelle. Als Beispiel wurde ein hydrostatisches Wellrohr/Wellrohr-Wegvergrößerungssystem (WW-WVS) mit der FEM modelliert und reduziert.

Beim WW-WVS geht es um ein Problem der Fluid-Struktur-Interaktion (FSI) ohne Strömung. Die Nichtlinearitäten, die im FE-Modell des WW-WVS existieren, wurden untersucht. Davon hat die variable Kompressibilität der Flüssigkeit einen großen Einfluss auf das Verhalten des WW-WVS, aber die benutzbaren Elemente haben diese Nichtlinearität nicht modelliert. In dieser Arbeit wurde deshalb ein Algorithmus zur Berechnung dieser Nichtlinearität vorgestellt. Dabei ist ein lineares Fluidelement von ANSYS verwendet worden. Für eine genügende Genauigkeit muss der Zeitschritt relativ klein gehalten werden. In der Zukunft ist ein nichtlineares Fluidelement zu entwickeln, damit die Rechenzeit für diese Nichtlinearität reduziert werden kann.

Über die Reduktion nichtlinearer FE-Modelle ist bisher noch nicht berichtet worden. Die bekannten Verfahren zur Reduktion nichtlinearer Systeme, die viel weniger als die Reduktionsverfahren linearer Systeme entwickelt wurden und immer von einer bestimmten Darstellung des originalen Systems ausgingen, sind für die Reduktion nichtlinearer FE-Modelle schwer anzuwenden, weil eine solche Darstellung für die nichtlinearen FE-Modelle meistens unmöglich ist, obwohl ein lineares FE-Modell mit der Bewegungsgleichung dargestellt werden kann. In dieser Arbeit wurden zwei Reduktionsverfahren für die nichtlinearen FE-Modelle entwickelt.

Die beiden Verfahren basieren mehr oder weniger auf der Reduktion linearer FE-Modelle. Für die Reduktion der linearen FE-Modelle wurde das allgemeine Identifikationsverfahren vorgestellt. Im Vergleich mit bekannten Verfahren hat diese Methode einen großen Vorteil, es ist kein Gütemaß oder Kriterium zu berücksichtigen, weil es vom Identifikationsverfahren selbst geliefert wird. Außerdem benötigt das Identifikationsverfahren zur Reduktion keine mathematische Darstellung des originalen Systems, sondern nur die im Zeit- oder Frequenzbereich dargestellten Beziehungen zwischen Ein- und Ausgangsgrößen. Dies ist für die Reduktion von FE-Modellen sehr günstig, weil die Systemmatrizen der Bewegungsgleichung in vielen FEM-Programmen schwer oder sogar unmöglich zu erhalten sind. Können diese Systemmatrizen von manchen FEM-Programmen ermittelt werden, sind ihre Inversion oder die Lösung der Eigenwerte oft problematisch, wenn ihre Dimensionen zu hoch sind. In diesem Fall können die meisten vorhandenen Reduktionsverfahren nicht benutzt werden. Grundsätzlich lässt sich das Identifikationsverfahren als eine sehr gute Reduktionsmethode betrachten, nicht nur für lineare FE-Modelle, sondern auch für andere Modelltypen.

Der Gedanke der Modellreduktion durch Systemvereinfachung mit konzentrierten Parametern beruht auf der Kombination von zwei Prozessen der Modellbildung: der geometriebasierten Modellbildung mit der theoretischen.

Die FE-Modellierung ist der Prozess der geometriebasierten Modellbildung, die auf den Konstruktionszeichnungen, beispielsweise von CAD erzeugt, basieren. Sie nutzt den Digitalrechner von Anfang an und bildet Systeme in ihren geometrischen Einzelheiten (finite Elemente) ab. Da die Aufgabe dieser Modelle die Beschreibung des vollständigen Systems als Basis für eine exakte Simulationsrechnung ist, werden diese Modelle als Rechenmodelle bezeichnet.

Die theoretische Modellbildung besteht aus dem Erkennen der relevanten physikalischen Effekte, dem Aufstellen der mathematischen Gleichungen durch Verwendung der physikalischen Gesetze und der Ermittlung der Systemparameter in den Gleichungen, die sich für das gegebene System im Betrieb nicht ändern. Als einzige Unbekannte verbleiben in den Gleichungen schließlich die Größen, die sich dynamisch verändern können. Auch wenn die theoretische Modellbildung in zunehmendem Maße Digitalrechner als Hilfsmittel nutzt, so kommt sie von der Idee her ohne deren Einsatz aus. Erst zur Simulation muss das fertige Modell in den Rechner übertragen werden.

Das theoretische Modell beschreibt nur die Orte des Systems, die das typische Verhalten des Systems besonders gut charakterisieren. Deswegen wird diese Art von Modell auch als Verhaltensmodell bezeichnet. Verglichen mit dem Rechenmodell hat ein Verhaltensmodell eine geringe Zahl an benötigten Beschreibungsgleichungen. Damit ist es meist handlich genug, um weitere Analyse- und Synthesemethoden des Systems direkt darauf anwenden zu können.

Das Reduktionsverfahren von FE-Modellen durch Systemvereinfachung mit konzentrierten Parametern fasst die Vorteile von Verhaltens- und Rechenmodellen, nämlich die geringere Modellgröße und die höhere Modellgenauigkeit, zusammen. Das reduzierte Modell wird zuerst nach dem Prozess der theoretischen Modellbildung gebaut. Dabei ist eine Vereinfachung des verteilten Systems mit konzentrierten Parametern im allgemeinen notwendig. Anschließend müssen die konzentrierten Parameter, z.B. die äquivalenten Massen und Dämpfungen, durch die Anpassung des Verhaltens vom formulierten Verhaltensmodell an das zu reduzierenden FE-Modell ermittelt werden. Zuletzt ist das reduzierte Modell zu validieren.

Es ist darauf hinzuweisen, dass das Reduktionsverfahren von FE-Modellen durch Systemvereinfachung mit konzentrierten Parametern sowohl für lineare als auch nichtlineare FE-Modelle geeignet ist. Für nichtlineare Systeme ist es erforderlich, dass die

Nichtlinearitäten im Prozess der theoretischen Modellformulierung mathematisch beschrieben werden können.

Der Vorgang und das Ergebnis des Reduktionsverfahrens durch Systemvereinfachung mit konzentrierten Parametern haben eine enge Beziehung mit der konkreten Aufgabestellung. In dieser Arbeit wurde das große FE-Modell des WW-WVS auf ein Modell mit zwei Eingangsgrößen und vier Ausgangsgrößen reduziert. Die Stationärgenauigkeit des reduzierten Modells ist hier ausgeschlossen.

Das Reduktionsverfahren von nichtlinearen FE-Modellen durch Linearisierungen setzt voraus, dass die FE-Modelle nur die „glatten" Nichtlinearitäten enthalten, weil die Linearisierung selbst diese Bedingung erfordert. Zuerst muss das FE-Modell in genügend aber endlich vielen Arbeitspunkten linearisiert und reduziert werden. D.h., das nichtlineare FE-Modell wird im Falle einer kleinen Abweichung um einen Arbeitspunkt als linear betrachtet und reduziert. Für die Reduktion kann das Identifikationsverfahren für lineare FE-Modelle verwendet werden. Alle reduzierten Modelle haben in verschiedenen Arbeitspunkten gleiche Modellstruktur aber unterschiedliche Modellparameter. Dann wird ein Gesamtmodell zur Simulation des nichtlinearen Systems im gesamten Arbeitsbereich aufgebaut. Dabei sind die Modellparameter variabel und von denjenigen Ausgangsgrößen abhängig, die die Nichtlinearitäten des Systems entscheiden.

Das Reduktionsverfahren durch Linearisierungen wurde für eine und zwei Eingangsgrößen entwickelt. Viele praktische Systeme haben nur zwei Eingangsgrößen, eine Regelgröße und eine Belastungsgröße, deshalb kann das entwickelte Verfahren in vielen Fällen eine Lösung zur Reduktion von FE-Modellen erzielen. Aber sein Anwendungsbereich lässt sich im Prinzip auf die Zusammenwirkung von mehreren Eingangsgrößen erweitern.

Das reduzierte Modell durch Linearisierungen ist eine Differentialgleichung, welche eine lineare Form hat. Ihre Koeffizienten sind aber keine Konstanten, sondern stückweise lineare Funktionen von Ausgangsgrößen. Zur Validierung des reduzierten Modells muss diese Differentialgleichung simuliert werden. Unter der Berücksichtigung von nur einer variablen Eingangsgröße wurde die ermittelte Differentialgleichung durch die Anwendung der Regelungsnormalform in ein Simulink-Modell umgewandelt und simuliert. Bei der gleichzeitigen Berücksichtigung von zwei variablen Eingangsgrößen ließ sich kein Simulink-Modell aufbauen. Es wurde deshalb versucht, eine numerische Lösung in diesem Fall direkt, nämlich nicht durch Umwandlung in ein Simulink-Modell, zu ermitteln. Dafür wurde die reduzierte Differentialgleichung durch ein algebraisches Differentialgleichungssystem dargestellt. Wegen der Komplexität dieses Gleichungssystems ist seine Lösung eine schwierige Aufgabe. In der Zukunft muss der Algorithmus des numerischen Verfahrens für dieses algebraische Differentialgleichungssystem noch weiter untersucht werden.

Im Vergleich mit dem Reduktionsverfahren durch Systemvereinfachung mit konzentrierten Parametern hat das Reduktionsverfahren durch Linearisierungen im Prinzip mit dem zu behandelnden Problem weniger zu tun. Die Vorgehensschritte für verschiedene Aufgabenstellungen sind gleich. Aber die Modellierung der Nichtlinearitäten im reduzierten Modell, nämlich die Rückführung und die Gewichtsfaktoren bzw. -funktionen, ist vom konkreten Problem abhängig. Die Stationärgenauigkeit des durch Linearisierungen reduzierten Modells ist in den definierten Arbeitspunkten gesichert.

Die Reduktion linearer und nichtlinearer FE-Modelle ist noch eine weiter zu entwickelnde Technologie. Wegen der Vielfältigkeit und Komplexität der nichtlinearen FE-Modelle ist es sehr schwierig, eine allgemein nutzbare Reduktionsmethode zu entwickeln. Könnte die Untersuchung in dieser Arbeit Hilfe bei praktischen Aufgaben leisten oder die zukünftigen Forschungen in diesem Bereich anregen, wäre das Ziel dieser Arbeit schon erreicht.

Anhang A: Beziehung zwischen dem Kompressionsmodul bzw. dem Ausdehnungsfaktor und dem Druck (der virtuellen Temperatur)

Bei der Berechnung der variablen Kompressibilität mit dem linearen Element FLUID79 muß der Druck als eine virtuelle Temperatur betrachtet werden, um die Abhängigkeit des Kompressionsmoduls vom Druck zu berücksichtigen und die Lösung zu kompensieren (s. Abschnitt 3.2.3). Hier werden die Beziehungen zwischen dem Kompressionsmodul bzw. Ausdehnungsfaktor und dem Druck (der virtuellen Temperatur) aufgestellt.

Die Beziehung zwischen der Preßzahl der Flüssigkeit und dem Druck ist nach den Gleichungen (2-31) und (2-34) wie folgt zu bestimmen:

$$\beta_{pT}(p) = A + Be^{-p/C} = 5{,}993 + 144{,}792 e^{-p/0{,}11} \tag{A-1}$$

Darin sind p in MPa und β_{pT} in 10^{-4}/MPa.

Der Kompressionsmodul kann dann direkt aus β_{pT} ermittelt werden:

$$E_F = \frac{1}{\beta_{pT}} \tag{A-2}$$

Um die Lösung aus der reinen Differenz-Methode (s. Abschnitt 3.2.3, Bild 3-2c) zu kompensieren, ist das Volumen der Flüssigkeit weiter zu reduzieren. D.h., dass der Ausdehnungsfaktor α negativ sein muß. Die Relativveränderung des Volumens bei einer Temperaturzunahme ΔT kann dann wie folgt dargestellt werden:

$$\frac{\Delta V}{V} = 1 - (1 + \alpha \Delta T)^3 = 1 - (1 + \alpha p)^3 \tag{A-3}$$

Nach der Gleichung (3-3) soll die Kompensation für die relative Volumenveränderung unter einem bestimmten Druck p wieder durch die folgende Gleichung ermittelt werden:

$$\delta = \int_0^p \beta_{pT}(p)dp - p\beta_{pT}(p) \tag{A-4}$$

Diese Kompensation ist durch die Ausdehnung (tatsächlich Kontraktion) zu ermöglichen, deshalb ergibt sich:

$$1 - (1 + \alpha p)^3 = \int_0^p \beta_{pT}(p)dp - p\beta_{pT}(p) \tag{A-5}$$

Aus den Gleichungen (A-1)-(A-5) sind die Werte der Tabelle A-1 zu ermitteln und die Beziehungen zwischen dem Kompressionsmodul bzw. Ausdehnungsfaktor und dem Druck in Bild A-1 bzw. A-2 darzustellen.

Tabelle A-1: Berechnung von E_F und α aus dem Druck p

p (MPa)	β_{pT} (1/MPa)	E_F (MPa)	δ	α (1/MPa)
0	1,5079E-02	66,3192	0	0
0,010	1,3820E-02	72,3570	6,1949E-06	-2,0650E-04
0,030	1,1622E-02	86,0406	4,9486E-05	-5,4985E-04
0,050	9,7899E-03	102,1463	1,2223E-04	-8,1491E-04
0,075	7,9215E-03	126,2390	2,3812E-04	-1,0584E-03
0,100	6,4329E-03	155,4502	3,6766E-04	-1,2257E-03
0,125	5,2470E-03	190,5853	5,0052E-04	-1,3349E-03
0,150	4,3022E-03	232,4417	6,2998E-04	-1,4003E-03
0,175	3,5494E-03	281,7380	7,5195E-04	-1,4326E-03
0,200	2,9497E-03	339,0207	8,6411E-04	-1,4406E-03
0,225	2,4719E-03	404,5520	9,6541E-04	-1,4307E-03
0,250	2,0912E-03	478,1935	1,0556E-03	-1,4080E-03
0,300	1,5463E-03	646,7042	1,2045E-03	-1,3388E-03
0,400	9,8090E-04	1019,4743	1,3981E-03	-1,1656E-03
0,500	7,5310E-04	1327,8419	1,4989E-03	-9,9977E-04
0,600	6,6132E-04	1512,1160	1,5487E-03	-8,6083E-04
0,700	6,2435E-04	1601,6684	1,5724E-03	-7,4917E-04
0,800	6,0945E-04	1640,8191	1,5835E-03	-6,6013E-04
0,900	6,0345E-04	1657,1389	1,5885E-03	-5,8866E-04
1,000	6,0103E-04	1663,8060	1,5908E-03	-5,3055E-04
1,250	5,9957E-04	1667,8672	1,5924E-03	-4,2485E-04
1,500	5,9942E-04	1668,2868	1,5925E-03	-3,5408E-04
1,750	5,9940E-04	1668,3300	1,5925E-03	-3,0350E-04
2,000	5,9940E-04	1668,3345	1,5925E-03	-2,6556E-04
2,500	5,9940E-04	1668,3350	1,5925E-03	-2,1244E-04

Bild A-1: Beziehung zwischen E_F und p

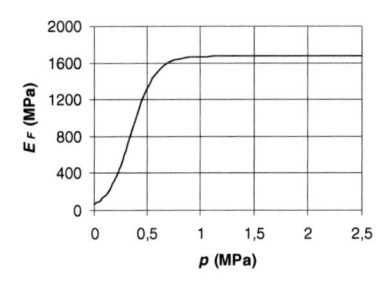

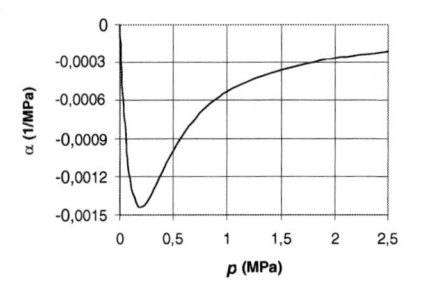

Bild A-2: Beziehung zwischen α und p

Anhang B: Statische FE-Berechnungsergebnisse des WW-WVS

Tabelle B-1: Berechnung der Kennlinie des Balges

F_1 [N]	F_2 [N]	einwandig		mehrwandig	
		X_1 [mm]	X_2 [mm]	X_1 [mm]	X_2 [mm]
-180	-45	-0,436591	-1,09932	-0,438244	-1,10099
-160	-40	-0,388081	-0,977175	-0,390065	-0,979825
-140	-35	-0,339571	-0,855029	-0,341858	-0,858603
-120	-30	-0,291061	-0,732882	-0,293624	-0,737292
-100	-25	-0,242551	-0,610735	-0,245354	-0,615927
-80	-20	-0,19404	-0,488588	-0,196999	-0,494315
-60	-15	-0,14553	-0,366441	-0,148427	-0,372582
-40	-10	-0,0970202	-0,244294	-0,0997685	-0,248854
-20	-5	-0,0485101	-0,122147	-0,0506548	-0,124602
0	0	0	0	0	0
20	5	0,0485101	0,122147	0,05255	0,12483
40	10	0,0970202	0,244294	0,103105	0,249227
60	15	0,14553	0,366441	0,153545	0,373635
80	20	0,19404	0,488588	0,203962	0,498037
100	25	0,242551	0,610735	0,254361	0,622424
120	30	0,291061	0,732882	0,304749	0,746783
140	35	0,339571	0,855029	0,355116	0,870852
160	40	0,388081	0,977175	0,405483	0,994815
180	45	0,436591	1,09932	0,455847	1,1187

Tabelle B-2: Druck p (MPa) bei verschiedenen Kräften F_1 und F_2 (N) des einwandigen WW-WVS (mit E29)

F_1 \ F_2	0	20	40	60	80	100	120	140	160	180	200
0	0	0,020663	0,041325								
100	0,105558	0,126221	0,146884								
200	0,211116	0,231779	0,252442	0,273104							
300	0,316675	0,337337	0,358000	0,378663							
400	0,422233	0,442896	0,463558	0,484221	0,504884						
500	0,527791	0,548454	0,569117	0,589779	0,610442						
600		0,654012	0,674675	0,695337	0,716000	0,736663					
700		0,759570	0,780233	0,800896	0,821558	0,842221					
800			0,885791	0,906454	0,927117	0,947779	0,968442				
900			0,991349	1,012012	1,032675	1,053337	1,074000				
1000				1,117570	1,138233	1,158896	1,179558	1,200221			
1100				1,223129	1,243791	1,264454	1,285117	1,305779			
1200					1,349350	1,370012	1,390675	1,411337	1,432000		
1300					1,454908	1,475570	1,496233	1,516896	1,537558		
1400						1,581129	1,601791	1,622454	1,643117	1,663779	
1500						1,686687	1,707350	1,728012	1,748675	1,769337	
1600							1,812908	1,833570	1,854233	1,874896	1,895558
1700							1,918466	1,939129	1,959791	1,980454	2,001117
1800								2,044687	2,065350	2,086012	2,106675
1900								2,150245	2,170908	2,191570	2,212233
2000									2,276466	2,297129	2,317791
2100									2,382024	2,402687	2,423350
2200									2,487583	2,508245	2,528908
2300										2,613803	2,634466
2400										2,719362	2,740024
2500											2,845583
2600											2,951141

Tabelle B-3: Weg X_1 (mm) bei verschiedenen Kräften F_1 und F_2 (N) des einwandigen WW-WVS (mit E29)

F_1 \ F_2	0	20	40	60	80	100	120	140	160	180	200
0	0	-0,042934	-0,085869								
100	0,023213	-0,019722	-0,062656								
200	0,046425	0,003491	-0,039443	-0,082378							
300	0,069638	0,026704	-0,016231	-0,059165							
400	0,092851	0,049916	0,006982	-0,035952	-0,078887						
500	0,116063	0,073129	0,030195	-0,012740	-0,055674						
600		0,096342	0,053407	0,010473	-0,032461	-0,075396					
700		0,119554	0,076620	0,033686	-0,009249	-0,052183					
800			0,099833	0,056898	0,013964	-0,028970	-0,071905				
900			0,123045	0,080111	0,037177	-0,005758	-0,048692				
1000				0,103324	0,060389	0,017455	-0,025479	-0,068414			
1100				0,126536	0,083602	0,040668	-0,002267	-0,045201			
1200					0,106815	0,063880	0,020946	-0,021988	-0,064923		
1300					0,130027	0,087093	0,044159	0,001224	-0,041710		
1400						0,110306	0,067371	0,024437	-0,018497	-0,061432	
1500						0,133518	0,090584	0,047650	0,004715	-0,038219	
1600							0,113797	0,070862	0,027928	-0,015006	-0,057941
1700							0,137009	0,094075	0,051141	0,008206	-0,034728
1800								0,117288	0,074353	0,031419	-0,011515
1900								0,140500	0,097566	0,054632	0,011697
2000									0,120779	0,077844	0,034910
2100									0,143991	0,101057	0,058123
2200									0,167204	0,124270	0,081335
2300										0,147482	0,104548
2400										0,170695	0,127761
2500											0,150973
2600											0,174186

Tabelle B-4: Weg X_2 (mm) bei verschiedenen Kräften F_1 und F_2 (N) des einwandigen WW-WVS (mit E29)

F_1 \ F_2	0	20	40	60	80	100	120	140	160	180	200
0	0	-0,446909	-0,893818								
100	0,212892	-0,234018	-0,680927								
200	0,425783	-0,021126	-0,468035								
300	0,638675	0,191766	-0,255144	-0,702053							
400	0,851566	0,404657	-0,042252	-0,489161	-0,936070						
500	1,064458	0,617549	0,170640	-0,276270	-0,723179						
600		0,830440	0,383531	-0,063378	-0,510287	-0,957196					
700		1,043332	0,596423	0,149514	-0,297395	-0,744305					
800			0,809315	0,362405	-0,084504	-0,531413	-0,978322				
900			1,022206	0,575297	0,128388	-0,318521	-0,765431				
1000				0,788189	0,341279	-0,105630	-0,552539	-0,999448			
1100				1,001080	0,554171	0,107262	-0,339647	-0,786557			
1200					0,767063	0,320153	-0,126756	-0,573665	-1,020574		
1300					0,979954	0,533045	0,086136	-0,360773	-0,807683		
1400						0,745937	0,299027	-0,147882	-0,594791	-1,041700	
1500						0,958828	0,511919	0,065010	-0,381899	-0,828809	
1600							0,724811	0,277901	-0,169008	-0,615917	-1,062826
1700							0,937702	0,490793	0,043884	-0,403025	-0,849934
1800								0,703685	0,256776	-0,190134	-0,637043
1900								0,916576	0,469667	0,022758	-0,424151
2000									0,682559	0,235650	-0,211260
2100									0,895450	0,448541	0,001632
2200									1,108342	0,661433	0,214524
2300										0,874324	0,427415
2400										1,087216	0,640307
2500											0,853198
2600											1,066090

Tabelle B-5: Druck p (MPa) bei verschiedenen Kräften F_1 und F_2 (N) des mehrwandigen WW-WVS (mit E29)

F_1 \ F_2	0	20	40	60	80	100	120	140	160	180	200
0	0,000000	0,019607	0,039749								
100	0,106047	0,126688	0,146454								
200	0,211422	0,232329	0,252851	0,273122							
300	0,316716	0,337820	0,358478	0,379021							
400	0,421921	0,443187	0,464165	0,484622	0,505175						
500	0,527044	0,548518	0,569697	0,590213	0,610770						
600		0,653733	0,675059	0,695952	0,716329	0,736924					
700		0,758925	0,780353	0,801449	0,821920	0,842503					
800			0,885625	0,906878	0,927725	0,948055	0,968703				
900			0,990739	1,012171	1,033216	1,053736	1,074257				
1000				1,117386	1,138649	1,159530	1,179814	1,200464			
1100				1,222503	1,243969	1,264991	1,285528	1,306015			
1200					1,349174	1,370391	1,391317	1,411581	1,432220		
1300					1,454350	1,475721	1,496766	1,517340	1,537766		
1400						1,580938	1,602126	1,623092	1,643316	1,663985	
1500						1,686103	1,707451	1,728502	1,749146	1,769513	
1600							1,812699	1,833857	1,854848	1,875060	1,895740
1700							1,917901	1,939162	1,960247	1,980930	2,001243
1800								2,044445	2,065582	2,086586	2,106849
1900								2,149568	2,170871	2,191975	2,212686
2000								2,254738	2,276160	2,297303	2,318332
2100									2,381328	2,402579	2,423687
2200									2,486502	2,507855	2,529028
2300										2,613020	2,634281
2400										2,718176	2,739537
2500											2,844742
2600											2,949903

Tabelle B-6: Weg X_1 (mm) bei verschiedenen Kräften F_1 und F_2 (N) des mehrwandigen WW-WVS (mit E29)

F_1 \ F_2	0	20	40	60	80	100	120	140	160	180	200
0	0,000000	-0,043673									
100	0,024644	-0,018739	-0,086863								
200	0,048187	0,004453	-0,062208								
300	0,071519	0,027650	-0,038431	-0,081447							
400	0,094911	0,050902	-0,015344	-0,058184							
500	0,118349	0,074114	0,007457	-0,035151	-0,077956						
600		0,097430	0,030545	-0,012200	-0,054943						
700		0,120718	0,053723	0,010444	-0,031942	-0,074717					
800			0,076917	0,033496	-0,009047	-0,051738					
900			0,100128	0,056607	0,013417	-0,028767	-0,071520				
1000			0,123437	0,079783	0,036462	-0,006041	-0,048565				
1100				0,102954	0,059525	0,016387	-0,025608	-0,068340			
1200				0,126179	0,082633	0,039423	-0,003010	-0,045397			
1300					0,105763	0,062482	0,019368	-0,022503	-0,065171		
1400					0,128899	0,085530	0,042369	-0,000046	-0,042225		
1500						0,108616	0,065399	0,022355	-0,019335	-0,061994	
1600						0,131726	0,088434	0,045318	0,002910	-0,039050	-0,058814
1700							0,111473	0,068313	0,025303	-0,016221	-0,035880
1800							0,134489	0,091336	0,048237	0,005851	-0,013255
1900								0,114294	0,071221	0,028278	0,008834
2000								0,137353	0,094223	0,051176	0,031210
2100								0,160348	0,117161	0,074117	0,054120
2200									0,140158	0,097106	0,077002
2300									0,163115	0,120017	0,099960
2400										0,142966	0,122870
2500										0,165909	0,145796
2600											0,168726

Tabelle B-7: Weg X_2 (mm) bei verschiedenen Kräften F_1 und F_2 (N) des mehrwandigen WW-WVS (mit E29)

F_1 \ F_2	0	20	40	60	80	100	120	140	160	180	200
0	0,000000	-0,454916	-0,900105								
100	0,214943	-0,239709	-0,686067								
200	0,428074	-0,024980	-0,472570	-0,916928							
300	0,641038	0,189262	-0,260494	-0,704594							
400	0,853827	0,402907	-0,046929	-0,492781	-0,936376						
500	1,066454	0,616343	0,166497	-0,281023	-0,724739						
600		0,829555	0,380339	-0,068291	-0,513095	-0,956409					
700		1,042731	0,593700	0,144617	-0,300878	-0,744892					
800			0,806942	0,357741	-0,089576	-0,533348	-0,976343				
900			1,019850	0,571047	0,123174	-0,320781	-0,764978				
1000				0,784110	0,335870	-0,110741	-0,553415	-0,996288			
1100				0,996809	0,548679	0,101854	-0,341027	-0,785017			
1200					0,761416	0,314308	-0,131728	-0,573607	-1,016221		
1300					0,973952	0,526710	0,080610	-0,361701	-0,805043		
1400						0,739081	0,292825	-0,152672	-0,593471	-1,036108	
1500						0,951103	0,505048	0,059361	-0,382455	-0,825053	
1600							0,716905	0,271405	-0,173643	-0,612398	-1,055903
1700							0,928858	0,483379	0,038171	-0,403386	-0,845033
1800								0,695073	0,250022	-0,194607	-0,632500
1900								0,906438	0,461687	0,017006	-0,423918
2000								1,118240	0,673237	0,228627	-0,215484
2100									0,884575	0,440039	-0,004127
2200									1,095934	0,651420	0,207212
2300										0,862626	0,418412
2400										1,073842	0,629646
2500											0,840795
2600											1,051898

Tabelle B-8: Kennlinie des einwandigen WW-WVS unter konstanter Kraft F_2 (mit E29)

	F_2= 100 N				F_2= 200 N		
F_1 (N)	X_1 (mm)	X_2 (mm)	p (MPa)	F_1 (N)	X_1 (mm)	X_2 (mm)	p (MPa)
600	-0,075396	-0,957196	0,736664	1600	-0,057941	-1,062826	1,895559
700	-0,052183	-0,744305	0,842222	1700	-0,034728	-0,849934	2,001117
800	-0,02897	-0,531413	0,947780	1800	-0,011515	-0,637043	2,106675
900	-0,005758	-0,318521	1,053338	1900	0,011697	-0,424151	2,212233
1000	0,017455	-0,105630	1,158896	2000	0,034910	-0,211260	2,317791
1100	0,040668	0,107262	1,264454	2100	0,058123	0,001632	2,423349
1200	0,06388	0,320153	1,370012	2200	0,081335	0,214524	2,528907
1300	0,087093	0,533045	1,475570	2300	0,104548	0,427415	2,634465
1400	0,110306	0,745937	1,581128	2400	0,127761	0,640307	2,740023
1500	0,133518	0,958828	1,686686	2500	0,150973	0,853198	2,845581
				2600	0,174186	1,066090	2,951139

Tabelle B-9: Kennlinie des mehrwandigen WW-WVS unter konstanter Kraft F_2 (mit E29)

	F_2= 100 N				F_2= 200 N		
F_1 (N)	X_1 (mm)	X_2 (mm)	p (MPa)	F_1 (N)	X_1 (mm)	X_2 (mm)	p (MPa)
600	-0,074717	-0,956409	0,736924	1600	-0,058814	-1,055903	1,895740
700	-0,051738	-0,744892	0,842503	1700	-0,035880	-0,845033	2,001243
800	-0,028767	-0,533348	0,948055	1800	-0,013255	-0,632500	2,106849
900	-0,006041	-0,320781	1,053736	1900	0,008834	-0,423918	2,212686
1000	0,016387	-0,110741	1,159530	2000	0,031210	-0,215484	2,318332
1100	0,039423	0,101854	1,264991	2100	0,054120	-0,004127	2,423687
1200	0,062482	0,314308	1,370391	2200	0,077002	0,207212	2,529028
1300	0,085530	0,526710	1,475721	2300	0,099960	0,418412	2,634281
1400	0,108616	0,739081	1,580938	2400	0,122870	0,629646	2,739537
1500	0,131726	0,951103	1,686103	2500	0,145796	0,840795	2,844742
				2600	0,168726	1,051898	2,949903

Tabelle B-10: Kennlinie des einwandigen WW-WVS unter konstanter Kraft F_1 (mit E29)

	F_1= 500 N				F_1= 1500 N		
F_2 (N)	X_1 (mm)	X_2 (mm)	p (MPa)	F_2 (N)	X_1 (mm)	X_2 (mm)	p (MPa)
0	0,116063	1,064458	0,527791	100	0,133518	0,958828	1,686687
20	0,073129	0,617549	0,548454	120	0,090584	0,511919	1,707350
40	0,030195	0,170640	0,569117	140	0,047650	0,065010	1,728012
60	-0,012740	-0,276270	0,589779	160	0,004715	-0,381899	1,748675
80	-0,055674	-0,723179	0,610442	180	-0,038219	-0,828809	1,769337

Tabelle B-11: Kennlinie des mehrwandigen WW-WVS unter konstanter Kraft F_1 (mit E29)

	F_1= 500 N				F_1= 1500 N		
F_2 (N)	X_1 (mm)	X_2 (mm)	p (MPa)	F_2 (N)	X_1 (mm)	X_2 (mm)	p (MPa)
0	0,118349	1,066454	0,527044	100	0,131726	0,951103	1,686103
20	0,074114	0,616343	0,548518	120	0,088434	0,505048	1,707451
40	0,030545	0,166497	0,569697	140	0,045318	0,059361	1,728502
60	-0,012200	-0,281023	0,590213	160	0,002910	-0,382455	1,749146
80	-0,054943	-0,724739	0,610770	180	-0,039050	-0,825053	1,769513

Tabelle B-12: Kennlinie des einwandigen WW-WVS unter Berücksichtigung der Nichtlinearitäten (mit E79)

F_1 (N)	NLGEOM=OFF und Ex=const.			NLGEOM=ON und Ex=const.			NLGEOM=OFF und Ex=var.			NLGEOM=ON und Ex=var.		
	x_1 (mm)	x_2 (mm)	p (MPa)	x_1 (mm)	x_2 (mm)	p (MPa)	x_1 (mm)	x_2 (mm)	p (MPa)	x_1 (mm)	x_2 (mm)	p (MPa)
0	0	0	0	0	0	0	0	0	0	0	0	0
50	0,011754	0,106139	0,052651	0,011776	0,106348	0,052643	0,017850	0,100228	0,049749	0,017352	0,100913	0,049987
100	0,023507	0,212278	0,105301	0,023595	0,213094	0,105273	0,032667	0,203400	0,100956	0,032247	0,204589	0,101159
150	0,035261	0,318417	0,157952	0,035451	0,320186	0,157891	0,045776	0,308230	0,152983	0,045607	0,310205	0,153075
200	0,047015	0,424555	0,210603	0,047341	0,427577	0,210500	0,058014	0,413903	0,205423	0,058105	0,416962	0,205406
250	0,058769	0,530694	0,263253	0,059260	0,535219	0,263100	0,069827	0,519988	0,258058	0,070163	0,524432	0,257945
300	0,070522	0,636833	0,315904	0,071202	0,643060	0,315694	0,081497	0,626208	0,310751	0,082066	0,632282	0,310553
350	0,082276	0,742972	0,368555	0,083162	0,751048	0,368284	0,093114	0,732477	0,363458	0,093909	0,740359	0,363184
400	0,094030	0,849111	0,421205	0,095136	0,859129	0,420872	0,104729	0,838748	0,416160	0,105795	0,848504	0,415792
450	0,105784	0,955250	0,473856	0,107119	0,967250	0,473460	0,116360	0,945000	0,468849	0,117685	0,956696	0,468398
500	0,117537	1,061388	0,526507	0,119104	1,075354	0,526051	0,128051	1,051196	0,521511	0,129563	1,064893	0,521012

Tabelle B-13: Kennlinie des mehrwandigen WW-WVS unter Berücksichtigung der Nichtlinearitäten (mit E79)

F_1 (N)	NLGEOM=OFF und Ex=const.			NLGEOM=ON und Ex=const.			NLGEOM=OFF und Ex=var.			NLGEOM=ON und Ex=var.		
	x_1 (mm)	x_2 (mm)	p (MPa)	x_1 (mm)	x_2 (mm)	p (MPa)	x_1 (mm)	x_2 (mm)	p (MPa)	x_1 (mm)	x_2 (mm)	p (MPa)
0	0	0	0	0	0	0	0	0	0	0	0	0
50	0,013196	0,108842	0,053587	0,013232	0,108936	0,053641	0,018810	0,103597	0,050978	0,018819	0,103600	0,050993
100	0,025180	0,215268	0,106279	0,025365	0,215459	0,106446	0,034132	0,207323	0,102310	0,034170	0,207282	0,102374
150	0,037255	0,321593	0,158926	0,037458	0,321712	0,159236	0,047684	0,312408	0,154328	0,047708	0,312144	0,154450
200	0,049202	0,427850	0,211543	0,049529	0,427682	0,212032	0,060366	0,418326	0,206757	0,060382	0,417636	0,206975
250	0,060940	0,534089	0,264162	0,061397	0,533367	0,264879	0,072442	0,524655	0,259383	0,072461	0,523200	0,259716
300	0,073266	0,640495	0,316864	0,073400	0,638490	0,317682	0,084350	0,631039	0,312029	0,084388	0,628536	0,312563
350	0,085089	0,746725	0,369470	0,085432	0,743203	0,370543	0,096299	0,737576	0,364742	0,096041	0,733340	0,365403
400	0,096855	0,852904	0,422059	0,097087	0,847402	0,423461	0,108140	0,844058	0,417421	0,107762	0,837652	0,418293
450	0,108709	0,959125	0,474676	0,109183	0,950998	0,476419	0,120116	0,950544	0,470056	0,119502	0,941365	0,471224
500	0,120353	1,065263	0,527248	0,120844	1,053930	0,529380	0,132013	1,057106	0,522770	0,131109	1,044485	0,524189

Anhang C: Frequenzgänge des WW-WVS

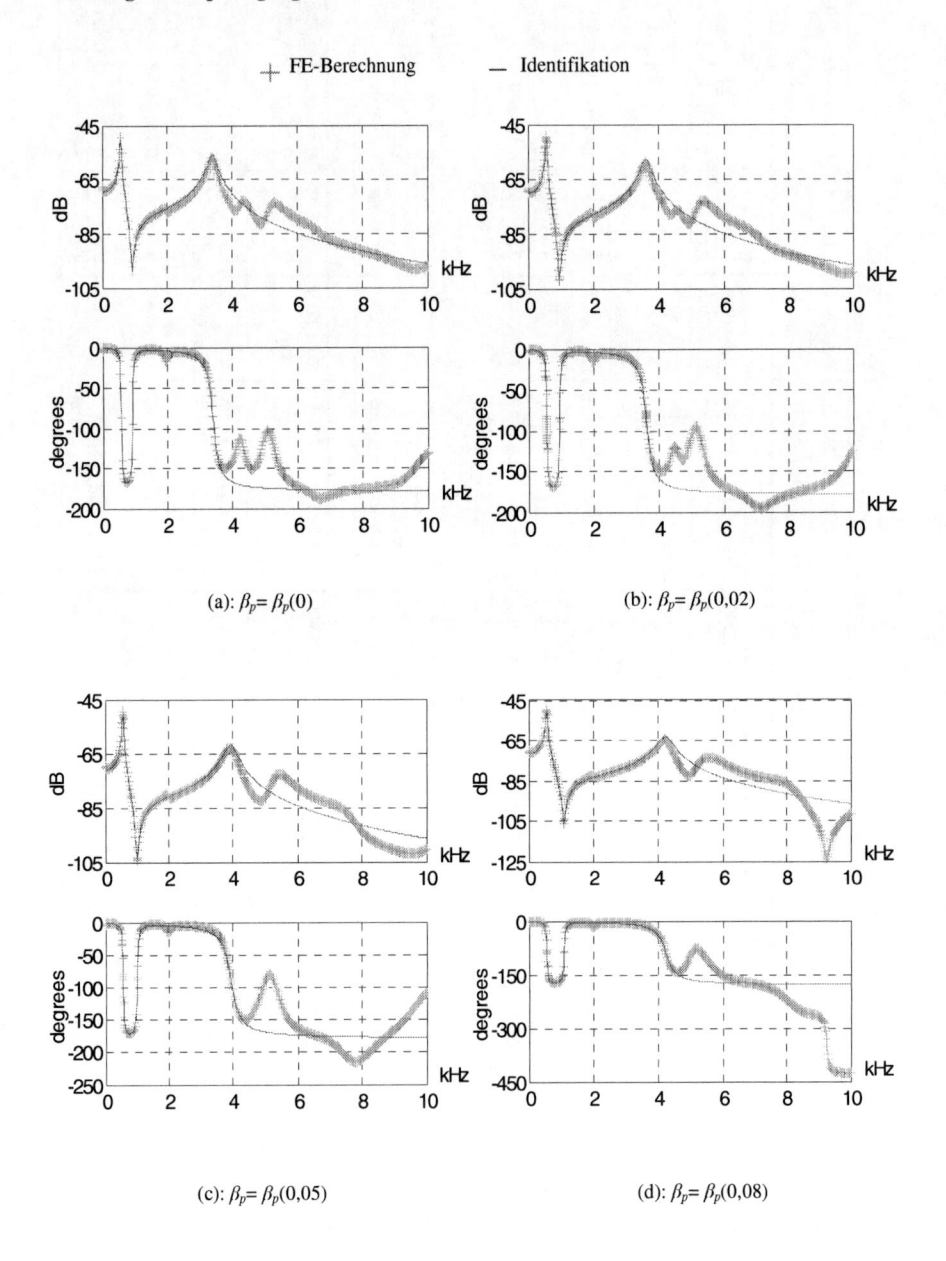

+ FE-Berechnung — Identifikation

(a): $\beta_p = \beta_p(0)$

(b): $\beta_p = \beta_p(0,02)$

(c): $\beta_p = \beta_p(0,05)$

(d): $\beta_p = \beta_p(0,08)$

[Zu Bild C-1 S. 137]

+ FE-Berechnung — Identifikation

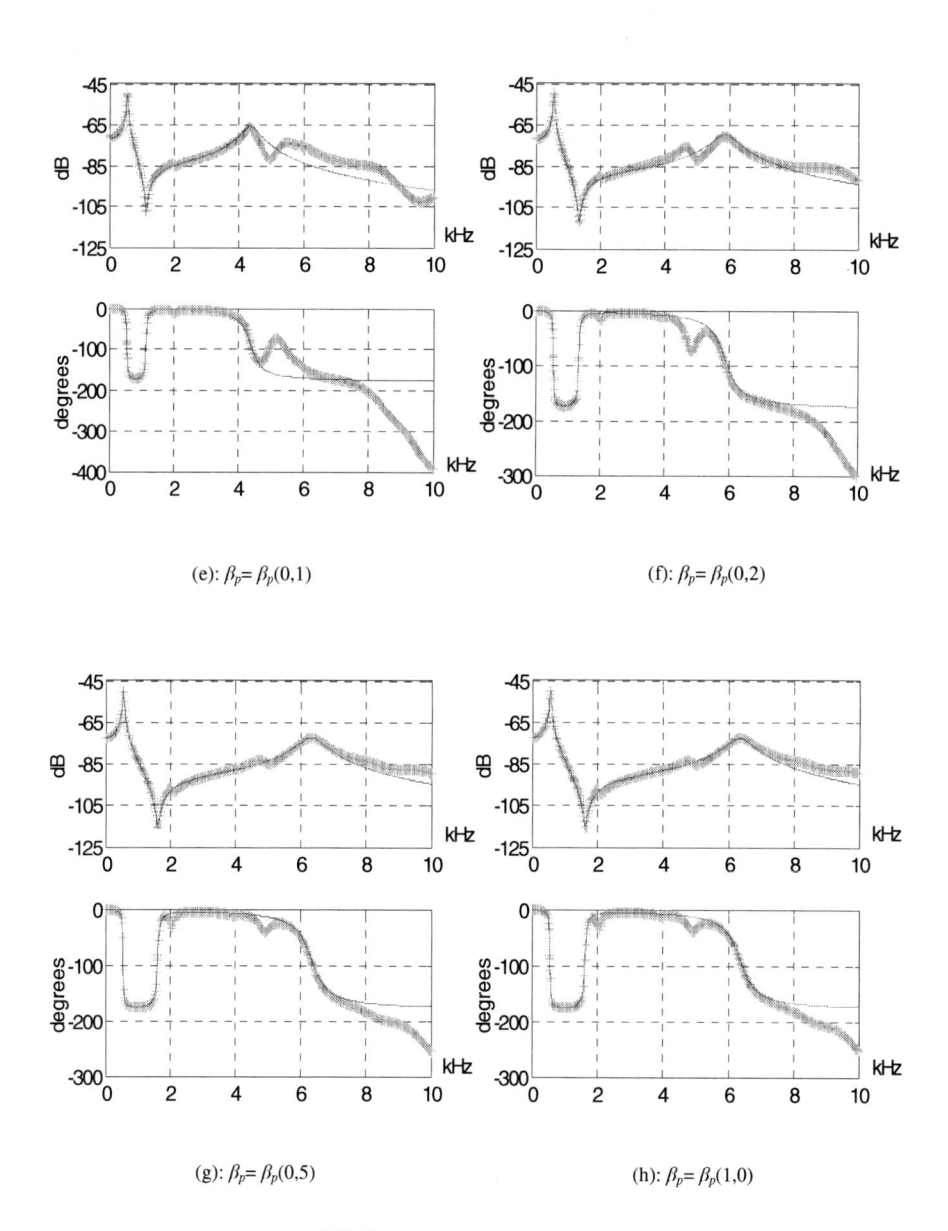

(e): $\beta_p = \beta_p(0,1)$

(f): $\beta_p = \beta_p(0,2)$

(g): $\beta_p = \beta_p(0,5)$

(h): $\beta_p = \beta_p(1,0)$

Bild C-1: Frequenzgänge von $\Delta X_1/\Delta F_1$

+ FE-Berechnung — Identifikation

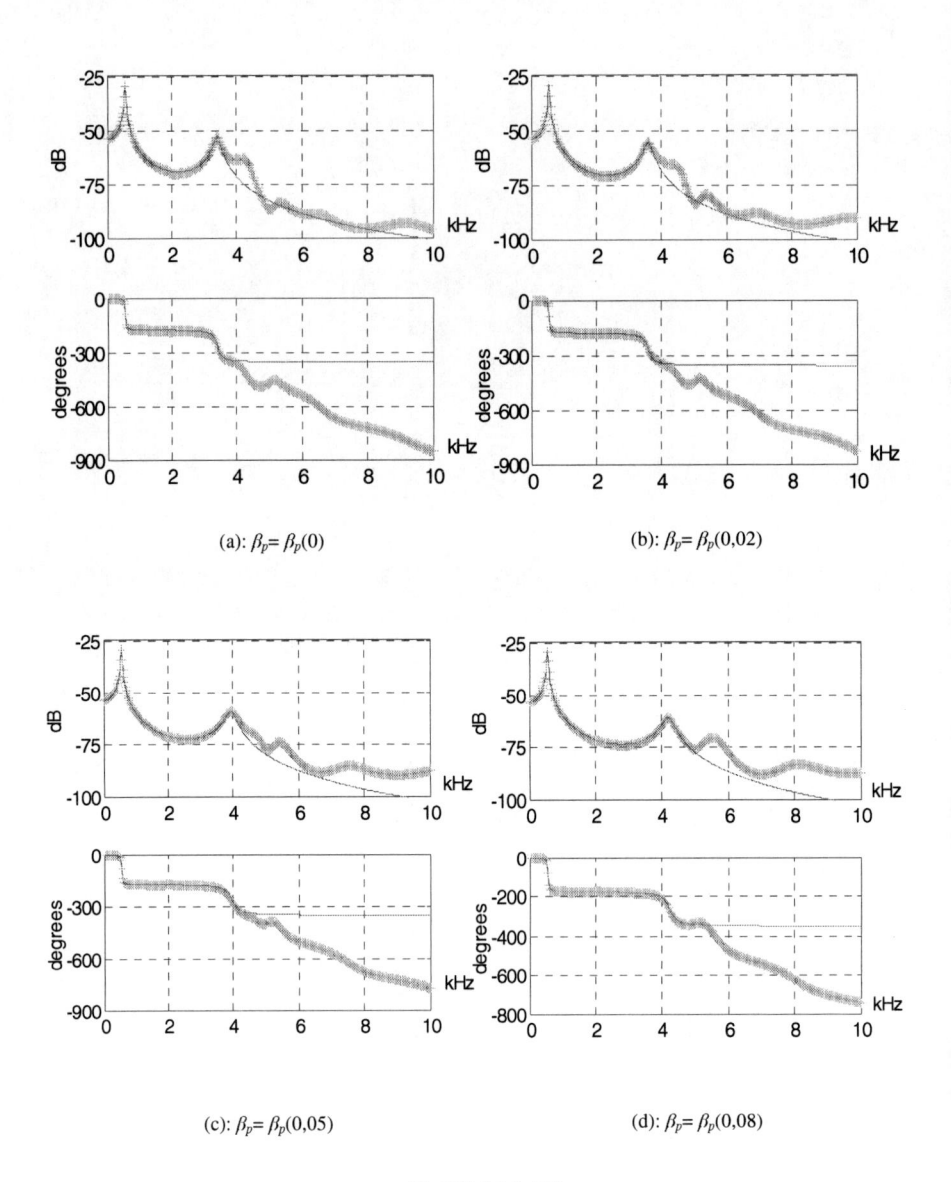

(a): $\beta_p = \beta_p(0)$

(b): $\beta_p = \beta_p(0,02)$

(c): $\beta_p = \beta_p(0,05)$

(d): $\beta_p = \beta_p(0,08)$

[Zu Bild C-2 S. 139]

+ FE-Berechnung — Identifikation

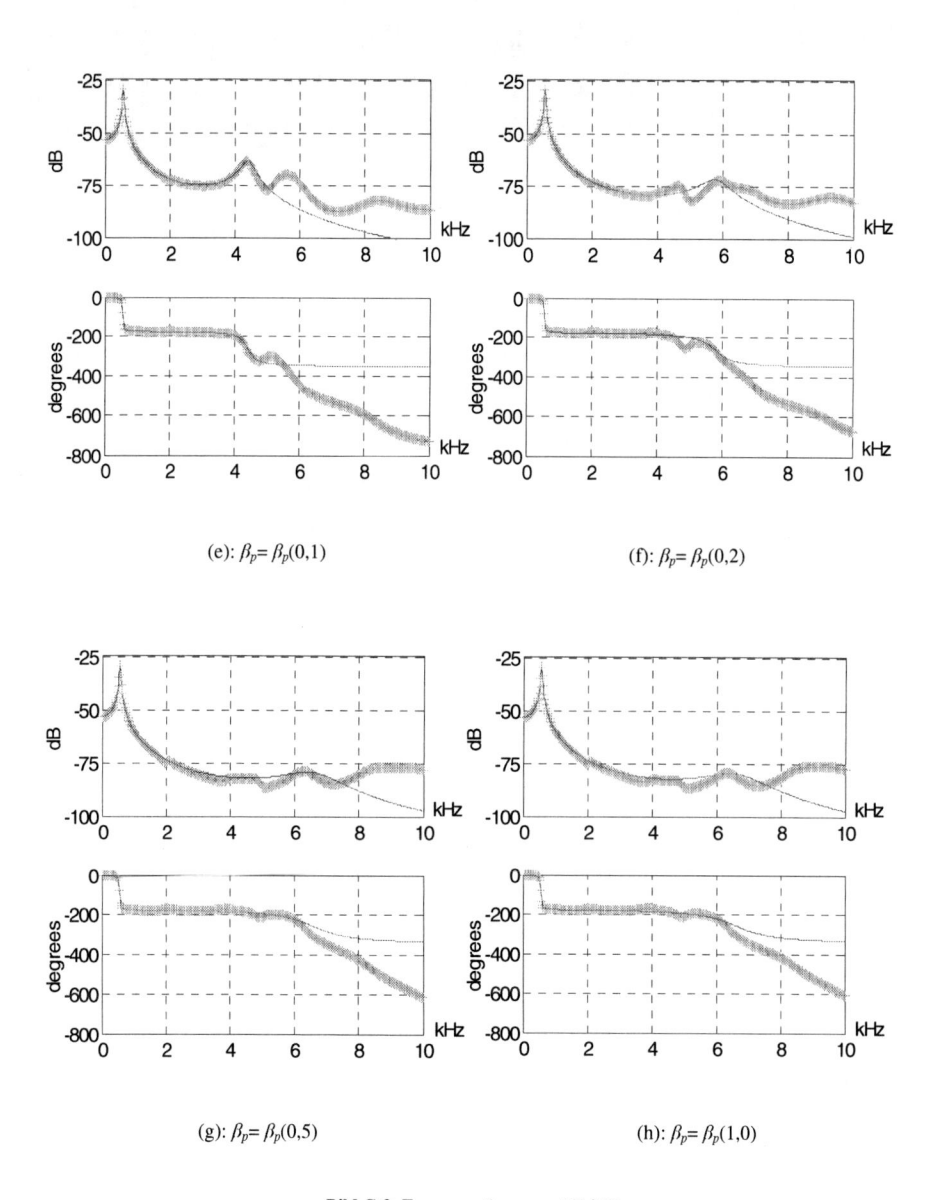

(e): $\beta_p = \beta_p(0,1)$

(f): $\beta_p = \beta_p(0,2)$

(g): $\beta_p = \beta_p(0,5)$

(h): $\beta_p = \beta_p(1,0)$

Bild C-2: Frequenzgänge von $\Delta X_1/\Delta F_2$

$+$ FE-Berechnung — Identifikation

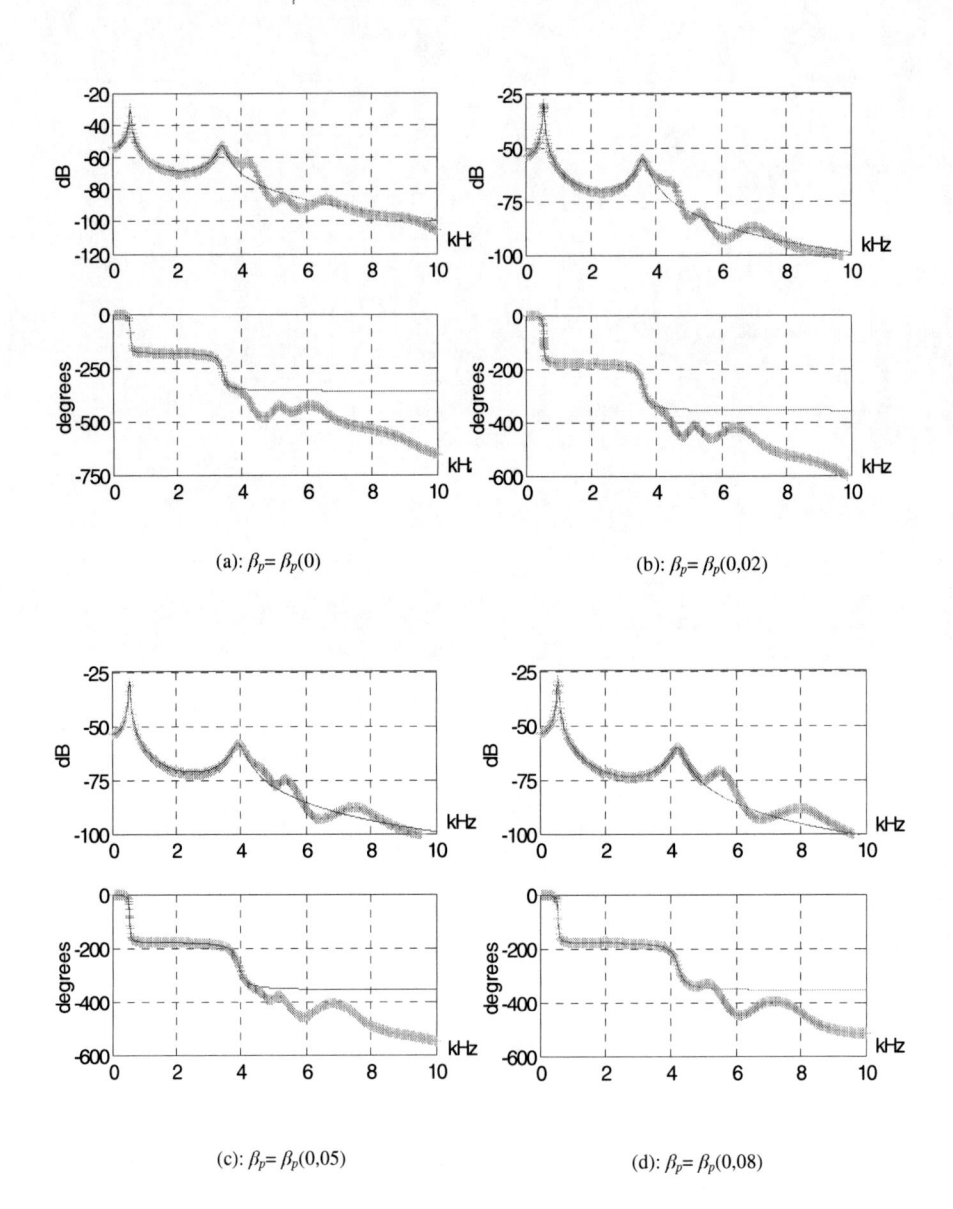

(a): $\beta_p = \beta_p(0)$

(b): $\beta_p = \beta_p(0{,}02)$

(c): $\beta_p = \beta_p(0{,}05)$

(d): $\beta_p = \beta_p(0{,}08)$

[Zu Bild C-3 S. 141]

+ FE-Berechnung — Identifikation

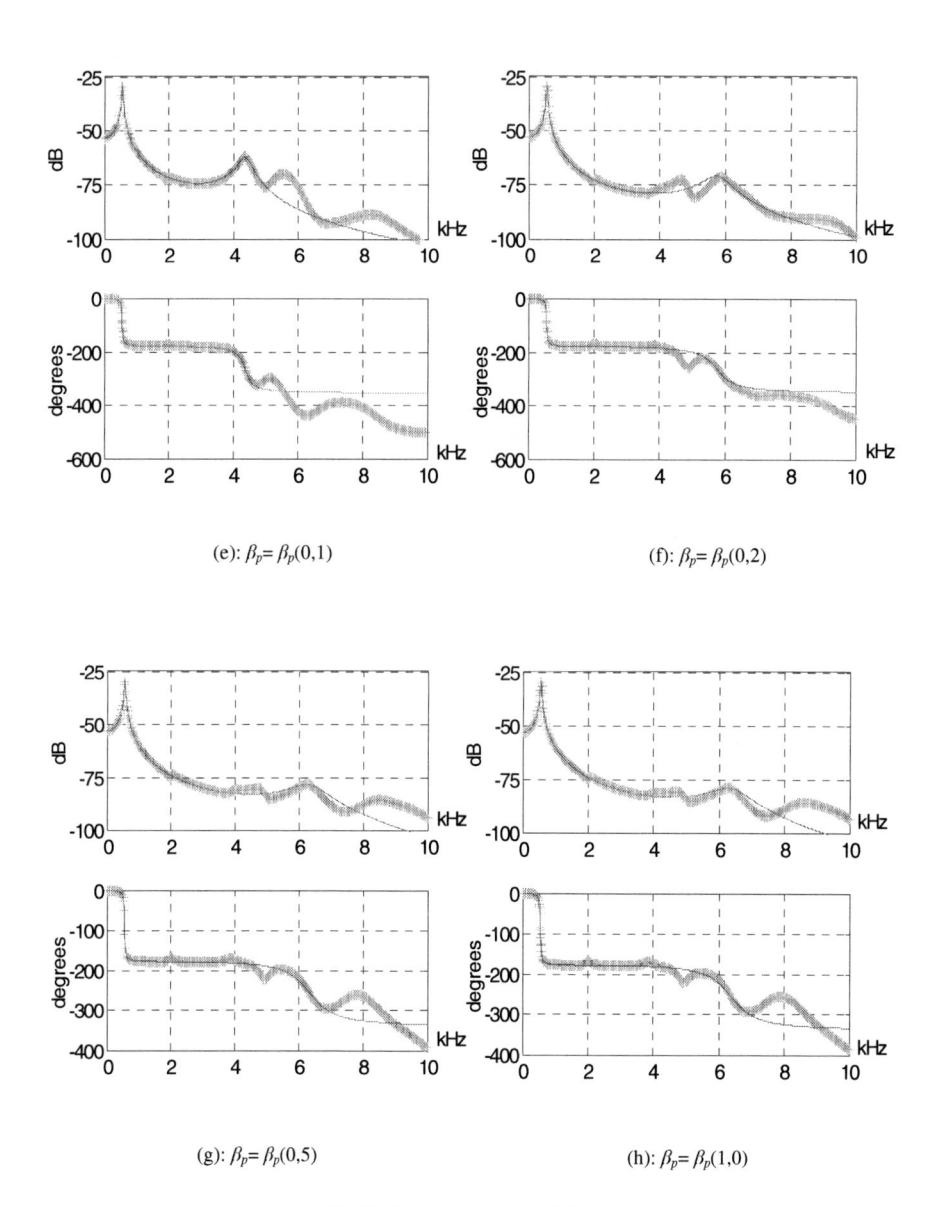

(e): $\beta_p = \beta_p(0,1)$

(f): $\beta_p = \beta_p(0,2)$

(g): $\beta_p = \beta_p(0,5)$

(h): $\beta_p = \beta_p(1,0)$

Bild C-3: Frequenzgänge von $\Delta X_2/\Delta F_1$

+ FE-Berechnung — Identifikation

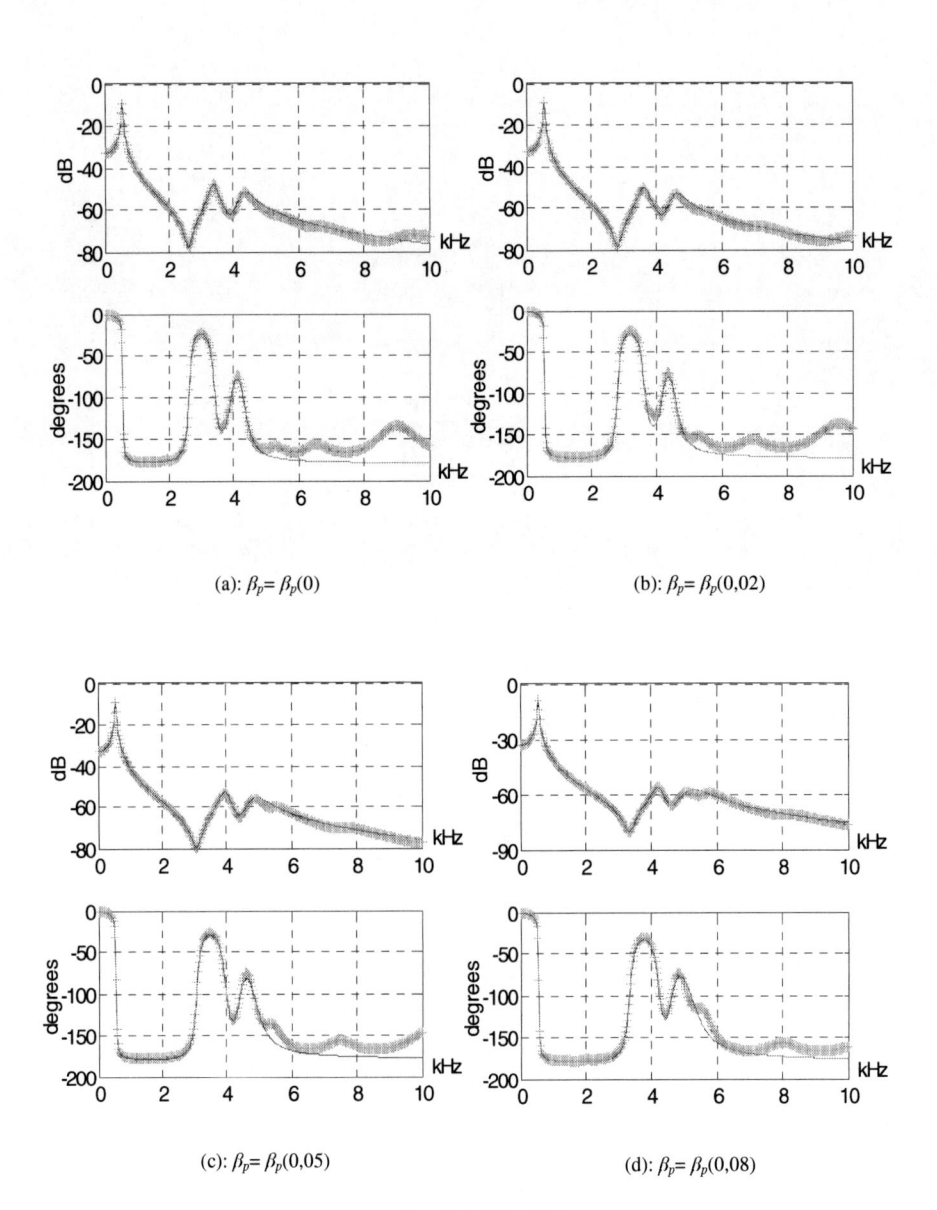

(a): $\beta_p = \beta_p(0)$

(b): $\beta_p = \beta_p(0,02)$

(c): $\beta_p = \beta_p(0,05)$

(d): $\beta_p = \beta_p(0,08)$

[Zu Bild C-4 S. 143]

+ FE-Berechnung   — Identifikation

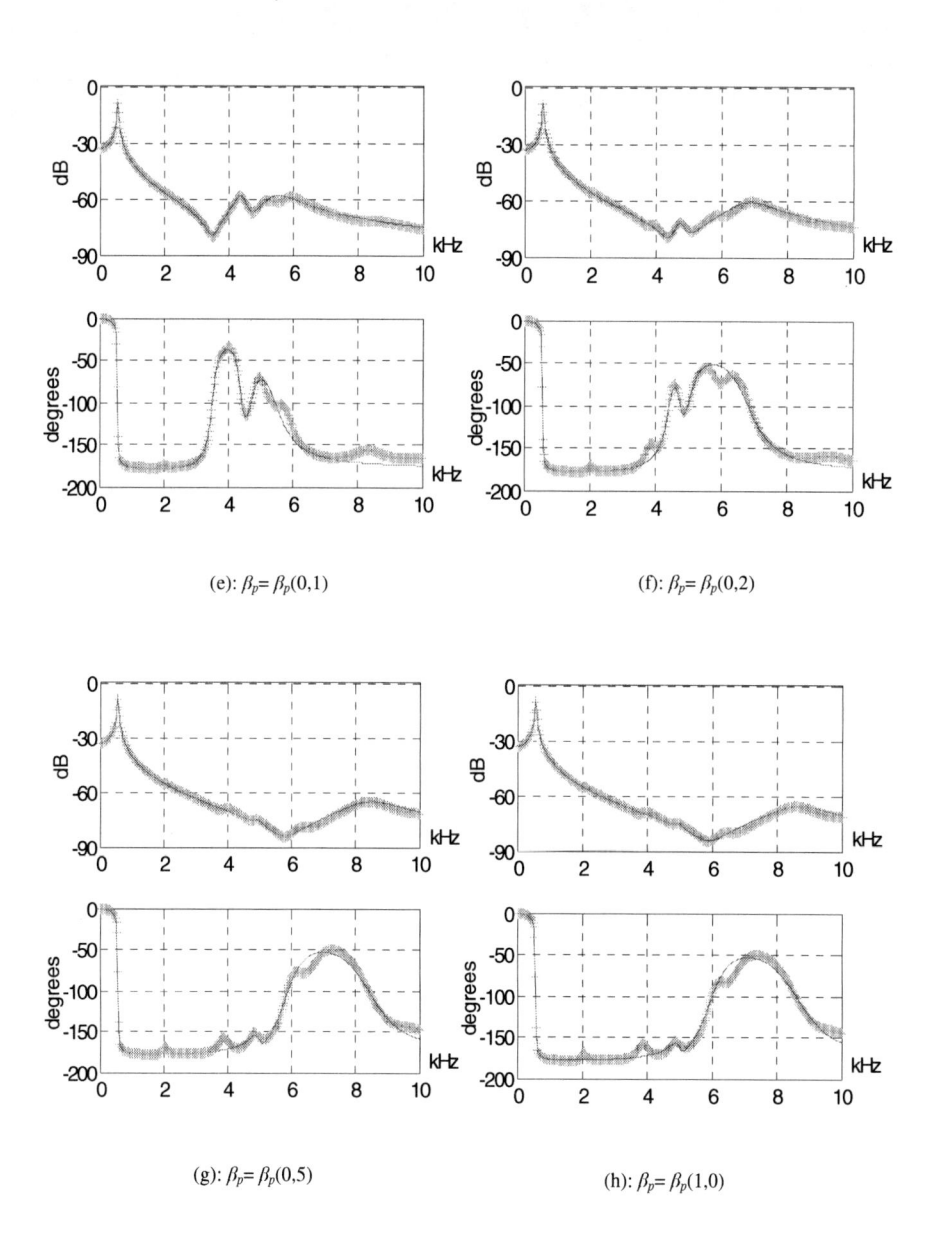

(e): $\beta_p = \beta_p(0,1)$

(f): $\beta_p = \beta_p(0,2)$

(g): $\beta_p = \beta_p(0,5)$

(h): $\beta_p = \beta_p(1,0)$

Bild C-4: Frequenzgänge von $\Delta X_2 / \Delta F_2$

\+ FE-Berechnung   — Identifikation

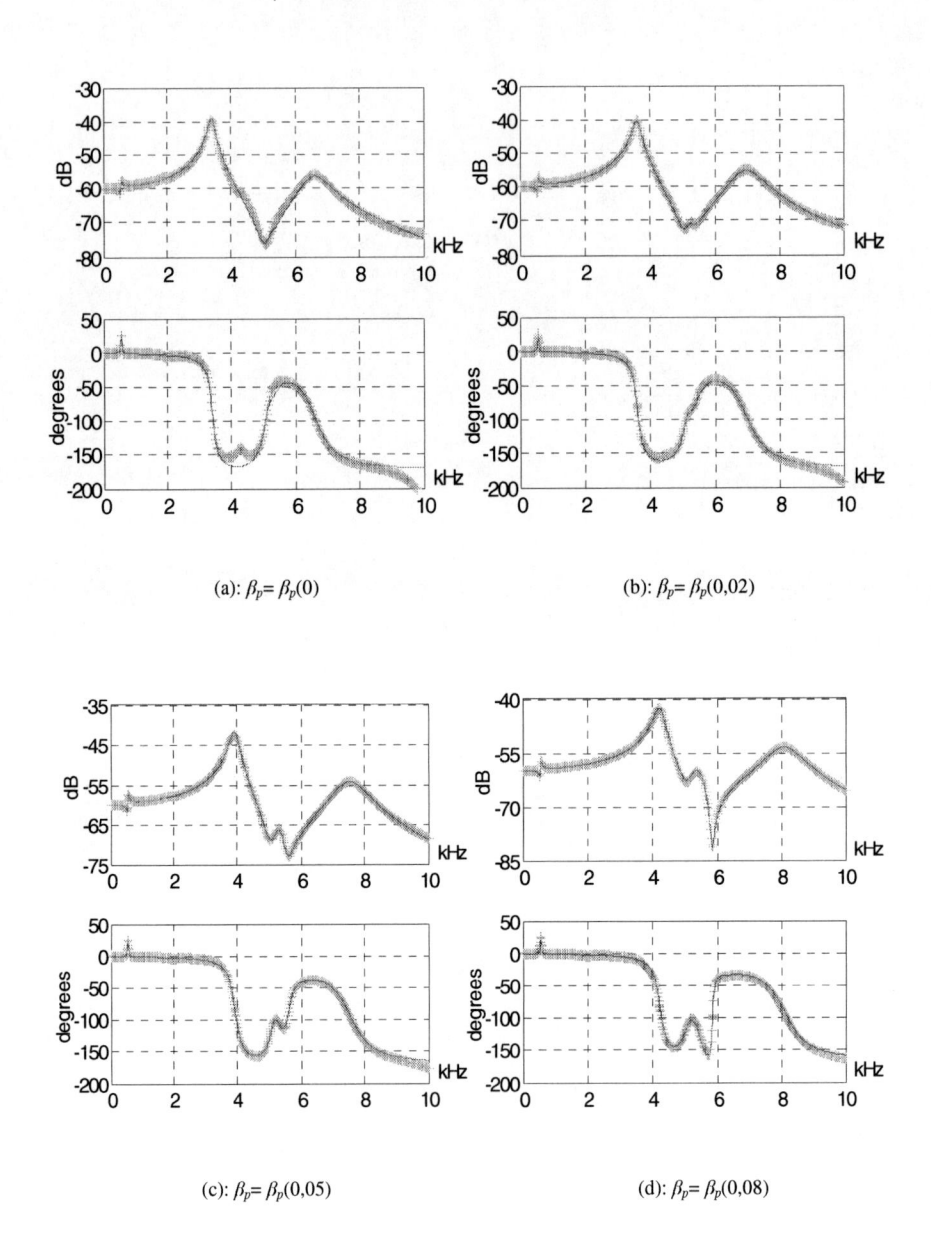

(a): $\beta_p = \beta_p(0)$

(b): $\beta_p = \beta_p(0,02)$

(c): $\beta_p = \beta_p(0,05)$

(d): $\beta_p = \beta_p(0,08)$

[Zu Bild C-5 S. 145]

+ FE-Berechnung — Identifikation

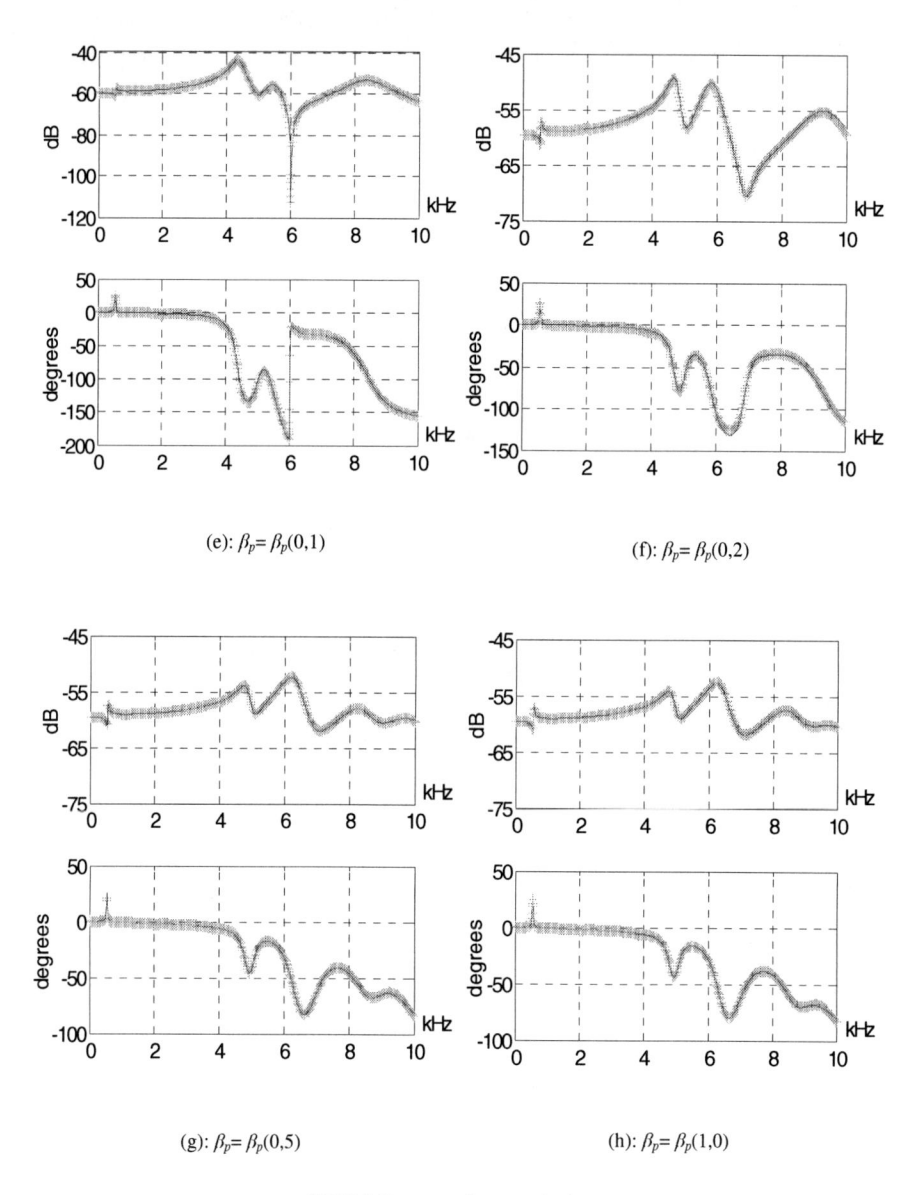

(e): $\beta_p = \beta_p(0,1)$

(f): $\beta_p = \beta_p(0,2)$

(g): $\beta_p = \beta_p(0,5)$

(h): $\beta_p = \beta_p(1,0)$

Bild C-5: Frequenzgänge von $\Delta p_1/\Delta F_1$

+ FE-Berechnung — Identifikation

(a): $\beta_p = \beta_p(0)$

(b): $\beta_p = \beta_p(0,02)$

(c): $\beta_p(p) = \beta_p(0,05)$

(d): $\beta_p(p) = \beta_p(0,08)$

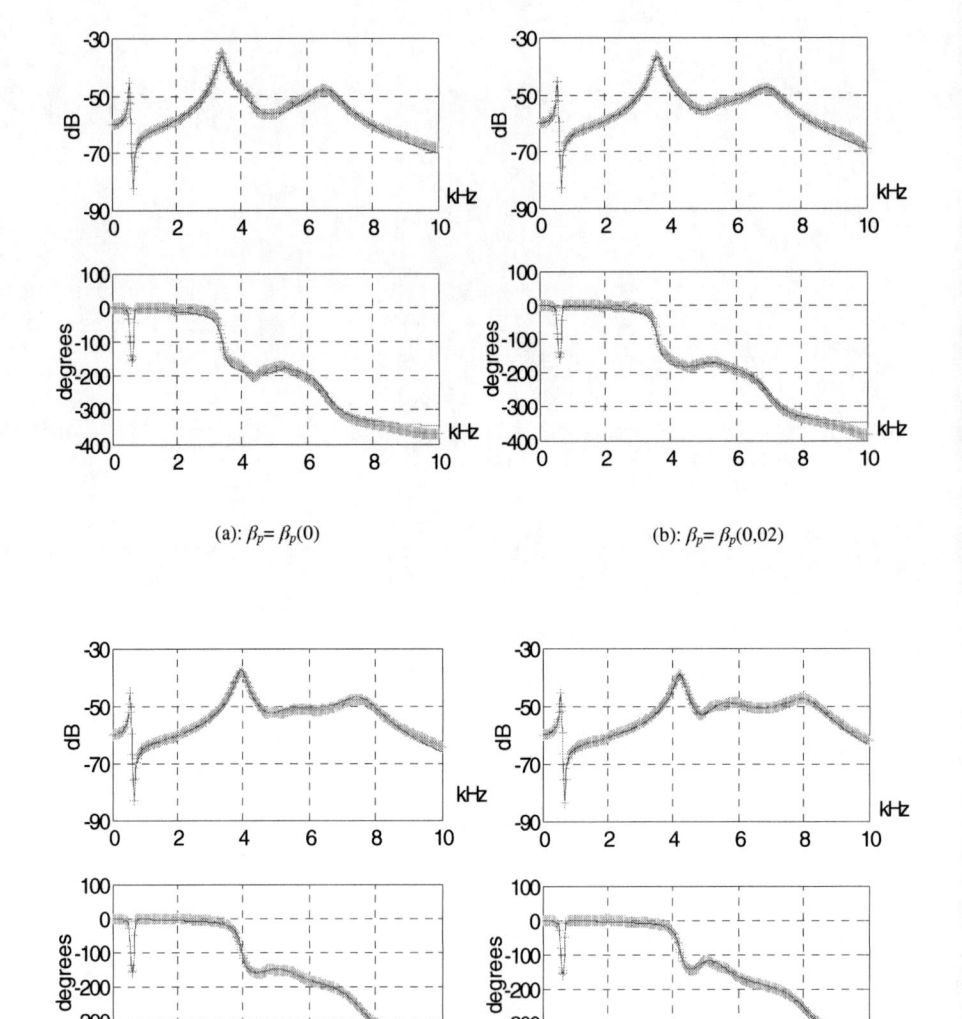

[Zu Bild C-6 S. 147]

+ FE-Berechnung — Identifikation

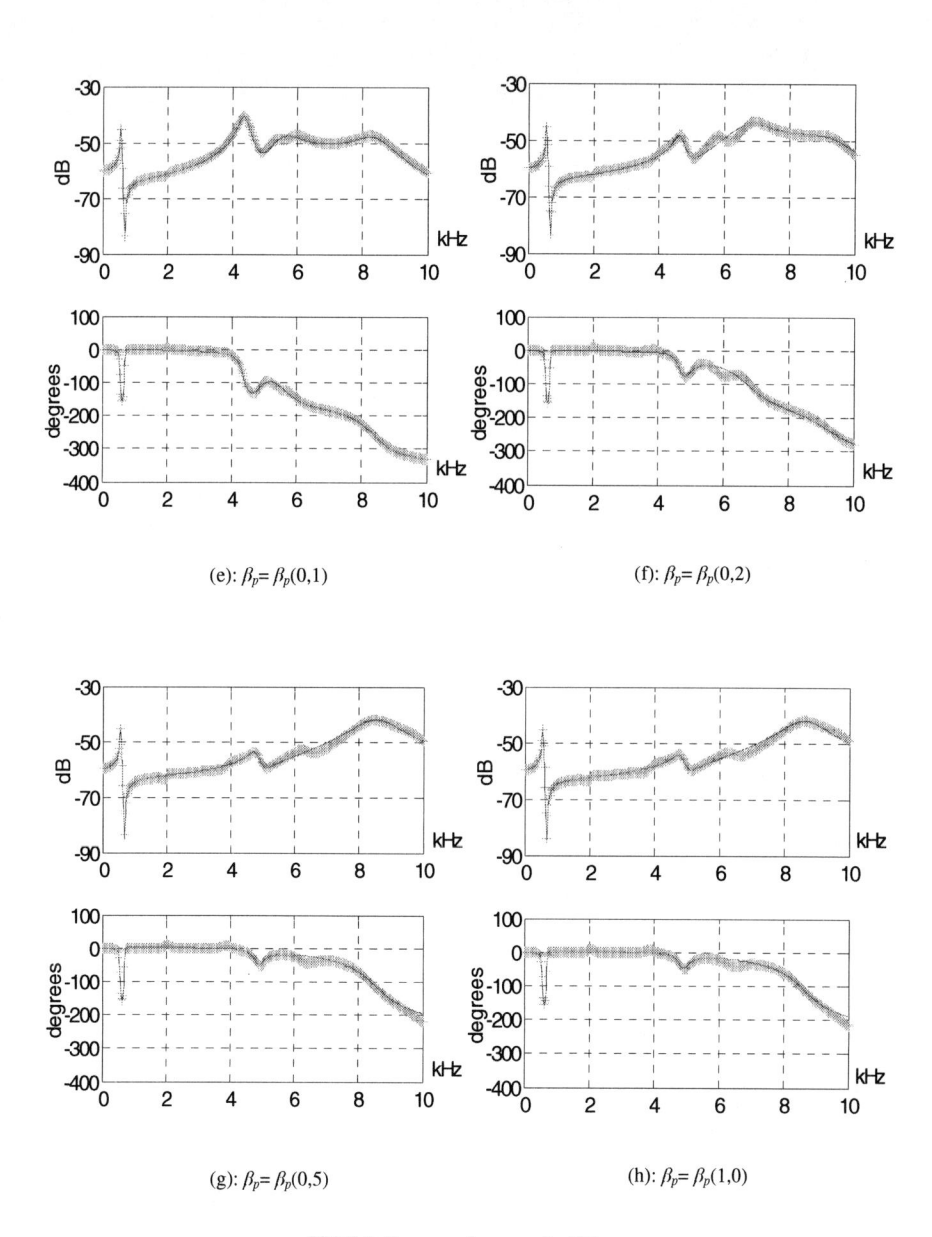

(e): $\beta_p = \beta_p(0,1)$

(f): $\beta_p = \beta_p(0,2)$

(g): $\beta_p = \beta_p(0,5)$

(h): $\beta_p = \beta_p(1,0)$

Bild C-6: Frequenzgänge von $\Delta p_1/\Delta F_2$

+ FE-Berechnung — Identifikation

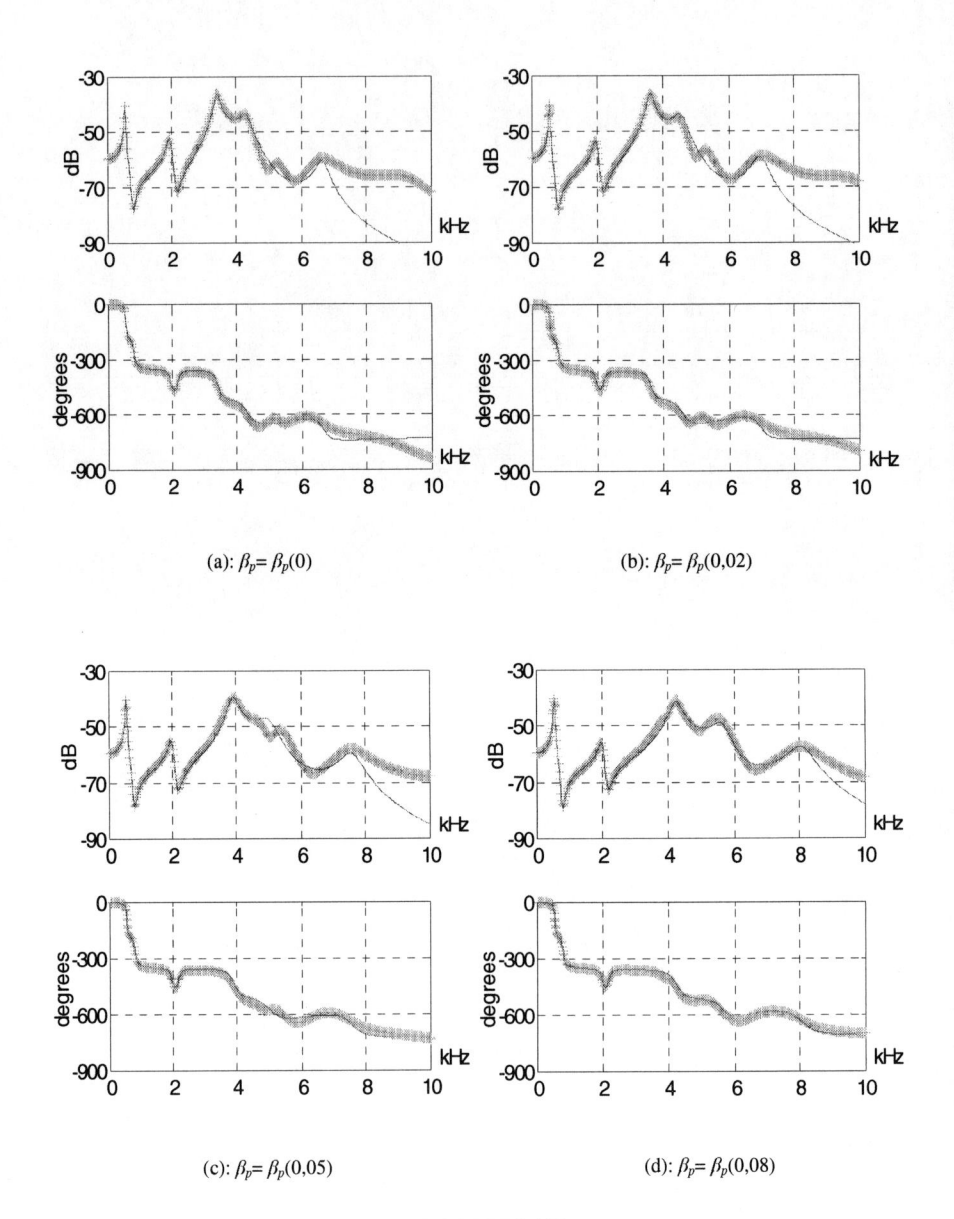

(a): $\beta_p = \beta_p(0)$

(b): $\beta_p = \beta_p(0,02)$

(c): $\beta_p = \beta_p(0,05)$

(d): $\beta_p = \beta_p(0,08)$

[Zu Bild C-7 S. 149]

+ FE-Berechnung — Identifikation

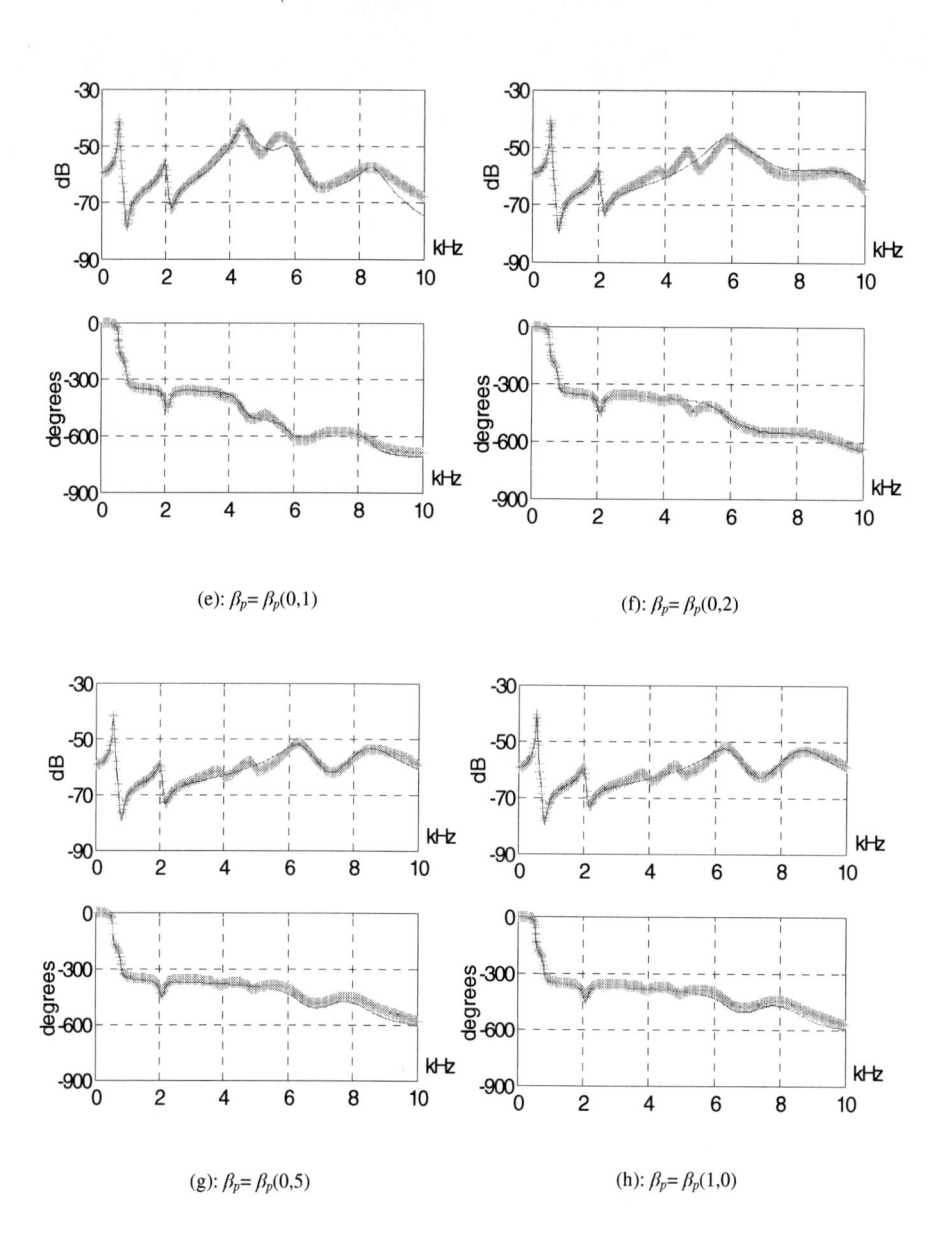

(e): $\beta_p = \beta_p(0,1)$

(f): $\beta_p = \beta_p(0,2)$

(g): $\beta_p = \beta_p(0,5)$

(h): $\beta_p = \beta_p(1,0)$

Bild C-7: Frequenzgänge von $\Delta p_2/\Delta F_1$

+ FE-Berechnung — Identifikation

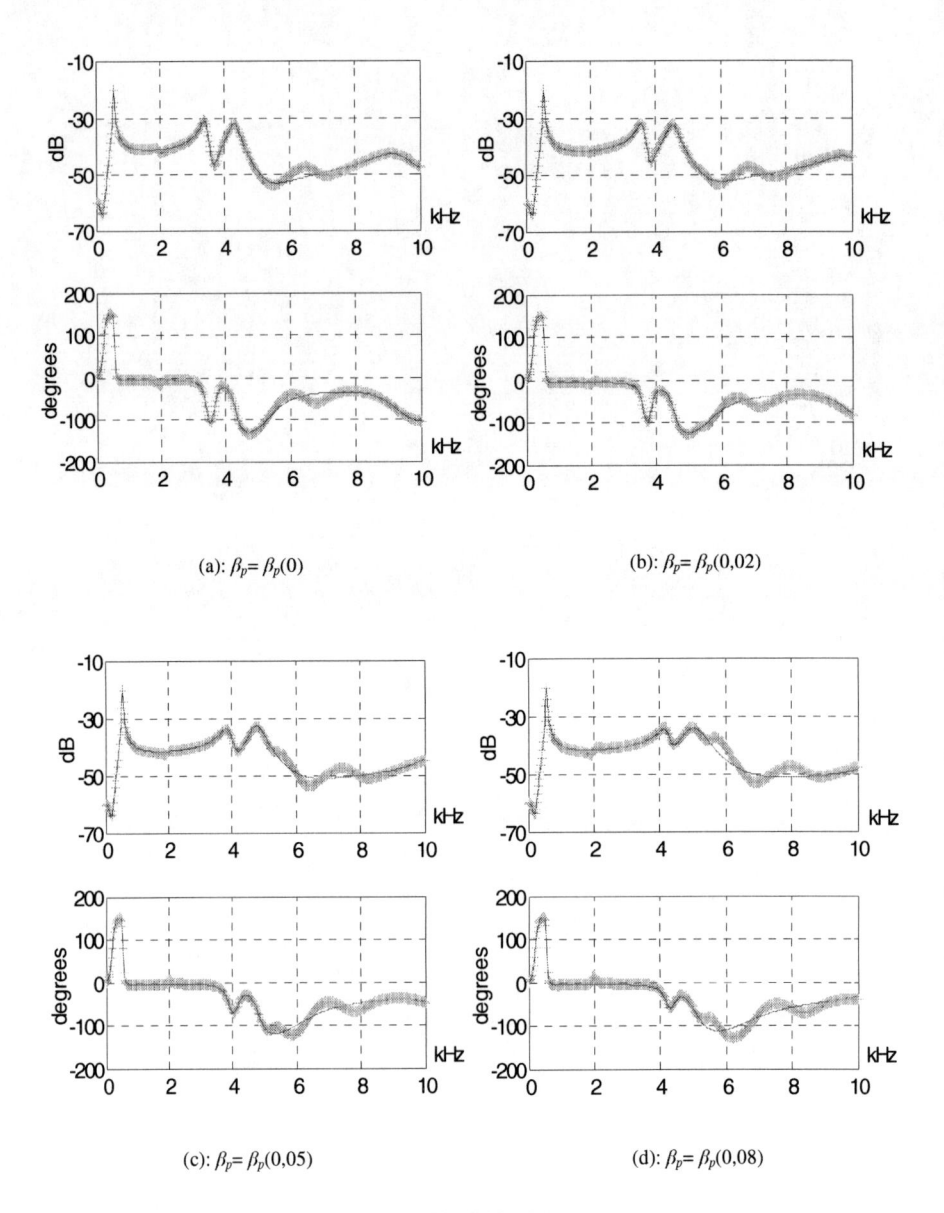

(a): $\beta_p = \beta_p(0)$

(b): $\beta_p = \beta_p(0,02)$

(c): $\beta_p = \beta_p(0,05)$

(d): $\beta_p = \beta_p(0,08)$

[Zu Bild C-8 S. 151]

+ FE-Berechnung   — Identifikation

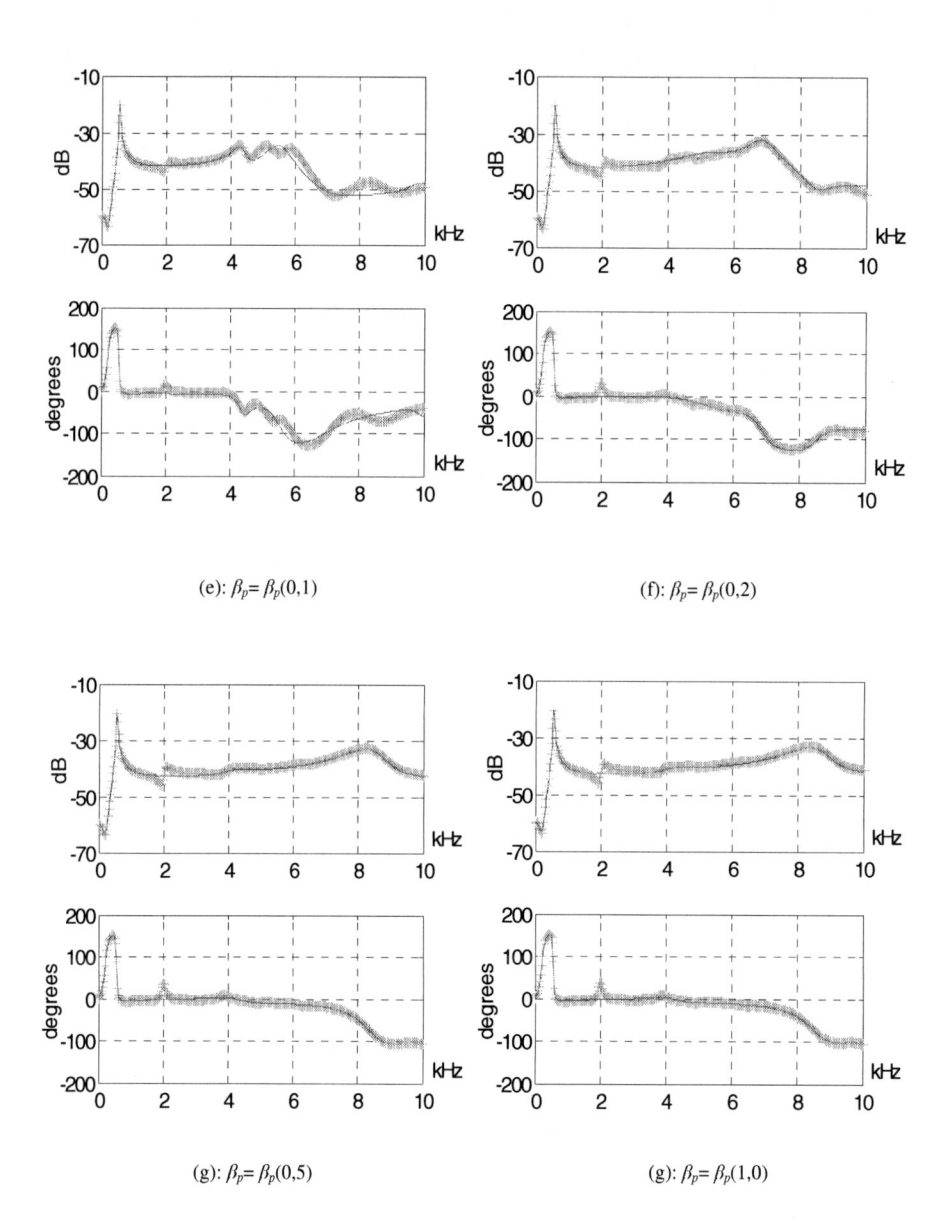

(e): $\beta_p = \beta_p(0,1)$

(f): $\beta_p = \beta_p(0,2)$

(g): $\beta_p = \beta_p(0,5)$

(g): $\beta_p = \beta_p(1,0)$

Bild C-8: Frequenzgänge von $\Delta p_2/\Delta F_2$

Literaturverzeichnis:

[Altenbach 1994]: Altenbach, J. ; Altenbach, H.: *Einführung in die Kontinuumsmechanik.* Stuttgart : Teubner, 1994

[ANSYS 1994]: ANSYS (Hrsg.): *ANSYS User's Manual.* Vol. I-IV. SAS IP, 1994

[Bathe 1982]: Bathe, K-J.: *Finite Element Procedures in Engineering Analysis.* Englewood Cliffs, NJ : Prentice Hall, 1982 ; Deutsche Übersetzung von P. Zimmermann: *Finite-Elemente-Methoden.* Berlin : Springer, 1986 und 1990

[Betten 1998]: Betten, J.: *Finite Elemente für Ingenieure 2 : Variationsrechnung, Energiemethoden, Näherungsverfahren, Nichtlinearitäten.* Berlin : Springer, 1998

[Bonvin 1982]: Bonvin, D. und Mellichamps, D.A.: *A Unified Derivation and Critical Review of Modal Approaches to Model Reduction. Int. Journal of Control.* Vol. 35, 1982, S. 829-848.

[Bossel 1994]: Bossel, H.: *Modellbildung und Simulation : Konzepte, Verfahren und Modelle zum Verhalten dynamischer Systeme.* 2. Auflage mit verbesserter Software. Braunschweig : Vieweg, 1994

[Chen 1968]: Chen, C.F. ; Shieh, L.S.: *A Novel Approach to Linear Model Simplification, Int. Journal of Control.* Vol. 8, 1968, S. 561-570.

[Davison 1966]: Davison, E. J.: *A method for simplifying linear dynamic systems. IEEE Trans. Automat. Contr.* 11. 1966, S. 93-101.

[Desrochers 1980]: Desrochers, A.A. ; Saridis, G.N.: *A Model Reduction Technique for Nonlinear Systems. Automatica.* Vol. 16, 1980, S. 323-329

[Desrochers 1985]: Desrochers, A.A. ; AL-Taar, R.Y.: *A Method for High Order Linear System Reduction and Nonlinear System Simplification. Automatica.* Vol. 21, 1985, S.93-100

[Dourdoumas 1975]: Dourdoumas, N.: *Eine Methode zur Reduzierung von Systemen hoher Ordnung. Regelungstechnik* 23, 1975, S. 133 – 139

[Eitelberg 1979]: Eitelberg, E.: *Modellreduktion linearer zeitinvarianter Systeme durch Minimierung des Gleichungsfehlers.* Freiburg : Hochschulverlag, 1979

[Fasol 1991]: Fasol, K.H. ; Gehre G.: *Order reduction, model approximation, and controller design : A Survey on some known methods and recommendation of a new approach. Systems Analysis, Modelling, Simulation* 8, 1991, S. 485-505

[Fasol 1992]: Fasol, K.H. ; Gehre, G. ; Varga, A.: *Anmerkung zum Beitrag von R. Guth : Stationär genaue Ordnungsreduktion balancierter Zustandsraummodelle. Automatisierungstechnik* 40, 1992, S. 270-271

[Ferziger 1996]: Ferziger, J.H. ; Peric, M.: *Computational Methods for Fluid Dynamics.* Berlin : Springer, 1996

[Föllinger 1982]: Föllinger, O.: *Reduktion der Systemordnung. Regelungstechnik* 30, 1982, S. 367-377

[Föllinger 1994]: Föllinger, O.: *Reglungstechnik : Einführung in die Methoden und ihre Anwendung.* 8., überarbeitete Auflage. Heidelberg : Hüthig, 1994

[Fassard 1970]: Fossard, A.: *On a method for simplifying linear dynamic systems. IEEE Trans. Automat. Contr.* 15, 1970, S. 261-262.

[Guth 1991]: Guth, R.: *Stationär genaue Ordnungsreduktion balancierter Zustandsraummodelle. Automatisierungstechnik* 39, 1991, S.286-290.

[Guyan 1965]: Guyan, R.J.: *Reduction of Stiffness and Mass Matrix. AIAA Journal.* Vol. 3, No. 2, 1965, S. 380

[Gwinner 1976]: Gwinner, K.: *Vereinfachung von Modellen dynamischer Systeme. Regelungstechnik* 24, 1976, S. 325-333.

[Hasenjäger 1985]: Hasenjäger, E.: *Digitale Zustandsregelung für Parabolantennen unter Berücksichtigung von Nichtlinearitäten. VDI-Fortschrittberichte.* Reihe 8, Nr. 87. Düsseldorf : VDI-Verlag, 1985

[Herakovic 1995]: Herakovic, N.: *Piezoaktorbetätigung für ein einstufiges hochdynamisches Servoventil. Ölhydraulik und Pneumatik.* Nr.8, 1995

[Herakovic 1996]: Herakovic, N.: *Die Untersuchung der Nutzung des Piezoeffektes zur Ansteuerung fluidtechnischer Ventile.* Dissertation. Aachen : Mainz, 1996

[Hinrichsen 1990]: Hinrichsen, D.; Philippsen, H.W.: *Modellreduktion mit Hilfe balancierter Realisierungen. Automatisierungstechnik* 38, Nr. 11+12, 1990, S. 416-422 und 460-466.

[Hippe 1992]: Hippe, P.: *Balancierte Realisierungen und stationär genaue Modelle, Automatisierungstechnik* 40, 1992, S. 268-270.

[HYDRA 1985]: Witzenmann GmbH (Hrsg.): *Taschenbuch „Metallbälge"*, 1985

[Iben 1999]: Iben, H.K. ; Iben, U.: Starthilfe *Strömungslehre.* Stuttgart; Leipzig : Teubner, 1999

[Isidori 1989]: Isidori, A.: *Nonlinear Control Systems : an introduction.* 2. ed. Berlin : Springer, 1989

[Jendritza 1994]: Jendritza, D. J.: *Einsatzbereiche von Festkörperaktoren mit piezoelektrischen Keramiken und magnetostriktiven Seltenerdmetall-Eisen-Verbindungen.* Fachseminar „Neue Aktoren Grundlagen und Anwendungen in der Antriebstechnik und Fluidtechnik". Otto-von-Guericke-Universität Magdeburg, März 1994

[Jung 1992]: Jung, C. : *Reduktion nichtlinearer Systeme am Beispiel Fahrzeugsimulation.* VDI-Fortschrittberichte. Reihe 8 Nr. 289, Düsseldorf : VDI-Verlag, 1992

[Kasper 1997]: Kasper, R. ; Schröder, J. ; Wagner, A.: *Schnellschaltendes Hydraulikventil mit piezoelektrischem Stellantrieb.* Ölhydraulik und Pneumatik 41, Nr. 9, 1997, S.694-698.

[Kasper 1998]: Kasper, R. ; Li, J. (Bearb.): *FE-Modell und Simulation hydrostatischer Wegvergrößerungssysteme.* Universität Magdeburg, IMAT, 1998. 1. Teilbericht für ein Forschungsprojekt „*Numerische Berechnung der Strömungsmechanik und ihre Anwendung bei der Modellierung hydraulischer Komponenten*", gefördert unter AZ: CHN-175-97 vom BMBF, Projektträger Internationales Büro des BMBF.

[Kasper 2001]: Kasper, R. ; Li, J.: *Numerisches Lösungsverfahren für das Übertragungsverhalten einer abgeschlossenen Flüssigkeit.* 5. *Magdeburger Maschinenbau-Tage.* Magdeburg, 2001. (Logos Verlag Berlin, 2001)

[Kiendl 1986]: Kiendl, H.: *Das Konzept der invarianten Ordnungsreduktion.* Automatisierungstechnik 34, 1986, S465-473.

[Kinsler 2000]: Kinsler, L. E.: *Fundamentals of acoustics.* 4. ed., New York : Wiley, 2000

[Kokotovic 1976]: Kokotovic, P.V. ; O'Malley, R.E. ; Sannuti, P.: *Singular Perturbation and Order Reduction in Control Theory* : *An Overview.* Automatica 12, 1976, S. 123 – 132.

[Kollár 1994]: Kollár, I.: *Frequency Domain System Identification Toolbox for Use with MATLAB,* The MathWorks, Inc., 1994

[Lederle 1999a]: Lederle, K.-B. ; Götz, S. ; Kasper, R.: *Order reduction with partial ARMA-modeling.* European Control Conference (ECC'99), Karlsruhe, 1999

[Lederle 1999b]: Lederle, K.-B. ; Götz, S. ; Kasper, R.: *Ordnungsreduktion durch Frequenzgangsanpassung.* 4. *Magdeburger Maschinenbau-Tage.* Magdeburg, 1999. (Logos Verlag Berlin, 1999)

[Lederle 2000]: Lederle, K.-B.: *Ordnungsreduktion von Diffusions- und Transportprozessen in verteilten Systemen.* Dissertation, Otto-von-Guericke-Universität Magdeburg, 2000

[Levy 1959]: Levy, E. C.: *Complex-Curve Fitting. IRE Transactions on Automatic Control* 4, 1959, S. 37-43.

[Li 1996]: Li, J.: *Modellierung und Simulation eines Wellrohr/Wellrohr-Wegvergrößerungssystems.* Forschungsbericht, Universität Magdeburg, Institut f. Maschinen und Antriebstechnik (IMAT), 1996

[Li 1999]: Li, J. ; Kasper, R.: *Numerische Berechnung des hydrostatischen Wegvergrößerungssystems unter Berücksichtigung von Nichtlinearitäten.* Magdeburg, IMAT, 1999. 2. Teilbericht für ein Forschungsprojekt *„Numerische Berechnung der Strömungsmechanik und ihre Anwendung bei der Modellierung hydraulischer Komponenten",* gefördert unter AZ: CHN-175-97 vom BMBF, Projektträger Internationales Büro des BMBF.

[Li 2000a]: Li, J.: *Complex Numerical Modelling of a Hydrostatic Displacement Amplification System. 1st IFAC-Conference on Mechatronic Systems,* Darmstadt, Germany, 2000

[Li 2000b]: Li, J. ; Kasper, R.: *Parametrische Modellierung hydrostatischer WVS auf der Basis von FE-Ergebnissen.* Universität Magdeburg, IMAT, 2000. 3. Teilbericht für ein Forschungsprojekt *„Numerische Berechnung der Strömungsmechanik und ihre Anwendung bei der Modellierung hydraulischer Komponenten",* gefördert unter AZ: CHN-175-97 vom BMBF, Projektträger Internationales Büro des BMBF.

[Lin 1984]: Lin, C.S. und Chang, P.R.: *Automatic Dynamics Simplification for Robot Manipulators. Proc. IEEE Conf. Decision and Control.* Las Vegas, 1984, S. 752-759

[Litz 1979]: Litz, L.: *Praktische Ergebnisse mit einem neuen modalen Verfahren zur Ordnungsreduktion. Regelungstechnik* 27, 1979, S. 273 – 280.

[Ljung 1987]: Ljung, L.: *System Identification : Theory for the User.* Englewood Cliffs, New Jersey : Prentice Hall, 1987

[Ljung 1994]: Ljung, L. ; Glad, T.: *Modeling of Dynamic Systems.* Englewood Cliffs, New Jersey : Prentice Hall, 1994

[Ljung 1995]: Ljung, L.: *System Identification Toolbox for Use with MATLAB.* MathWorks, Inc., 1995

[Lohmann 1994]: Lohmann, B.: *Ordnungsreduktion und Dominanzanalyse nichtlinearer Systeme. VDI-Fortschrittberichte,* Reihe 8, Nr. 406. Düsseldorf : VDI-Verlag, 1994

[Marshall 1966]: Marshall, S. A.: *An approximate method for reducing the order of a linear system. Int. Journal of Control.* Vol. 19, 1966, S. 642-643

[Mayr 1993]: Mayr, M. ; Thalhofer, U.: *Numerische Lösungsverfahren in der Praxis : FEM-BEM-FDM.* München : Carl Hanser, 1993

[Möller 1992]: Möller, D.P.F.: *Modellbildung, Simulation und Identifikation dynamischer Systeme.* Berlin : Springer, 1992

[Moore 1981]: Moore, B.C.: *Principal Component Analysis in Linear Systems : Controllability, Observability, and Model Reduction.* IEEE Transactions on Automatic Control AC-26, 1981, S. 17 –32.

[Morand 1995]: Morand, H. J.-P. ; Ohayon, R.: *Fluid Structure Interaction : Applied Numerical Methods.* Paris : Masson, 1995

[Müller 1997]: Müller, G. ; Groth, C.: *FEM für Praktiker : die Methode der Finiten Elemente mit dem FE-Programm ANSYS.* Renningen-Malmsheim : Expert Verlag, 1997

[Nagel 1993]: Nagel, A.: *Ordnungsreduktion von Finite-Elemente-Modellen großer Raumfahrtstrukturen.* Dissertation, Universität der Bundeswehr München, 1993

[Palllaske 1987]: Pallaske, U.: *Ein Verfahren zur Ordnungsreduktion mathematischer Prozessmodelle.* Chem. Ing. Tech. 59, Nr. 7, 1987, S. 604-605.

[Patankar 1980]: Patankar, S. V. (1980): *Numerical Heat Transfer and Fluid Flow.* New York : McGraw-Hill, 1980

[Pautzke 1995]: Pautzke, F.: *Invariante Ordnungsreduktion für Mehrgrößensysteme durch analytische Fehlerminimierung im Frequenzbereich.* VDI-Fortschrittberichte, Reihe 8 Nr. 477. Düsseldorf : VDI-Verlag, 1995

[Post 1986]: Post, K.: *Reduktion der Ordnung von Übertragungsfunktionen und -matrizen mittels Fehlerminimierung im Frequenzbereich unter Berücksichtigung von Invarianzforderungen.* Dissertation, Universität Dortmund, 1986

[Press 1986]: Press, W.H.; Flannery, B.P.; Teukolsky, S.A. ; Vetterling, W.T.: *Numerical Recipes : The Art of Scientific Computing.* Cambridge : Cambridge University Press, 1986

[Reddy 1976]: Reddy, A. S. S. R.: *A method for frequency domain simplification of transfer functions.* Int. Journal of Control, Vol. 23, No. 3, 1976

[Saksena 1984]: Saksena, V.R. ; O'Reilly, J. ; Kokotovic, P.V.: *Singular Perturbations and Time-scale Methods in Control Theory : Survey 1976-1983.* Automatica 20, 1984, S. 273-293.

[Sanathanan 1963]: Sanathanan, C. K. ; Koerner, J.: *Transfer Function Synthesis as a Ratio of Two Complex Polynomials.* IEEE Transactions on Automatic Control, 1963

[Schäfer 1999]: Schäfer, M.: *Numerik im Maschinenbau.* Berlin : Springer, 1999

[Schoukens 1991]: Schoukens, J. ; Pintelon, R: *Identification of Linear Systems : A Practical Guideline for Accurate Modeling.* London, Pergamon Press, 1991

[Schröder 1995]: Schröder, J.: *Piezoaktoren mit Wegvergrößerungssystem als Stelleinheit für Ventile.* Fachseminar „Alternative Aktoren in der Antriebstechnik und Fluidtechnik". Otto-von-Guericke-Universität Magdeburg, Sept. 1995

[Seidel 1992]: Seidel, M. W.: *Approximative Lösung des Minimal-Design-Problems zur invarianten Ordnungsreduktion.* Dissertation, Universität Dortmund, 1992

[Troch 1992]: Troch, I. ; Müller, P.C. ; Fasol, K.H.: *Modellreduktion für Simulation und Reglerentwurf.* Automatisierungstechnik 40, 1992, S. 45-53, 93-99 und 132-141

[Vittal Rao 1974]: Vittal Rao, S. ; Lamba, S.S.: *A New Frequency Domain Technique for the Simplification of Linear Dynamic Systems.* Int. Journal of Control. Vol. 20, 1974, S. 727-737

[Weber 1989]: Weber, W.: *Regelung von Manipulator- und Roboterarmen mit reduzierten effizienten inversen Modellen.* VDI-Fortschrittberichte, Reihe 8, Nr. 183. Düsseldorf : VDI-Verlag, 1989

[Weber 1990]: Weber, W.: *Reduktion von Robotermodellen für die nichtlineare Regelung.* Automatisierungstechnik 38, 1990, S. 410-415 und 442-446

[Wennmacher 1993]: Wennmacher, G. ; Yamada, H.: *Prototyp eines dynamischen Schnellschaltventiles mit piezoelektrischer Ansteuerung.* Ölhydraulik und Pneumatik, Nr.10, 1993

[Will 1988]: Will, D. ; Ströhl, H.: *Einführung in die Hydraulik und Pneumatik.* 4. durchgesehene Auflage. Berlin : VEB Verlag Technik, 1988

[Zienkiewicz 1989]: Zienkiewicz, O. C. ; Taylor, R.L. (1989-1991) : *The Finite Element Method.* Band 1und 2. 4. Auflage. London : McGrawHill, 1989-1991